Vorwort

Dynamische Systeme können durch mathematische Gleichungen modelliert werden, die eine eindeutige Vorschrift zur Berechnung der zeitlichen Entwicklung des Systemzustandes darstellen, so daß die Bewegung des Systems vollständig durch den Anfangszustand bestimmt ist. Trotz dieser Determiniertheit stellt sich bei der numerischen Berechnung der Lösungskurven oder bei Beobachtungen in realen Experimenten häufig heraus, daß sich der Zustand des Systems in äußerst komplizierter und unregelmäßiger Weise mit der Zeit ändert und daß eng benachbarte Startbedingungen nach endlicher Zeit zu völlig unterschiedlichen Zuständen führen können. Man spricht dann von chaotischen Bewegungen bzw. nennt das betreffende System chaotisch.

In den letzten 10 bis 15 Jahren sind beträchtliche Fortschritte im Verständnis der Dynamik nichtlinearer deterministischer Systeme gemacht worden. Das Konzept des chaotischen (oder seltsamen) Attraktors, verbunden mit den Vorstellungen von fraktaler Dimension, Entropie und universellen Bifurkationssequenzen auf dem Wege zum Chaos, hat zu einem neuen Denken bezüglich dieser Systeme geführt. Dabei ist u. a. auch klar geworden, daß Chaos nicht einfach mit Unordnung oder Regellosigkeit gleichgesetzt werden kann. An die Stelle von Gleichförmigkeit oder Periodizität treten andere Ordnungsbegriffe, die eng mit Selbstähnlichkeit, Skaleninvarianz und Universalität verbunden sind.

Einen wesentlichen Beitrag zu diesem neuen Verständnis hat die moderne Rechentechnik geleistet. Da Chaos untrennbar mit Nichtlinearität verbunden ist, deren mathematische Behandlung sich in den meisten Fällen als außerordentlich schwierig erweist, konnten viele interessante Fragestellungen und teilweise sehr allgemeine Gesetzmäßigkeiten chaotischer Bewegungen erst auf der Basis ausgedehnter numerischer Rechnungen formuliert bzw. erkannt werden. Damit wird auch verständlich, warum die Forschungen auf diesem Gebiet erst in jüngster Zeit in großem Umfange durchgeführt werden, obwohl viele nichtlineare Systeme aus Mechanik, Hydrodynamik, Elektrotechnik und anderen Wissenschaftsgebieten schon seit langem bekannt sind.

Nichtlinearität ist fundamental für das gesamte Naturgeschehen. Sämtliche Evolutionsgleichungen, ob sie nun aus der Liouville–Gleichung zur Beschreibung der Vorgänge in Gasen, Flüssigkeiten oder Plasmen hergeleitet wurden, ob sie die Entwicklung eines Räuber–Beute–Systems charakterisieren oder die des Universums, enthalten notwendigerweise nichtlineare Terme. Schon einfache Oszillatoren müssen durch nichtlineare Differentialgleichungen beschrieben werden, wenn die Auslenkung aus der Ruhelage groß genug ist. In der von den linearen Maxwell–Gleichungen regierten Elektrodynamik kommt die Nichtlinearität über die Materialgleichungen zum Tragen.

Nichtlinearität ist notwendig, aber nicht hinreichend für das Auftreten von Chaos. Ob ein nichtlineares System chaotisches Verhalten zeigt, hängt weitgehend von den Parametern und den Anfangsbedingungen ab. Nichtsdestoweniger hat man chaotische Bewegungsformen nicht nur in den verschiedensten physikalischen Systemen (inklusive Elektrotechnik/Elektronik) gefunden, sondern auch in der Chemie (Reaktionskinetik), in Biologie und Medizin (Biooszillatoren, Populationsdynamik, Nervenzellen, Gehirnfunktionen u. a.).

Im vorliegenden Buch wird der Versuch unternommen, dem Leser einen Zugang zu wichtigen Bereichen der modernen Chaosforschung zu verschaffen. Dabei wird neben der Darstellung einer Reihe von Phänomenen und Gesetzmäßigkeiten besonderer Wert auf die Vorstellung einiger Größen und Methoden gelegt, die eine quantitative Beschreibung chaotischer Prozesse sowohl im Computer– als auch im realen Experiment ermöglichen.

In den nachfolgenden Kapiteln konzentrieren wir uns auf dissipative Systeme. Sie sind für die meisten Prozesse in Naturwissenschaft und Technik relevant. Die aus mathematischer Sicht weiter entwickelte Theorie der konservativen Systeme kann wegen des geringen Umfanges dieses Buches nicht berücksichtigt werden. Aus demselben Grunde werden, auch wenn exakte Resultate vorliegen, die mathematischen Beweise in der Regel nicht vorgetragen.

Die interessante Frage, ob es in der Quantenphysik ein Analogon zum chaotischen Verhalten klassischer Systeme gibt, ist Gegenstand aktueller Forschung. Sie wird aber hier ebenfalls nicht behandelt. Wir hoffen trotzdem, daß es uns gelingt, einen Einblick in die faszinierende Welt chaotischer Erscheinungen zu geben.

Das vorliegende Bändchen verdankt seine Entstehung der Anregung und Ermutigung durch Prof. W. EBELING, dem die Autoren dafür ihren besonderen Dank aussprechen. Darüber hinaus danken wir Dr. C. BANDT, Dr. B. BRUHN, Prof. S. GROSSMANN, Dr. H. HERZEL, Dr. J. KRUSCHA, Dr. J. KURTHS, Prof. LAUTERBORN und Dr. K. R. SCHNEIDER für zahlreiche interessante Diskussionen sowie Dr. W. VAN DE WATER, unter dessen aktiver Mitarbeit die Abb. 5.11 entstand.

Greifswald, Juli 1987 Die Verfasser

Vorwort zur 2., überarbeiteten und erweiterten Auflage

Die erfreulich positive Aufnahme des Buches hatte zur Folge, daß es nun schon seit geraumer Zeit vergriffen ist. Die vorliegende Neuauflage ist eine weitgehende Überarbeitung und Ergänzung. Unser Anliegen war es vor allem, die „Lesbarkeit“ des Buches für einen breiteren Interessentenkreis durch weitere Erläuterungen, Beispiele und Abbildungen zu verbessern, ohne größere Abstriche an der Strenge der Darstellung zu machen. Darüber hinaus haben wir uns bemüht, auf wesentliche Untersuchungsergebnisse der letzten fünf Jahre aufmerksam zu machen, um so weiterhin dem Anspruch gerecht zu werden, den Leser bis an die Schwelle der aktuellen Forschung zu führen.

Wir bedanken uns bei M. HEILFORT und V. POHLERS für die Unterstützung bei der Anfertigung der Bilder und die vielen nützlichen Hinweise zum Satz des Manuskriptes mit dem Programmpaket LaTeX. Herrn M. SELENT gilt unser Dank für seine Mitarbeit bei den Pendelexperimenten und Frau B. BURMEISTER für die technische Hilfe bei der Erstellung des Textes. Nicht zuletzt sei unserer Lektorin, Frau H. HÖPCKE, für die freundliche Zusammenarbeit gedankt.

Greifswald, März 1994 Die Verfasser

Inhaltsverzeichnis

Kapitel 1

Einführung

Eine wichtige Aufgabe naturwissenschaftlicher Forschung ist es, Voraussagen über die zeitliche Entwicklung konkreter Systeme zu treffen. Diese Aufgabe wird in Abhängigkeit vom untersuchten System mit unterschiedlichem Erfolg gemeistert. Die Astronomen sagen Bewegungen von verschiedenen Himmelskörpern über mehrere Jahrhunderte hinweg recht präzise voraus. Es gibt aber auch Erscheinungen, bei denen zumindest langfristige Prognosen nicht gelingen. Die Wettervorhersagen demonstrieren das offenkundig. Schon wesentlich einfachere Systeme verschließen sich ebenso unserem Bestreben um genaue Voraussagen. Denken wir an Glücksspiele wie Würfel und Roulette, so haben wir uns daran gewöhnt, die Ungewißheit des Ausgangs von Versuchen zu akzeptieren. Diesen Systemen ist gemeinsam, daß sie eine *empfindliche Abhängigkeit von den Anfangsbedingungen* besitzen, d. h., sehr kleine Änderungen in den Anfangszuständen bewirken große Unterschiede im Endzustand, und da Zustände nur mit endlicher Genauigkeit gemessen werden können, sind somit der Voraussagbarkeit Grenzen gesetzt. Solche Systeme werden heute chaotisch genannt. Bereits Poincaré (1914) beschreibt derartige Erscheinungen in seinem Buch „Wissenschaft und Methode" in einem Kapitel über den Zufall:

> „Eine sehr kleine Ursache, die für uns unbemerkbar bleibt, bewirkt einen beträchtlichen Effekt, den wir unbedingt bemerken müssen, und dann sagen wir, daß dieser Effekt vom Zufall abhänge. Würden wir die Gesetze der Natur und den Zustand des Universums für einen gewissen Zeitpunkt genau kennen, so

> könnten wir den Zustand dieses Universums für irgendeinen späteren Zeitpunkt genau voraussagen. Aber selbst wenn die Naturgesetze für uns kein Geheimnis mehr enthielten, können wir doch den Anfangszustand immer nur näherungsweise kennen. Wenn wir dadurch in den Stand gesetzt werden, den späteren Zustand mit demselben Näherungsgrade vorauszusagen, so ist das alles, was man verlangen kann; wir sagen dann: die Erscheinung wurde vorausgesagt, sie wird durch Gesetze bestimmt. Aber so ist es nicht immer; es kann der Fall eintreten, daß kleine Unterschiede in den Anfangsbedingungen große Unterschiede in den späteren Erscheinungen bedingen; ein kleiner Irrtum in den ersteren kann einen außerordentlich großen Irrtum für die letzteren nach sich ziehen. Die Vorhersage wird unmöglich und wir haben eine ‚zufällige Erscheinung'. "

Die intensiven Untersuchungen der letzten Jahre an nichtlinearen dynamischen Systemen in den verschiedenen naturwissenschaftlichen Bereichen ergaben, daß chaotisches Verhalten keine Ausnahme darstellt, sondern eher die Regel ist. Es gibt keine naturwissenschaftliche Disziplin, in der nicht chaotisches Verhalten beobachtet worden wäre. Eine repräsentative Auswahl von Pionierarbeiten zur Chaosproblematik findet man bei HAO (1984, 1990) (vgl. z. B. auch ABRAHAM et al., 1984).

Neben den Untersuchungen an konkreten Systemen wird der Weg der mathematischen Modellierung beschritten, um Prognosen zu erhalten. Die in diesem Buch beschriebenen Systeme werden als Differentialgleichungen oder Differenzengleichungen modelliert. Alle verwendeten Modellgleichungen (Bewegungsgleichungen) besitzen die Eigenschaft, daß zu einer vorgegebenen Anfangsbedingung eine eindeutige Lösung existiert. Diese Vorausbestimmtheit bedeutet jedoch nicht in jedem Fall Voraussagbarkeit. Bei chaotischen Systemen kommt es zum Verstärken von Meßfehlern. Weil jedoch auch im chaotischen Fall die zeitliche Entwicklung durch feste Vorschriften bestimmt wird, sprechen wir vom *deterministischen Chaos*. Wenn schon eine präzise langfristige Voraussage über den zukünftigen Zustand nicht möglich ist, so erwarten wir doch, daß durch die Modellgleichung wesentliche Eigenschaften des konkreten Systems wiedergegeben werden. Unter wesentlich soll verstanden werden, daß die Modellgleichung die gleichen qualitativen Eigenschaften wie das konkrete System besitzt, d. h., bestimmte Bewegungsformen (Fixpunkte, periodische Lösungen, chaotische Lösungen) existieren für beide in gleichen Parameterbereichen. Darüber hinaus sollten die im Kap. 3 eingeführten charakteristischen Größen (Ljapunov–Exponenten, Dimensionen, Entropien), die besonders zur Beschreibung chaotischer Systeme wichtig sind, bei der Modellgleichung etwa die gleichen Werte annehmen wie beim realen System.

Dabei muß man aber bedenken, daß die Beschreibung eines konkreten Systems durch eine Gleichung immer bestimmte Vernachlässigungen beinhaltet, es wird z. B. mit einer gewissen Willkür das „System“ von seiner „Umgebung“ getrennt. Die Wechselwirkung mit der Umgebung kann jedoch so stark und kompliziert sein, daß die resultierende Bewegung nicht vorhersagbar ist und deshalb als zufällig oder stochastisch angesehen wird. Diese Ursache zufälligen Verhaltens liegt z. B. bei der Brownschen Molekularbewegung vor. Das sind Zitterbewegungen von suspendierten mikroskopischen Teilchen in Flüssigkeiten oder Gasen, die durch die thermischen Stöße der selbst nicht sichtbaren Moleküle des Mediums hervorgerufen werden.

Bei chaotischen Systemen wird *keine* komplizierte Wechselwirkung mit der Umgebung vorausgesetzt. Die Quelle des zufälligen Verhaltens liegt im System selbst, es beruht auf den komplizierten instabilen Bahnkurven (Orbits, Trajektorien). Benachbarte Orbits laufen im Mittel mit exponentieller Zunahme des Abstands auseinander. Natürlich wirken sich bei chaotischen Systemen auch noch so kleine Umwelteinflüsse entscheidend auf die konkreten Trajektorien aus. Bei Verringerung des „Rauschens“, d. h. des Einflusses der Umgebung, bleibt das Verhalten jedoch zufällig.

Wegen der komplizierten Trajektorien ist die Angabe einer Lösung der Bewegungsgleichungen in geschlossener Form, d. h. einer Formel, die jeden zukünftigen Zustand als Funktion der Zeit und der Anfangsbedingung angibt, i. allg. nicht möglich. Die Voraussage kann nur schrittweise z. B. mit Hilfe des Computers erfolgen. Da jeder Computer nur mit einer endlichen Stellenzahl arbeitet, kommt es zu Rundungsfehlern, die durch das chaotische System noch verstärkt werden. Die Voraussage wird auch deshalb immer unpräzis sein. Die Antwort auf die Frage, was die berechneten mit den tatsächlichen Trajektorien verbindet, ist wichtig und nicht trivial. Wir können in der Regel nur erwarten, daß die Computerlösung die charakteristischen Größen des chaotischen Systems richtig wiedergibt. In Kap. 3 und Kap. 6 wird auf dieses Problem genauer eingegangen.

In diesem Buch behandeln wir vorrangig *dissipative Systeme*, bei denen sich das Volumen eines vorgegebenen Gebietes im Raum der Zustandsvariablen (Zustandsraum, Phasenraum) im zeitlichen Mittel verkleinert, wenn sich jeder Punkt gemäß den Bewegungsgleichungen verschiebt. Chaotische Bewegungen können auch in *konservativen Systemen* auftreten, bei denen das Phasenraumvolumen erhalten bleibt. Solche Systeme werden jedoch in diesem Buch nicht betrachtet. Eine ausführliche Behandlung der Dynamik konservativer Systeme erfolgt u. a. im Buch von LICHTENBERG und LIEBERMANN (1982, 1992).

Dissipative Systeme besitzen *Attraktoren*. Das sind Teilmengen des Zustandsraumes, die benachbarte Trajektorien anziehen und auf denen die asymptotische Bewegung des Systems stattfindet. Einfache reguläre Attraktoren sind Punkte und geschlossene Kurven. Neben diesen gibt es jedoch sogenannte *chaotische Attraktoren*, bei denen sich die erwähnte empfindliche Abhängigkeit von den Anfangsbedingungen zeigt. Wegen der endlichen Ausdehnung des Attraktors können benachbarte Trajektorien jedoch nicht für immer exponentiell auseinanderlaufen. Der chaotische Attraktor muß deshalb in komplizierter Weise gefaltet sein. Streckungen mit anschließender Faltung infolge der Nichtlinearität der Bewegungsgleichung sind typische Transformationen, die chaotisches Verhalten erzeugen. Wie vom Bäcker beim Teigkneten die Zutaten kräftig durchmischt werden, so geschieht dasselbe mit den Gebieten im Zustandsraum. Die Vorschrift über die Einzelheiten des Mischvorgangs wird von der Bewegungsgleichung geliefert.

Für die hier behandelten chaotischen Systeme existiert keine abgeschlossene mathematische Theorie. Viele interessante Ergebnisse stammen aus Experimenten an konkreten Systemen bzw. aus Modellrechnungen mit Hilfe von Computern. Für die eindimensionalen nichtumkehrbaren Differenzengleichungen lassen sich eine Reihe von relevanten Sätzen streng beweisen. Das ist auch ein Grund dafür, daß wir in den folgenden Kapiteln häufig auf sie zurückgreifen. Viele höherdimensionale Systeme zeigen Phänomene, die schon bei den eindimensionalen Differenzengleichungen auftreten. Wir lernen dabei aber noch nicht die ganze Vielfalt chaotischer Systeme kennen. Die uns umgebende „nichtlineare Welt" läßt sich natürlich nicht aus einer eindimensionalen Abbildung verstehen!

Im Kap. 2 werden zum Lesen des Buches notwendige Grundbegriffe eingeführt. Es ist günstig, wenn der Leser einige Kenntnisse aus der Theorie der gewöhnlichen Differentialgleichungen und der Maßtheorie besitzt. Der Inhalt ist allerdings so angelegt, daß sich auch Leser mit weniger Voraussetzungen ohne weiteres an das Studium der folgenden Kapitel wagen können. Im Kap. 3 werden die chaotischen Bewegungen charakterisiert und wichtige Größen vorgestellt, die das Chaos auch quantitativ beschreiben. Phänomene, die auftreten können, wenn eine ursprünglich reguläre Bewegung durch Veränderung eines oder mehrerer Parameter in eine chaotische übergeht, behandeln wir im Kap. 4. Auf dem Weg zum Chaos zeigen die unterschiedlichsten nichtlinearen Systeme ein ähnliches Verhalten. Diese Universalität wird auch im Kap. 5 deutlich, wo einige parameterabhängige Veränderungen chaotischer Attraktoren diskutiert werden. Exakte mathematische Resultate liegen über Systeme mit invarianten hyperbolischen Mengen vor. Mit einigen dieser Ergebnisse beschäftigen wir uns im Kap. 6. Die dort vorgestellten Theoreme und Verfahren gestatten es, Parameterbereiche anzugeben, in denen sich ein konkretes dynamisches System chaotisch verhalten kann.

Um mit dem Begriff Chaos und den Erscheinungen, die in chaotischen Systemen auftreten, weiter vertraut zu machen, werden jedoch zunächst einige bekannte Systeme vorgestellt, die sowohl periodisches als auch chaotisches Verhalten zeigen.

1.1 Die logistische Abbildung

Einfache mathematische Modelle zur Beschreibung der Dynamik einer einzelnen Population werden in der Ökologie betrachtet. Häufig verwendet man Differenzengleichungen der folgenden Form:

$$x_{t+1} = f(x_t) \quad \text{mit} \quad t = 0, 1, 2, \ldots \tag{1.1}$$

Gleichung (1.1) beschreibt die Dichte x_{t+1} (= relative Anzahl der Individuen pro Flächen- oder Volumeneinheit) der $(t+1)$-ten Generation in Abhängigkeit von der Diche x_t der vorherigen Generation. Nur wenn die Generationen nicht „überlappen“, ist Gl. (1.1) ein adäquates Modell. Insekten, die zu Beginn der kalten Jahreszeit sterben und deren nächste Generation im folgenden Frühjahr aus den Eiern schlüpft, sind hierfür ein Beispiel.

Die Funktion f ist nicht beliebig. Es ist angemessen zu fordern, daß $f(0) = f(1) = 0$ gilt, wenn $x = 1$ die maximal erreichbare Dichte ist. Eine weitere plausible Annahme ist, daß f im Intervall $[0, 1]$ genau ein Maximum besitzt. Die Funktion f ist somit eine Abbildung des Einheitsintervalls auf sich, d. h. $f : [0, 1] \to [0, 1]$.

Ein wichtiges Beispiel, in dem die angegebenen Annahmen erfüllt sind, ist die *logistische Abbildung*

$$f_r(x_t) = r x_t (1 - x_t) \quad \text{mit} \quad 0 < r \leq 4. \tag{1.2}$$

Es ist das besondere Verdienst von MAY (1976), mit seinen Untersuchungen zur Abbildung (1.2) die Vielfalt periodischer und chaotischer Bewegungen an solch einfachen dynamischen Systemen einem breiten Publikum nahegebracht zu haben.

Für kleine Populationsdichten folgt aus Gl. (1.2) ein nahezu exponentielles Wachstum. Der quadratische Term verhindert jedoch ein unbegrenztes Anwachsen der Population. Der Parameter r beschreibt den Einfluß der Umgebung auf die Population. Ändert man ihn, so kann eine Änderung des qualitativen Verhaltens der Orbits von (1.2) die Folge sein. Dabei ist der Orbit von x_0 die Folge der Werte, die man durch fortlaufende Iteration von (1.2) erhält: $\{x_0, x_1, x_2, ...\}$. Ein Orbit heißt *periodisch*, wenn für ein m und alle t die Gleichung $x_{t+m} = x_t$ erfüllt ist. Die Periode des Orbits ist das kleinste m mit dieser Eigenschaft. Ein Orbit mit der Periode 1 ist ein *Fixpunkt*. Jeder Punkt eines periodischen Orbits der Periode m ist ein Fixpunkt der Abbildung $f_r^m \equiv f_r \circ f_r^{m-1}$, der m–ten Iterierten von f_r. Die Fixpunkte $\overline{x}$ der Abbildung lassen sich einfach berechnen, für sie gilt $\overline{x} = r\overline{x}(1-\overline{x})$. Diese Gleichung besitzt die Wurzeln 0 und $1 - 1/r$.

Es ist leicht, zu einem vorgegebenen Parameterwert r den Orbit eines beliebigen Startwertes x_0 zu verfolgen. Dazu reicht ein einfacher Taschenrechner aus. Anschaulicher als die numerische Berechnung ist die geometrische Konstruktion des Orbits. Abbildung 1.1 zeigt die Graphen $y = 2x(1-x)$ und $y = x$. Ihre Schnittpunkte liefern gerade die Fixpunkte der logistischen Abbildung. Wie aus x_0 die Folgepunkte $x_1 = f_r(x_0), x_2 = f_r(x_1)$ usw. gefunden werden, wird auch aus Abb. 1.1 deutlich. Folgende Operationen müssen immer wieder durchgeführt werden:

1. vertikale Gerade an den Graphen von f_r,
2. horizontale Gerade an den Graphen $y = x$ usw.

Offensichtlich nähern sich alle Iterierten eines beliebigen Startpunktes aus dem Intervall $(0,1)$ dem zweiten Fixpunkt bei $\overline{x} = 1/2$. Andererseits entfernen sich alle Iterierten vom Nullpunkt. Das ist unabhängig davon, wie nahe x_0 beim Nullpunkt liegt. Deshalb wird der Nullpunkt *instabiler Fixpunkt* genannt. $\overline{x} = 1/2$ heißt *stabiler Fixpunkt*. Er ist ein Attraktor. Wodurch entsteht nun die Stabilität von $\overline{x} = 1/2$ und die Instabilität von $\overline{x} = 0$? Man überzeugt sich leicht davon, daß $\overline{x} = 0$ instabil ist, weil der Anstieg von f_2 bei $\overline{x} = 0$ größer als 1 ist. $\overline{x} = 1/2$ ist stabil, weil $|f_2'(1/2)| < 1$. Der Anstieg $f_r'(\overline{x}) = r(1-2\overline{x})$ an den Fixpunkten $\overline{x}$ entscheidet also über ihre Stabilität. Folglich ist der Nullpunkt für

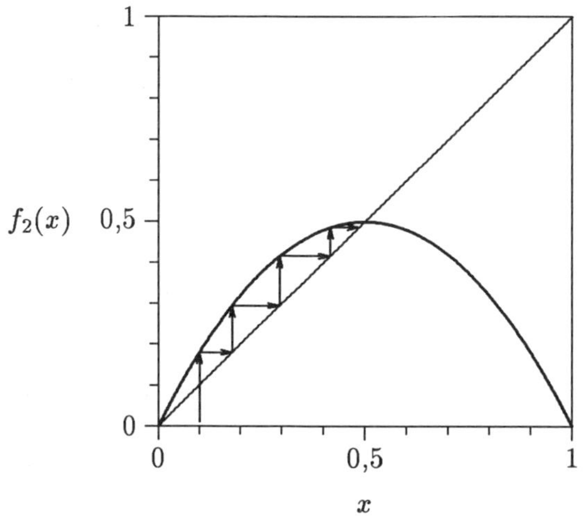

Abb. 1.1: Die Iterierten von $x_0 = 0,1$ nach Gl. (1.2)

die Parameterwerte $0 < r < 1$ stabil. Für $1 < r < 3$ ist der zweite Fixpunkt stabil. Bei $r = 3$ entsteht ein stabiler Orbit der Periode 2, der ursprünglich stabile Fixpunkt wird instabil. Diese Periodenverdopplung ist ein Beispiel für eine *Bifurkation*: Es ändern sich die qualitativen Eigenschaften der Bewegungen, bzw. neue Typen von Orbits treten auf. In der Abb. 1.2 ist die entstandene Situation dargestellt. Man kann sie auch so beschreiben: Für die zweite Iterierte f_r^2 ($r \gtrsim 3$) sind zwei stabile Fixpunkte entstanden. Am Bifurkationspunkt $r = 3$ fallen diese Fixpunkte zusammen.

Bei weiterer Vergrößerung von r verändert sich der Anstieg an den stabilen Fixpunkten von f_r^2 und durchläuft den Bereich von $+1$ nach -1. Hier wird der Orbit instabil, und gleichzeitig entsteht ein stabiler Orbit der Periode 2, d. h. der Periode 4 von f_r. Diese *periodenverdoppelnden Bifurkationen* wiederholen sich nun. Es entstehen stabile Orbits der Perioden 8, 16, 32, ... Alle werden schließlich wieder instabil. Dabei verkürzen sich die Parameterintervalle, in denen die Periode 2^n stabil ist, mit steigendem n. Der Prozeß der Periodenverdopplungen konvergiert für $n \to \infty$ bei einem kritischen Wert $r_\infty = 3,569\,945\,6\ldots$

Jenseits von r_∞ ist das Verhalten des Systems sehr komplex. Es gibt unendlich viele Parameterintervalle, in denen stabile periodische Orbits existieren. Dabei ist bekannt, daß zu einem Pa-

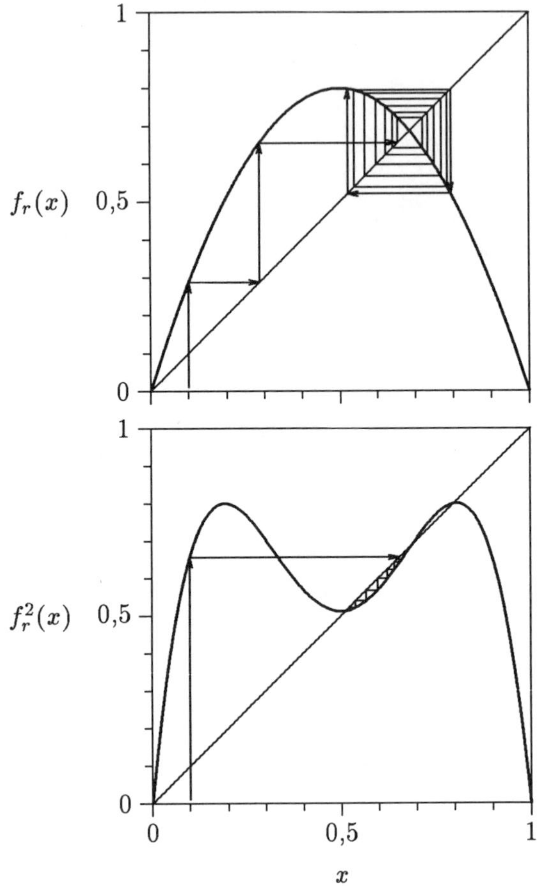

Abb. 1.2: Die Iterierten von $x_0 = 0,1$ und die zugehörige iterierte Abbildung f_r^2 von Gl. (1.2) für $r = 3,2$

rameterwert höchstens eine stabile Periode vorhanden sein kann (SINGER, 1978). Wie entstehen stabile periodische Orbits im Parameterintervall $r_\infty < r < 4$? Am Beispiel der Periode 3 ist das leicht zu verstehen. In der Abb. 1.3 ist dazu die dritte Iterierte f_r^3, eine Funktion mit vier Maxima, bei zwei verschiedenen r–Werten dargestellt. Zunächst sind nur zwei Schnittpunkte mit der Gera-

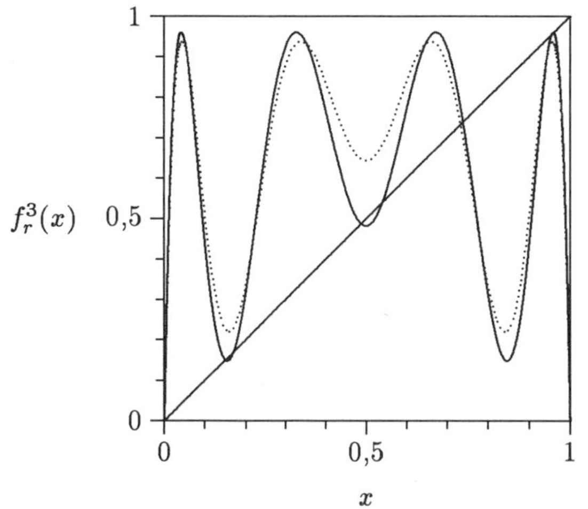

Abb. 1.3: Die dreifach iterierte Abbildung $f_r^3(x)$ von Gl. (1.2) für $r = 3,75$ (punktiert) und $r = 3,84$

den $y = x$ vorhanden. Sie gehören zu den Fixpunkten von f_r. Höhere Werte von r führen zu steileren Flanken der Extrema. Bei $r = r_c \equiv 1 + \sqrt{8} = 3,8284\ldots$ berühren die ersten beiden Minima und das letzte Maximum die Gerade $y = x$. Drei Punkte der Periode 3 werden „geboren". Diese Bifurkation wird *Tangentialbifurkation* genannt. Der Anstieg von f_r^3 an diesen Punkten ist 1. Bei etwas größeren Werten von r existieren sechs Schnittpunkte. Drei von ihnen entsprechen einem instabilen Orbit, und die anderen drei gehören zu einer stabilen Periode. Bei weiterer Zunahme von r folgt wieder eine Kaskade von Periodenverdopplungen, die an einem weiteren Akkumulationspunkt beendet ist. Solche Fenster stabilen periodischen Verhaltens auf der Parameterachse gibt es unendlich viele. Das Fenster zur Periode drei ist am breitesten. Bei höheren Grundperioden sind die Fenster sehr schmal. Je höher die Grundperiode ist, desto mehr stabile Orbits dieser Periode gibt es. Sie existieren natürlich bei unterschiedlichen r–Werten. Die Grundperioden 6 bzw. 12 erscheinen z. B. 4– bzw. 165mal.

Es gibt aber auch Parameterwerte, für die keine stabile Periode existiert. Hier zeigt das System eine empfindliche Abhängigkeit von den Anfangsbedingungen, es verhält sich chaotisch. Für $r = 4$

kann man sich leicht davon überzeugen, wenn man die Transformation $x = \sin^2(\pi y/2)$ mit $y \in [0, 1)$ auf Gl. (1.2) anwendet. Es entsteht dann die sogenannte *Zeltabbildung* (s. Abb. 3.1)

$$y_{t+1} = f(y_t) = \begin{cases} 2y_t & : \quad 0 \leq y_t < 1/2 \\ 2(1 - y_t) & : \quad 1/2 \leq y_t < 1. \end{cases} \tag{1.3}$$

Es ist klar, daß sie eine empfindliche Abhängigkeit von den Anfangsbedingungen besitzt, denn bei jeder Iteration wird ein kleiner Fehler verdoppelt. Zwei dicht benachbarte Bahnpunkte entfernen sich rasch voneinander. Aber der Abstand kann nicht beliebig groß werden. Sobald die beiden Bahnpunkte sich so weit voneinander entfernt haben, daß sie in verschiedenen Intervallhälften liegen, erfolgt wieder eine Annäherung. Das ist ein Beispiel für die erwähnte Streckung mit anschließender Faltung. Dieses Verhalten überträgt sich natürlich auf die Ausgangsgleichung (1.2). Man überlegt sich auch leicht, daß die Abbildung (1.3) unendlich viele instabile periodische Orbits besitzt, die zu den rationalen Startwerten gehören (s. Abschn. 3.1.1).

Einen Überblick über die beim Vergrößern von r auftretenden Bifurkationen gibt Abb. 1.4. Beginnend mit $r = 2,9$ wurden im Abstand $\Delta r = 0,001$ jeweils 300 Iterationen gemäß Gl. (1.2) durchgeführt. Damit nur das asymptotische Verhalten dargestellt wird, sind die ersten 270 Iterationen nicht aufgezeichnet worden. Das entstandene Bifurkationsdiagramm zeigt wesentliche Eigenschaften der einparametrigen Familie von Abbildungen (1.2): Periodenverdopplungen, Übergang in den „chaotischen Bereich" und periodische Fenster. Die Attraktoren erscheinen z. B. als Mengen isolierter Punkte oder als Vereinigungen von Intervallen. Natürlich sind nur einige der periodischen Fenster zu erkennen. Orbits mit großer Periode sind nicht von aperiodischen Orbits zu unterscheiden. Viele exakte Resultate über eindimensionale Abbildungen sind in den Büchern von COLLET und ECKMANN (1980) sowie DE MELO und VAN STRIEN (1993) enthalten.

Kompliziertere Verhältnisse liegen bei höherdimensionalen Systemen vor, wie der *Hénon-Abbildung* (HÉNON, 1976)

$$\begin{aligned} x_{t+1} &= y_t + 1 - a x_t^2, \\ y_{t+1} &= b x_t, \end{aligned} \tag{1.4}$$

$t = 0, \pm 1, \pm 2, \ldots$ Neben dem Parameter a, der die Stärke der Nichtlinearität steuert, enthält diese Abbildung den Dissipationsparameter b. Da die Determinante der Funktionalmatrix $-b$ ergibt,

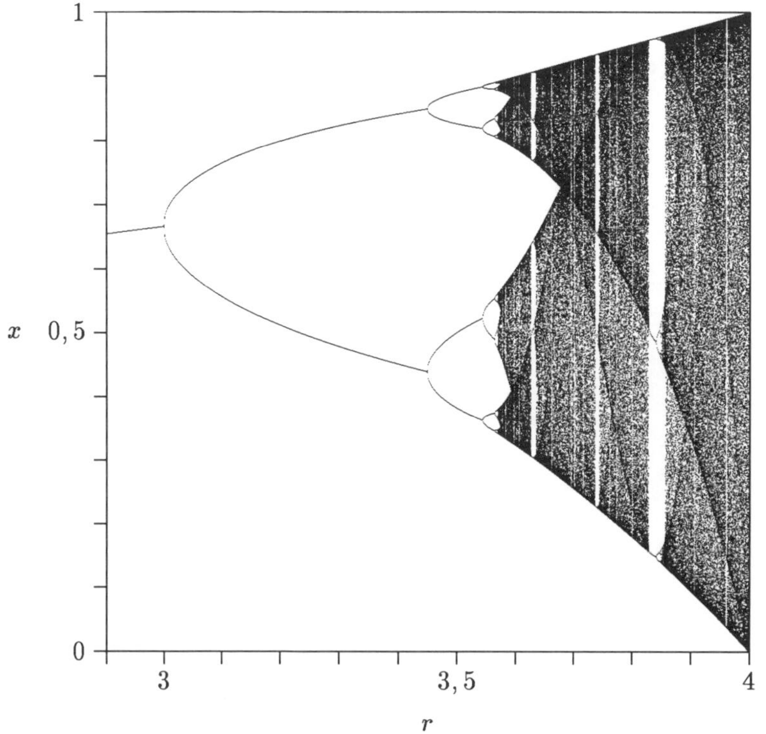

Abb. 1.4: Bifurkationsdiagramm der logistischen Abbildung (1.2)

werden Flächeninhalte bei jeder Iteration mit dem Faktor $|b|$ multipliziert, d. h., die HÉNON–Abbildung ist dissipativ für $|b| < 1$ und flächenerhaltend für $|b| = 1$. Im Fall $b = 0$ gelangt man durch die Transformation $x \to r(x - 1/2)/a$ und $a = r(r-2)/4$ zur logistischen Abbildung (1.2). Im Gegensatz zu dieser ist die HÉNON–Abbildung für $b \neq 0$ eindeutig umkehrbar.

Die vom Bifurkationsdiagramm in der Abb. 1.4 wiedergegebenen Eigenschaften der logistischen Abbildung erscheinen auch bei der HÉNON–Abbildung, wobei die Bifurkationen in komplizierter Weise von den Parametern a und b abhängen. Die Einsatzgrenze für die Periode 3 ist nun gegeben durch die Beziehung

$$4a = 6(1+b)^2 + (1-b)^2.$$

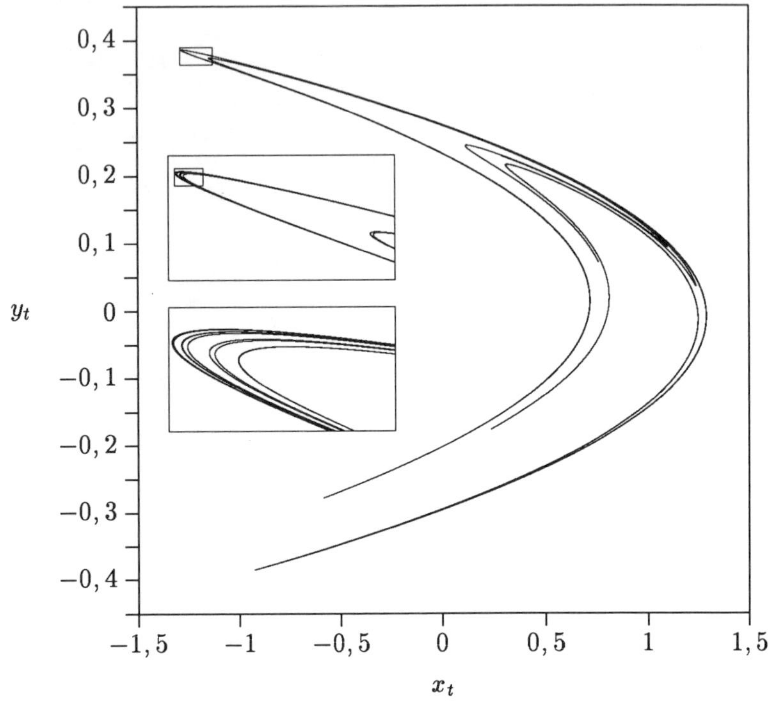

Abb. 1.5: Der Hénon–Attraktor ($a = 1,4$, $b = 0,3$) mit Vergrößerungen

Abbildung 1.5 zeigt einen komplizierten Attraktor, der auf beliebig kleinen Skalen Feinstrukturen aufweist (HÉNON, 1976), die durch Ausschnittsvergrößerung sichtbar gemacht werden können. Eine solche diffizile (fraktale) Struktur ist eine typische Eigenschaft chaotischer Attraktoren (s. Abschn. 3.2). Trotz der Einfachheit der Abbildung existiert aber noch kein Beweis dafür, daß Abb. 1.5 wirklich einen chaotischen Attraktor darstellt. Allerdings weiß man inzwischen, daß für genügend kleine Werte von b tatsächlich chaotische Attraktoren existieren (s. Abschn. 6.1).

1.2 Das parametrisch erregte Pendel

Die im Abschnitt 1.1 behandelte logistische Abbildung zeigt eine Reihe von Phänomenen, die universelle Bedeutung für viele nichtlineare Systeme haben. Ein Beispiel aus der Mechanik ist das durch eine periodische äußere Kraft parametrisch erregte Pendel. Es kann durch ein Pendel mit einem periodisch bewegten Aufhängepunkt realisiert werden. Die Bewegungsgleichung für den Drehwinkel x, der von der Zeit τ abhängt, lautet:

$$J\frac{\mathrm{d}^2x}{\mathrm{d}\tau^2} + b\frac{\mathrm{d}x}{\mathrm{d}\tau} + ml(g + a\omega^2 \cos \omega\tau) \sin x = 0. \qquad (1.5)$$

Dabei sind

J	—	Trägheitsmoment des Pendels,
b	—	Dämpfungskonstante ($b \geq 0$),
m	—	Masse des Pendels,
l	—	Abstand des Schwerpunktes zur Drehachse,
g	—	Erdbeschleunigung,
a	—	Amplitude der äußeren Erregung,
ω	—	Frequenz der äußeren Erregung.

Geht man zu einer dimensionslosen Zeitvariablen $t \equiv \omega_0\tau$ über, so kann Gl. (1.5) wie folgt geschrieben werden:

$$\ddot{x} + B\dot{x} + (1 + A \cos \Omega t) \sin x = 0. \qquad (1.6)$$

Zur Abkürzung wurden hierin

$$\omega_0 \equiv \sqrt{\frac{mlg}{J}}, \quad \Omega \equiv \frac{\omega}{\omega_0}, \quad B \equiv \frac{b}{J\omega_0}, \quad A \equiv \frac{a\omega^2}{g}$$

gesetzt. Punkte über x kennzeichnen Ableitungen nach t.

Die experimentelle Anordnung des Pendels ist in Abb. 1.6 dargestellt. An einem Pendelstab ist ein Pendelkörper ($m = 200\,g$) verstellbar befestigt, so daß eine Eigenkreisfrequenz ω_0 zwischen 5,08 und $6,73$ *Hz* eingestellt werden kann. Die in Kugeln gelagerte Drehachse des Pendels wurde fest auf einem Schlitten montiert, der durch einen Motor über ein Getriebe auf und ab bewegt wird. Die Amplitude a dieser Erregung kann zwischen 5,5 und 20 *cm* gewählt werden. Eine Meßelektronik bestimmt den Auslenkwinkel x und die Winkelgeschwindigkeit $\dot{x}$. Die Dämpfung des Pendels

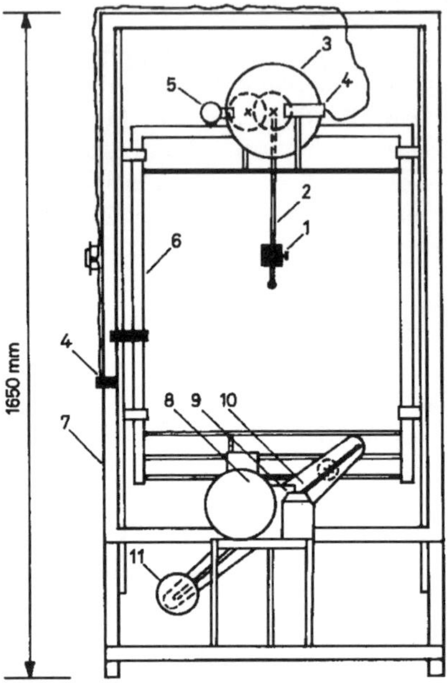

1: Pendelkörper
2: Pendelstab
3: Winkelcodescheibe
4: Lichtschranken
5: Wirbelstrombremse
6: Schlitten
7: Rahmen
8: E–Motor
9: Getriebe
10: Hebel mit Führungsrolle
11: Ausgleichskörper

Abb. 1.6: Versuchsaufbau für das parametrisch erregte Pendel

ist mit einer Wirbelstrombremse einstellbar. Genauere Angaben über den experimentellen Aufbau können der Arbeit von POMPE et al. (1984) entnommen werden.

In Abhängigkeit von den Systemparametern A, B und Ω sowie den Anfangsbedingungen treten unterschiedliche Bewegungsformen auf. In gewissen Parameterbereichen existiert stabiles periodisches Verhalten. Es gibt oszillierende Perioden, bei denen der Pendelkörper hin- und herschwingt, und rotierende periodische Orbits, bei denen ein Überschlagen des Pendels stattfindet. Wie bei der logistischen Gleichung können bei Änderung eines Systemparameters (z. B. Vergößerung der äußeren Anregung A oder Verkleinerung der Dämpfung B) periodenverdoppelnde Bifurkationen und Übergänge zu chaotischem Verhalten beobachtet werden.

Zur Aufzeichnung der Bewegungsformen bei periodisch angetriebenen Oszillatoren dient häufig eine ***stroboskopische Darstellung***. Dabei erfolgt die Registrierung der Zustandsvariablen x und $\dot{x}$ nicht kontinuierlich, sondern nur zu bestimmten Zeitpunkten. Als Zeitintervall zwischen den Einzelmessungen bietet sich die Periode T der äußeren Erregung an. In der stroboskopischen Darstellung erscheint eine periodische Bewegung mit der Periode T als ein Punkt. Die Periode $2T$ entspricht 2 Punkten usw. Bei einer nichtperiodischen Bewegung entstehen in der Beobachtungszeit ständig neue Punkte. Die Abbildungen 1.7 und 1.8 zeigen einen auf diese Weise dargestellten Übergang von periodischen Bewegungen zu chaotischem Verhalten. Sobald die x–Koordinate das Grundintervall $[-\pi, \pi]$ verläßt, erfolgt durch $x \rightarrow x \pm 2\pi$ eine Rücktransformation, d. h., die stroboskopische Abbildung ist beim Pendel eine Abbildung des Zylinders $S^1 \times \mathbb{R} = \{(x, \dot{x}) | -\pi \leq x < \pi, -\infty < \dot{x} < \infty\}$ auf sich selbst.

Wegen zufälliger Störungen der Bewegung des Pendels können im Experiment nur einige wenige periodenverdoppelnde Bifurkationen beobachtet werden. Bei der numerischen Integration der Differentialgleichung (1.6) findet man dagegen mit einigem Aufwand stabile Perioden bis $128T$. Hier setzt das numerische Rauschen dem weiteren Verfolgen solcher Bifurkationskaskaden Grenzen. Abbildung 1.8 zeigt die stroboskopische Darstellung des „großen“ Attraktors in einem Computerexperiment. Dabei wurde beginnend mit der willkürlichen Anfangsbedingung $(x_0, \dot{x}_0) = (1, 1)$ die Bahnkurve des Systems im Phasenraum $(x, \dot{x})$ über eine Zeit von 10^6 Perioden der äußeren Erregung verfolgt und stroboskopisch abgebildet. Um die asymptotische Bewegung auf dem Attraktor und nicht das „Einschwingen“ des Systems, d. h. die transiente Bewegung, darzustellen, sind die ersten 100 Iterationen nicht aufgezeichnet worden. Die numerischen Berechnungen lassen vermuten, daß in der Abb. 1.8 wirklich das asymptotische Verhalten dargestellt ist. Auch längere Rechnungen zeigen dasselbe qualitative Verhalten. Eine kleine Veränderung in den Anfangsbedingungen, z. B. $(x_0, \dot{x}_0) = (1, 1 + 10^{-6})$, ergibt eine vollkommen andere Bahnkurve, aber den gleichen Attraktor! Durch die numerische Bestimmung von positiven Ljapunov–Exponenten (Abschn. 3.1) haben LEVEN und KOCH (1981) gezeigt, daß bei der Bewegung auf dem Attraktor eine empfindliche Abhängigkeit von den Anfangsbedingungen auftritt.

Obwohl die zweidimensionale stroboskopische Abbildung des Pendels und auch anderer Oszillatoren bei einer Veränderung von

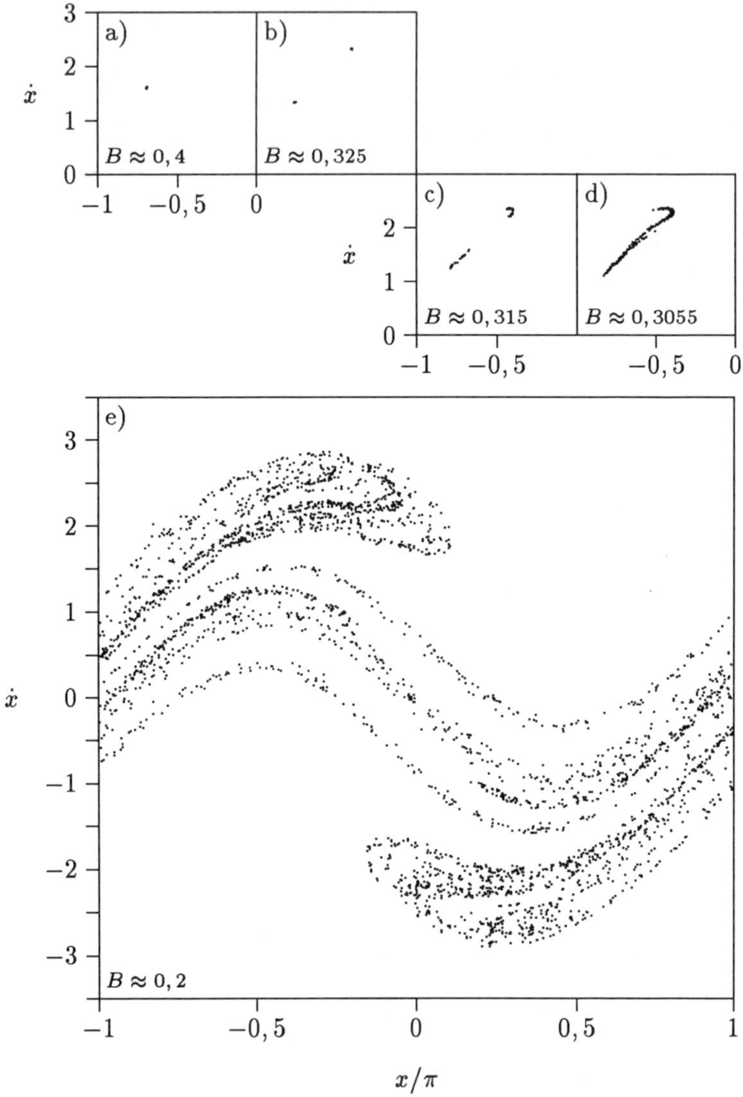

Abb. 1.7: Stroboskopische Darstellungen des Übergangs von periodisch rotierenden Bewegungen zu chaotischem Verhalten. Parameter: $A \approx 1,42$, $\Omega \approx 1,57$ (experimentelle Daten)

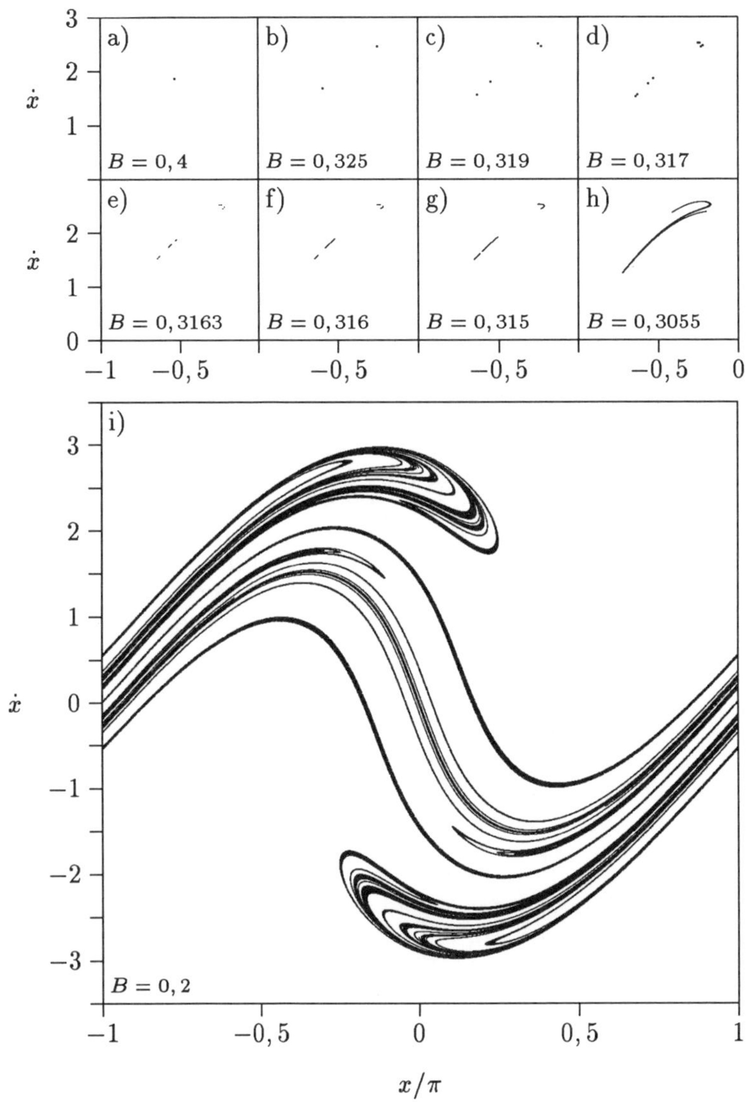

Abb. 1.8: Stroboskopische Darstellungen des Übergangs von periodisch rotierenden Bewegungen zu chaotischem Verhalten. Parameter: $A = 1,42$, $\Omega = 1,57$ (Daten aus numerischer Integration von Gl. (1.6))

Parametern viele Erscheinungen zeigt, die schon bei der eindimensionalen logistischen Abbildung beobachtet werden, so z. B. stabile Perioden, Periodenverdopplungen, chaotisches Verhalten und periodische Fenster, gibt es doch andererseits zahlreiche zusätzliche Phänomene, z. B. existieren für bestimmte Parameterbereiche mehrere Attraktoren gleichzeitig. Im Falle des Pendels kann sogar bewiesen werden, daß Parametersätze vorhanden sind, für die es eine abzählbar unendliche Menge stabiler periodischer Bewegungen gibt (Koch und Leven, 1985). Für ein und denselben Parametersatz können auch mehrere chaotische Attraktoren auftreten, die für verschiedene Anfangsbedingungen angelaufen werden.

1.3 Das Rayleigh–Bénard–Experiment

Chaotisches Verhalten ist natürlich nicht auf Systeme beschränkt, die durch wenige Zustandsvariable beschrieben werden. Hydrodynamische Systeme werden durch Felder (der Geschwindigkeit, der Dichte, der Temperatur) charakterisiert. In jedem Punkt des relevanten Raumbereiches haben diese Feldgrößen einen bestimmten Wert, der sich zeitlich verändern kann, d. h., es existieren unendlich viele Zustandsvariable. Die Änderung der Felder wird durch partielle Differentialgleichungen beschrieben.

Von hydrodynamischen Systemen ist bekannt, daß neben laminarer Strömung mit einfacher Orts- und Zeitabhängigkeit der Feldgrößen auch turbulente Strömung auftreten kann. Hier sind Orts- und Zeitabhängigkeiten sehr kompliziert und nicht vorhersagbar. Besitzen hydrodynamische Systeme beim Übergang zur Turbulenz Eigenschaften, die denen entsprechen, die bei chaotischen Systemen mit wenigen Zustandsvariablen beobachtet werden? Zumindest bei einfachen hydrodynamischen Experimenten kann diese Frage positiv beantwortet werden. Ein Bespiel dafür ist das Rayleigh–Bénard–Experiment: Wenn im Schwerefeld eine Flüssigkeitsschicht an ihrer Unterseite erhitzt wird, kommt es zunächst nur zur Wärmeleitung. Bei Steigerung des Temperaturgradienten entsteht schließlich Konvektion. Wärmetransport wird dann überwiegend durch Massetransport realisiert. Bénard entdeckte etwa 1900 das nach ihm benannte Konvektionsmuster. Es besteht aus zeitlich stationären hexagonalen Konvektionszellen, die an eine Bienenwabe erinnern. Mit Hilfe von suspendierten Schwebeteilchen konnten die Konvektionszellen sichtbar gemacht werden (s. z. B. Ebeling und Feistel, 1982).

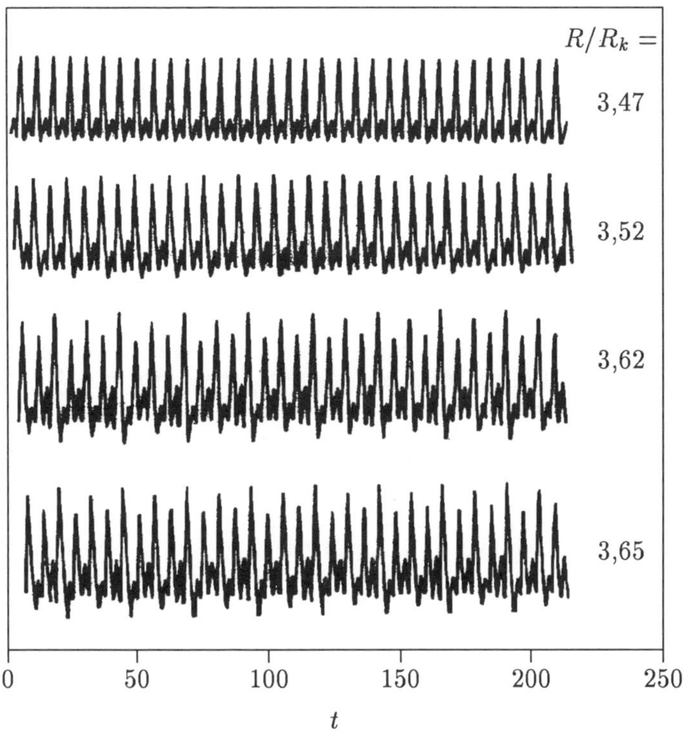

Abb. 1.9: Oszillationen der Temperatur beim Rayleigh–Bénard–Experiment (R_k : kritische Rayleigh–Zahl, bei der die stationäre Lösung ihre Stabilität verliert, magnetische Induktion : 27 mT.) (nach LIBCHABER et al., 1982)

Bei weiterer Erhöhung der Temperaturdifferenz $\Delta\vartheta$ zwischen Grund- und Deckfläche entsteht in Abhängigkeit von den Versuchsbedingungen eine Vielzahl von Bifurkationen. LIBCHABER et al. (1982) benutzten Quecksilber bei Raumtemperatur als Medium und verfolgten den Weg zum Chaos über periodenverdoppelnde Bifurkationen. Eine bessere Auflösung der Verdopplungsschritte wurde durch ein horizontal angelegtes Magnetfeld erreicht. Abbildung 1.9 zeigt für die Oszillationen der Temperatur die ersten vier Periodenverdopplungen. Der Kontrollparameter ist die

Rayleigh–Zahl

$$R = \frac{g\,\alpha_p\,d^3\,\Delta\vartheta\,\varrho\,c_p}{\nu\,\lambda}$$

(g — Erdbeschleunigung, α_p — isobarer thermischer Expansionskoeffizient, d — Dicke der Flüssigkeitsschicht, ϱ — Dichte, c_p — isobare spezifische Wärme, ν — kinematische Zähigkeit, λ — Wärmeleitfähigkeit).

Die Experimente von DUBOIS (1982) sowie von DUBOIS et al. (1982), die mit Silikonöl durchgeführt wurden, belegen, daß es auch möglich ist, von der *quasiperiodischen Bewegung*, die durch zwei inkommensurable Frequenzen charakterisiert wird, zum chaotischen Verhalten zu gelangen. Abbildung 1.10 a), b) zeigt einen Querschnitt durch den für die quasiperiodische Bewegung typischen Torus. Bei größeren Rayleigh–Zahlen bricht der Torus auf — die Bewegung wird chaotisch (Abb. 1.10 c)).

Weitere wichtige Experimente wurden von LIBCHABER und MAURER (1981) an flüssigem Helium, von GIGLIO et al. (1981) an Wasser und BERGÉ et al. (1980) an Silikonöl durchgeführt. Dabei wurden auch andere Wege zum chaotischen Verhalten gefunden.

LORENZ (1963) vereinfachte durch einen Fourier–Modenansatz die hydrodynamischen Gleichungen, welche das Rayleigh–Bénard–Experiment beschreiben, beträchtlich. Er erhielt die nach ihm benannten Gleichungen

$$\begin{aligned} \dot{X} &= -\sigma X + \sigma Y, \\ \dot{Y} &= -XZ + rX - Y, \\ \dot{Z} &= XY - bZ. \end{aligned} \tag{1.7}$$

Dabei bezeichnet X die dimensionslose Geschwindigkeitsamplitude, Y sowie Z sind dimensionslose Amplituden von Temperaturmoden. Die Parameter sind die Prandtl–Zahl $\sigma = \nu/\kappa$ (κ ist die thermische Diffusionskonstante), die normierte Rayleigh–Zahl $r = R/R_k$ und eine Konstante b, die mit der Wellenzahl k der horizontalen Fundamentalmode über die Beziehung $b = 4\pi^2/(\pi^2 + k^2)$ zusammenhängt.

Obwohl die Gleichungen (1.7) nur für hinreichend kleine Werte von r die physikalische Situation richtig wiedergeben, sind sie in den vergangenen Jahren für weite Parameterbereiche gründlich untersucht worden (SPARROW, 1982). Abbildung 1.11 zeigt den sogenannten *Lorenz–Attraktor*, der eines der ersten Beispiele für numerisch untersuchte komplizierte Attraktoren ist. In offensicht-

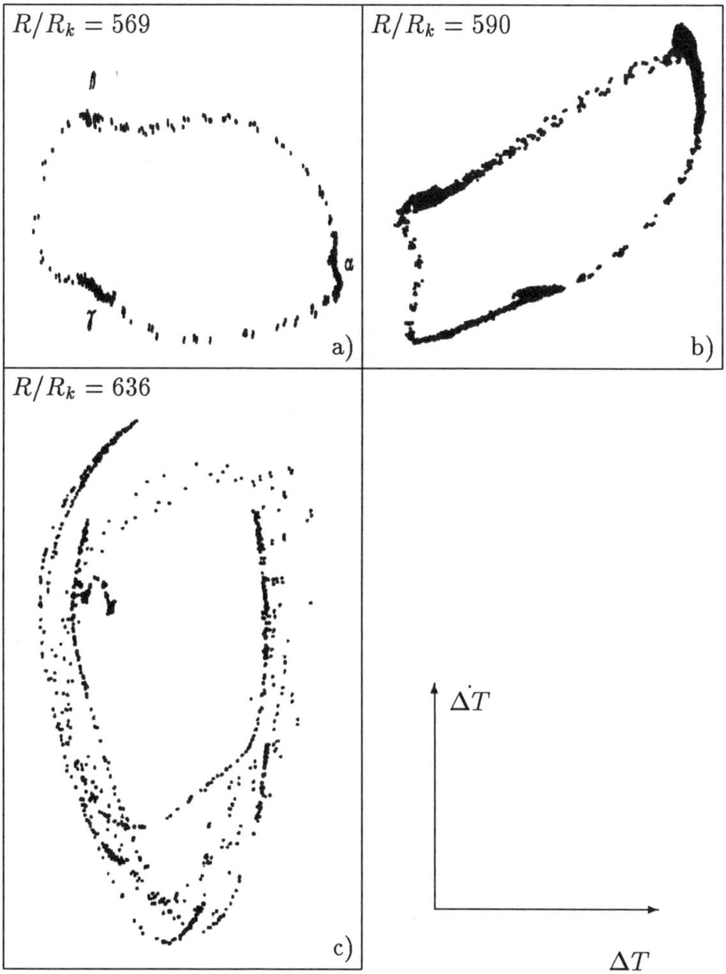

Abb. 1.10: Stroboskopische Darstellungen beim Rayleigh–Bénard–Experiment. Das Zeitintervall zwischen den Einzelmessungen entspricht der Periode der Strömungsgeschwindigkeit. ΔT ist der Temperaturgradient, $\dot{\Delta T}$ seine zeitliche Ableitung (nach DUBOIS, 1982)

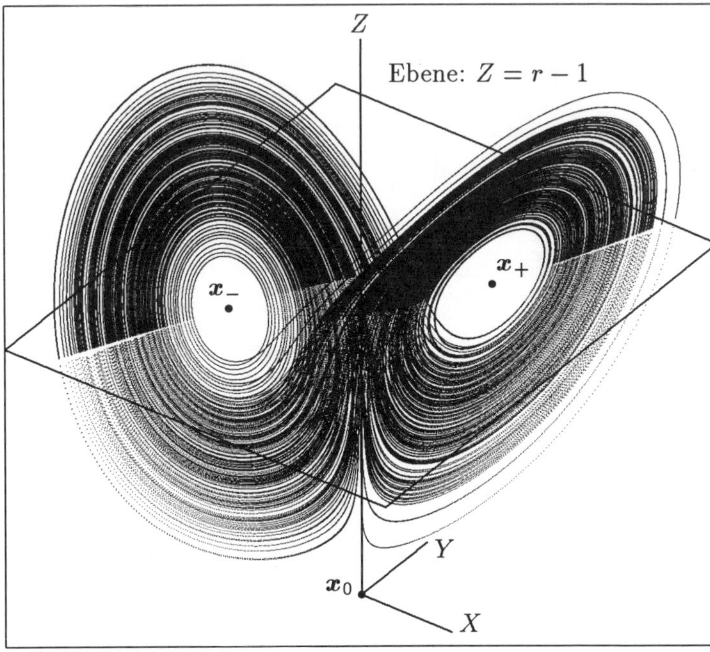

Abb. 1.11: Der Lorenz–Attraktor ($\sigma = 10$, $b = 8/3$, $r = 28$)

lich unregelmäßiger Weise windet sich die Trajektorie abwechselnd jeweils um einen der beiden instabilen Fixpunkte

$$\begin{aligned} \boldsymbol{x}_+ &= (\sqrt{b(r-1)}, \sqrt{b(r-1)}, r-1) \quad \text{und} \\ \boldsymbol{x}_- &= (-\sqrt{b(r-1)}, -\sqrt{b(r-1)}, r-1). \end{aligned}$$

Vermutlich wird durch das numerische Experiment ein chaotischer Attraktor beschrieben. Auch auf diesem Attraktor hängt die Bewegung empfindlich von den Anfangsbedingungen ab.

Kapitel 2

Grundbegriffe

2.1 Dynamisches System, Phasenraum, Phasenfluß

Ein *dynamisches System* wird hier durch ein System von gewöhnlichen Differentialgleichungen in Normalform

$$\frac{\mathrm{d}\boldsymbol{x}}{\mathrm{d}t} \equiv \dot{\boldsymbol{x}} = \boldsymbol{F}(\boldsymbol{x}) \tag{2.1}$$

oder durch ein System von gewöhnlichen Differenzengleichungen

$$\boldsymbol{x}(t+1) = \boldsymbol{f}\big(\boldsymbol{x}(t)\big) \tag{2.2}$$

beschrieben. Der *Zustand* des Systems zur Zeit t entspricht dem n–dimensionalen Vektor $\boldsymbol{x}(t) \equiv (x_1(t), x_2(t), \ldots, x_n(t)) \in \mathbb{R}^n$. $\boldsymbol{F} \equiv (F_1, F_2, \ldots, F_n)$ bzw. $\boldsymbol{f} \equiv (f_1, f_2, \ldots, f_n)$ sind reellwertige Funktionsvektoren: $\mathbb{R}^n \to \mathbb{R}^n$. Sie bestimmen die zeitliche Entwicklung von $\boldsymbol{x}$. Im Falle von (2.1) ist die Zeit t reellwertig ($t \in \mathbb{R}$), und $\boldsymbol{F}(\boldsymbol{x}(t))$ ist der Geschwindigkeitsvektor an die Bahnkurve $\boldsymbol{x}$ zur Zeit t. In (2.2) ist t ganzzahlig ($t \in \mathbb{Z}$), und $\boldsymbol{f}$ beschreibt direkt die zeitliche Entwicklung von $\boldsymbol{x}$. Falls Verwechslungen des Zeitparameters t mit dem Koordinatenindex i ausgeschlossen sind, wird auch $\boldsymbol{x}_t$ statt $\boldsymbol{x}(t)$ geschrieben. $\mathbb{R}^n$ wird als n–dimensionaler euklidischer Vektorraum mit dem *Skalarprodukt* $(\boldsymbol{x}, \boldsymbol{y}) \equiv \sum_{i=1}^{n} x_i y_i$, der *Norm* $\|\boldsymbol{x}\| \equiv \sqrt{(\boldsymbol{x}, \boldsymbol{x})}$ und der Metrik $\operatorname{dist}(\boldsymbol{x}, \boldsymbol{y}) \equiv \|\boldsymbol{x} - \boldsymbol{y}\|$ aufgefaßt.

Im zeitkontinuierlichen Fall wird angenommen, daß die Funktionen F_i für alle $i = 1, 2, \ldots, n$ in einem Gebiet $G \subseteq \mathbb{R}^n$ bezüglich aller Argumente x_i stetig differenzierbar sind. Dies ist eine hinreichende (jedoch nicht notwendige) Bedingung für die Existenz eindeutiger Lösungen $\boldsymbol{x}(\boldsymbol{x}_0, t)$ von (2.1) zu einem Anfangszustand $\boldsymbol{x}_0 = \boldsymbol{x}(\boldsymbol{x}_0, 0) \in G$ und für t aus einem bestimmten Zeitintervall $(a, b) \subseteq \mathbb{R}$. Im folgenden wird immer angenommen, daß die Zeit t die ganze reelle Achse durchläuft. Darüber hinaus wird nicht besonders betont, daß die Lösungen eventuell nicht in ganz $\mathbb{R}^n$ existieren. Deshalb wird $G = \mathbb{R}^n$ angenommen, und nur gegebenenfalls wird G genauer spezifiziert.

Ist also ein Anfangszustand gegeben, so folgt daraus eindeutig sowohl jeder zukünftige wie auch vergangene Zustand. Das dynamische System heißt deshalb *determiniert*. Ist $\boldsymbol{F}$ im zeitdiskreten Fall nicht eindeutig umkehrbar, so heißt das dynamische System *halbdeterminiert*. Die Zeit durchläuft dann alle nichtnegativen ganzen Zahlen $\mathbb{I}^+$.

Das zeitdiskrete System (2.2) heißt *lösbar*, wenn die Rekursionsformel in die explizite Form $\boldsymbol{x}(\boldsymbol{x}_0, t) = \boldsymbol{f}^t(\boldsymbol{x}_0) \equiv \boldsymbol{f}^t \boldsymbol{x}_0$ übergeführt werden kann, so daß zum Anfangszustand $\boldsymbol{x}_0$ unmittelbar jeder zukünftige Zustand bestimmbar ist. Hierbei gilt $\boldsymbol{f}^t = \boldsymbol{f} \circ \boldsymbol{f}^{t-1}$, mit $\boldsymbol{f}^0 \boldsymbol{x}_0 \equiv \boldsymbol{x}_0$.

Hängen die Funktionen $\boldsymbol{F}$ bzw. $\boldsymbol{f}$ in (2.1) bzw. (2.2) nicht explizit von der Zeit ab, so heißt das dynamische System *autonom* und andernfalls *nichtautonom*. Ein nichtautonomes System kann formal immer als autonom aufgefaßt werden, indem die Zeit t als zusätzliche Zustandsvariable $x_{n+1}(t) \equiv t$ eingeführt wird. Deshalb werden im folgenden häufig autonome Systeme betrachtet, wobei auf Besonderheiten ursprünglich nichtautonomer Systeme, die mit dem kontinuierlichen Anwachsen von $x_{n+1}(t)$ zusammenhängen, gegebenenfalls hingewiesen wird.

Durch eine spezielle Lösung von (2.1) bzw. (2.2) wird einem Zeitpunkt t und Anfangszustand $\boldsymbol{x}_0$ eindeutig ein Zustand $\boldsymbol{x}(\boldsymbol{x}_0, t)$ zugeordnet. Die gesamte Lösungsmenge ordnet somit allen Anfangszuständen aus $\mathbb{R}^n$ nach der Zeit t neue Zustände zu. Diese Abbildung wird mit $\boldsymbol{f}^t \equiv \boldsymbol{x}(\cdot, t)$ bezeichnet und *Phasenfluß* (oder kurz: *Fluß*) auf dem *Phasenraum* $\mathbb{R}^n$ genannt. Die einzelnen Punkte (Zustände) in $\mathbb{R}^n$ heißen auch *Phasenpunkte*. Bei nicht eindeutig umkehrbaren Abbildungen (2.2) ist $\boldsymbol{f}^{-t}$ für $t > 0$ nicht erklärt. Wird weiter unten (insbesondere im Abschn. 3.3) dennoch der zeitlich *inverse Phasenfluß* auf Teilmengen $U \subset \mathbb{R}^n$ angewandt, so wird darunter die Menge $\boldsymbol{f}^{-t}U \equiv \{\boldsymbol{x} \in \mathbb{R}^n \mid \boldsymbol{f}^t\boldsymbol{x} \in U\}$ verstanden. Durchläuft die Zeit t den zulässigen Wertebereich, d. h., gilt $t \in \mathbb{R}$ bzw. $t \in \mathbb{T}$ oder $\mathbb{T}^+$, so erhält man eine Familie $\{\boldsymbol{f}^t\}$ von Abbildungen des Phasenraumes auf sich, mit der algebraischen Eigenschaft einer kommutativen Gruppe,

$$\boldsymbol{f}^{t_1+t_2} = \boldsymbol{f}^{t_1} \circ \boldsymbol{f}^{t_2} = \boldsymbol{f}^{t_2} \circ \boldsymbol{f}^{t_1},$$

wobei das Einselement **1** durch die identische Abbildung $\boldsymbol{f}^0$ gegeben ist. Im Falle der Nichtumkehrbarkeit von $\boldsymbol{f}^t$ handelt es sich um eine Halbgruppe. Ist $\boldsymbol{f}^t$ umkehrbar und ebenso wie die inverse Abbildung $\boldsymbol{f}^{-t}$ r–mal stetig differenzierbar, so heißt $\boldsymbol{f}^t$ *C^r–Diffeomorphismus.*

Hält man andererseits eine Anfangsbedingung $\boldsymbol{x}_0$ fest und variiert die Zeit t, so erhält man eine Lösungskurve $\{\boldsymbol{f}^t\boldsymbol{x}_0\}_t$ in $\mathbb{R}^n$, die auch *Bahnkurve*, *Orbit*, *Phasenbahn* oder *Trajektorie* des Flusses $\boldsymbol{f}^t$ zur Anfangsbedingung $\boldsymbol{x}_0$ genannt wird. Die Abbildung $\boldsymbol{f}^{\cdot}\boldsymbol{x}_0 \equiv \boldsymbol{x}(\boldsymbol{x}_0, \cdot)$ von der reellen Achse (bzw. von $\mathbb{T}$ oder $\mathbb{T}^+$) in den Phasenraum $\mathbb{R}^n$ heißt *Bewegung* des Punktes $\boldsymbol{x}_0$ unter der Wirkung des Flusses $\boldsymbol{f}^t$. Das Hauptaugenmerk der Darlegungen in den folgenden Kapiteln gilt der Wirkung möglicher Phasenflüsse auf bestimmte Teilmengen U des Phasenraumes. Insbesondere interessiert man sich für die asymptotische Wirkung: $\boldsymbol{f}^tU$, $t \to \infty$.

In die Funktionen $\boldsymbol{F}$ und $\boldsymbol{f}$ von (2.1) bzw. (2.2) können *Parameter* $\boldsymbol{r} = (r_1, r_2, \ldots, r_i, \ldots)$, mit $r_i \in \mathbb{R}$, eingehen. Man spricht dann von einer Familie $\{\boldsymbol{F}_r\}$ bzw. $\{\boldsymbol{f}_r\}$ von dynamischen Systemen. Der Phasenfluß $\boldsymbol{f}_r^t$ hängt i. allg. von diesen Parametern ab. Eine qualitative Änderung von $\boldsymbol{f}_r^t$ bei bestimmten Werten von r_i wird *Bifurkation* genannt. Verschiedene Bifurkationen werden insbesondere in den Kapiteln 4 bis 6 genauer beschrieben. Zur Vereinfachung der Sprechweise werden auch Familien von dynamischen Systemen kurz dynamisches System genannt.

2.2 Darstellung von Trajektorien

Häufig kann die Behandlung eines zeitkontinuierlichen Systems (2.1) vereinfacht werden, indem es in eine Differenzengleichung (2.2) übergeführt wird. Dies ist gerade dann sinnvoll, wenn nach qualitativen Eigenschaften der Bewegung gefragt wird, wie z. B. Periodizität u. ä., ohne daß der genaue Verlauf der Trajektorien zu beliebigen Zeitpunkten von Interesse ist. Zu einer solchen

Überführung gibt es verschiedene Methoden, von denen nun einige gebräuchliche aufgezeigt werden.

Bei der ***stroboskopischen Darstellung*** wird die Trajektorie $\boldsymbol{x}(t)$ von (2.1) nur zu bestimmten Zeitpunkten t_m „beleuchtet", wobei $m = 1, 2, 3, \ldots$ und $t_m < t_{m+1}$. Wegen der vorausgesetzten Determiniertheit folgt dann aus $\boldsymbol{x}(t_m) \equiv \boldsymbol{x}_m$ eindeutig $\boldsymbol{x}_{m+1} = \boldsymbol{f}^{t_{m+1}-t_m}\boldsymbol{x}_m$, was der gewünschten Darstellung (2.2) entspricht. Besonders vorteilhaft ist eine stroboskopische Darstellung bei nichtautonomen Systemen (2.1), sofern die explizite Zeitabhängigkeit von $\boldsymbol{F}$ periodisch ist, d. h., $\boldsymbol{F}(\boldsymbol{x}, t) = \boldsymbol{F}(\boldsymbol{x}, t + T)$. Dies ist beispielsweise bei periodisch erregten Oszillatoren wie in (1.6) der Fall, wobei T die Periode der Erregung ist. Man wählt dann häufig $T = t_{m+1} - t_m$.

Die *Poincaré-Abbildung* ist eine spezielle Art der stroboskopischen Darstellung. Die Zeitpunkte t_m werden hierbei aus der Passage der Trajektorie durch eine (hinreichend glatte) $(n-1)$-dimensionale Hyperfläche $\mathcal{H}$ abgeleitet, welche durch die Gleichung

$$\mathcal{H}(\boldsymbol{x}) \equiv \mathcal{H}(x_1, x_2, \ldots, x_n) = 0 \tag{2.3}$$

definiert sei und die der Orbit zu den Zeitpunkten t_m transversal mit festem Richtungssinn schneide. (Im Beispiel des Lorenz-Attraktors der Abbildung 1.11 ist die Ebenengleichung durch $\mathcal{H} = Z - (r-1)$ gegeben.) Die Transversalität ist gewährleistet, wenn der Geschwindigkeitsvektor $\boldsymbol{F}(\boldsymbol{x})$ des Flusses im Durchstoßungspunkt $\boldsymbol{x}$ nicht senkrecht zum Normalvektor $\boldsymbol{N}(\boldsymbol{x})$ auf $\mathcal{H}$ steht. Für das Skalarprodukt muß also gelten

$$\big(\boldsymbol{N}(\boldsymbol{x}), \boldsymbol{F}(\boldsymbol{x})\big) \neq 0, \quad \text{für} \quad \boldsymbol{x} \in \mathcal{H}.$$

Fester Richtungssinn bedeutet, daß für alle betrachteten Durchstoßungspunkte $\big(\boldsymbol{N}(\boldsymbol{x}), \boldsymbol{F}(\boldsymbol{x})\big)$ entweder positiv oder negativ ist. Sind nun $\boldsymbol{x}_m$ für $m = 0, 1, 2, \ldots$ zeitlich nacheinander auftretende Durchstoßungspunkte und bezeichnet $\boldsymbol{y}_m$ die $(n-1)$-dimensionale Projektion von $\boldsymbol{x}_m$ auf $\mathcal{H}$, so wird die Poincaré-Abbildung durch $\boldsymbol{P} : \mathcal{H} \to \mathcal{H}$, $\boldsymbol{y}_{m+1} = \boldsymbol{P}(\boldsymbol{y}_m)$ definiert (Abb. 2.1). Durch die Reduktion der Dimension des Darstellungsraumes um eins ergeben sich i. allg. Vorteile bei der Beschreibung der Bewegung des Systems. Die Zeitdauer $t_{m+1} - t_m$ zwischen zwei aufeinanderfolgenden Passagen ist aber bei dieser Konstruktion i. allg. mit m veränderlich. Darüber hinaus gelingt es nur in Ausnahmefällen, $\boldsymbol{P}$ zu einer fest gewählten Hyperfläche $\mathcal{H}$ explizit anzugeben (s. z. B. Abschn. 4.2.1). $\boldsymbol{P}$ kann aber bei Anwendung geeigneter Störungs-

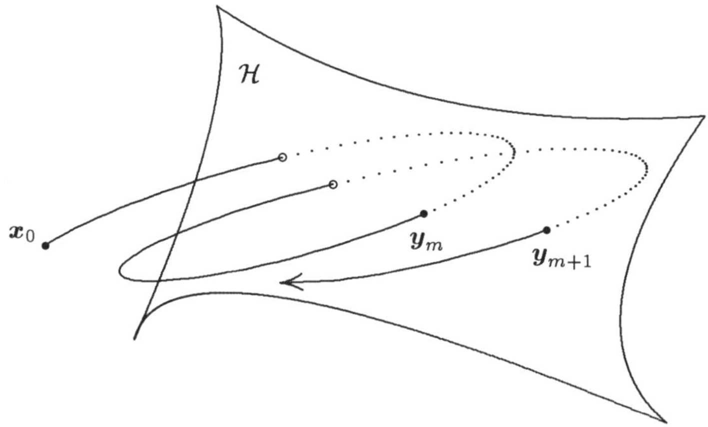

Abb. 2.1: Konstruktion einer Poincaré–Abbildung zu einem zeitkontinuierlichen Orbit

und Mittelungsmethoden approximiert werden (s. z. B. GUCKENHEIMER und HOLMES, 1983, sowie die folgenden Ausführungen).

Näherungslösungen des Systems (2.1) erhält man, indem der Differentialquotient $\mathrm{d}\boldsymbol{x}/\mathrm{d}t$ durch den Differenzenquotienten $(\boldsymbol{x}_{t+\tau} - \boldsymbol{x}_t)/\tau$ angenähert wird, was zu

$$\boldsymbol{f}^{\tau}(\boldsymbol{x}_t) \equiv \boldsymbol{x}_{t+\tau} \approx \boldsymbol{x}_t + \tau \boldsymbol{F}(\boldsymbol{x}_t) \equiv \widehat{\boldsymbol{f}}_{\tau}(\boldsymbol{x}_t)$$

führt. Hierbei wird der Diskretisierungsfehler $\|\boldsymbol{f}^{\tau}(\boldsymbol{x}_t) - \widehat{\boldsymbol{f}}_{\tau}(\boldsymbol{x}_t)\|$ mit Verringerung von τ beliebig klein. Kennt man nur das Geschwindigkeitsfeld $\boldsymbol{F}$, aber nicht explizit den zugehörigen Fluß $\boldsymbol{f}^t$, so kann man $\boldsymbol{f}^{m\tau}$ durch m–fache Iteration von $\widehat{\boldsymbol{f}}_{\tau}$ annähern. Dieses Verfahren ist das einfachste zur numerischen Integration der Differentialgleichung (2.1). Will man den Integrationsfehler nach m Iterationen verkleinern, so könnte man zunächst die Schrittweite τ halbieren. Dann müßten aber doppelt soviele Iterationen ausgeführt werden, um die gleiche Zeitspanne $m\tau$ zu überstreichen. Dieses Vorgehen führt häufig nicht zum Erfolg, um den Gesamtfehler nach der Evolutionszeit $m\tau$ beliebig klein zu halten. Deshalb werden meist andere Näherungsmethoden verwendet, etwa ein Runge–Kutta–Verfahren höherer Ordnung oder verschiedene Mehrschrittverfahren (s. z. B. KNESCHKE, 1965, oder SCHWARZ, 1988). Bei chaotischen Systemen wird man aber trotz aller „Tricks“ i. allg. feststellen, daß der numerisch erhaltene Orbit bereits nach wenigen Iterationen deutlich von der „richtigen“, zur Anfangsbedingung $\boldsymbol{x}_0$ gehörigen Trajektorie abweicht. Auf dieses Problem werden wir weiter unten noch mehrfach zurückkommen (Kap. 3 und 6).

Hat man zu einem speziellen dynamischen System der allgemeinen Form (2.1) ein „geeignetes“ Verfahren zur numerischen Integration ausgewählt, so kann man die Durchstoßungspunkte der Trajektorie mit einer Hyperfläche (2.3) bestimmen, indem die Punkte $\widehat{\boldsymbol{f}}_\tau^m \boldsymbol{x}_0 \equiv \widehat{\boldsymbol{x}}(m)$ in die Flächengleichung (2.3) eingesetzt werden. Gilt dann $\mathcal{H}(\widehat{\boldsymbol{x}}(m)) < 0$ und $\mathcal{H}(\widehat{\boldsymbol{x}}(m+1)) \geq 0$, so muß der Durchstoßungspunkt zwischen dem m–ten und $(m+1)$–ten Iterationsschritt liegen. Falls der umgekehrte Richtungssinn gewünscht wird, so muß auf $\mathcal{H}(\widehat{\boldsymbol{x}}(m)) > 0$ und $\mathcal{H}(\widehat{\boldsymbol{x}}(m+1)) \leq 0$ geprüft werden. Durch Interpolation und Intervallschachtelung kann dann der genaue Durchstoßungspunkt bestimmt werden. Dieses Verfahren ist aber i. allg. sehr aufwendig. Deshalb schlug Hénon (1982) folgendes vor: Sei zunächst der Fall $\mathcal{H}(\boldsymbol{x}) = x_i - c$ mit der Konstanten c betrachtet. Die Koordinaten können dann beliebig umbenannt werden, so daß ohne Einschränkung der Allgemeinheit

$$\mathcal{H}(\boldsymbol{x}) = x_n - c \tag{2.4}$$

angenommen wird. Das System (2.1) wird nun umgeschrieben, so daß x_n anstelle der Zeit t als unabhängige Variable auftritt. Dazu werden die ersten $n-1$ Gleichungen von (2.1) durch $\dot{x}_n$ dividiert und die letzte Gleichung $\dot{x} = f_n$ invertiert. Man erhält dann für $f_n(\boldsymbol{x}) \neq 0$ das zu (2.1) äquivalente System

$$\frac{\mathrm{d}x_1}{\mathrm{d}x_n} = \frac{f_1}{f_n}, \quad \ldots \quad, \frac{\mathrm{d}x_{n-1}}{\mathrm{d}x_n} = \frac{f_{n-1}}{f_n}, \quad \frac{\mathrm{d}t}{\mathrm{d}x_n} = \frac{1}{f_n}. \tag{2.5}$$

Wird jetzt das System (2.1) so lange mit der Schrittweite τ numerisch integriert, bis der Fall $\mathcal{H}(\widehat{\boldsymbol{x}}(m)) = \widehat{x}_n(m) - c < 0$ und $\mathcal{H}(\widehat{\boldsymbol{x}}(m+1)) = \widehat{x}_n(m+1) - c \geq 0$ eintritt, so wird der gesuchte Durchstoßungspunkt erhalten, indem das System (2.5) zur Anfangsbedingung

$$\big(\widehat{x}_1(m+1), \ldots, \widehat{x}_{n-1}(m+1), (m+1)\tau\big)$$

mit dem Integrationsschritt $\Delta x_n = -x_n(m+1) + c$ integriert wird. Dies liefert im Rahmen der numerischen Genauigkeit sofort,

d. h. ohne Intervallschachtelung, mit einem Iterationsschritt, den gesuchten Durchstoßungspunkt $\widehat{\boldsymbol{x}}(t_m)$, von dem aus dann die numerische Integration des Systems (2.1) fortgeführt wird, usw.

Ist die Hyperfläche komplizierter als in (2.4) definiert, so wird die zusätzliche Variable $x_{n+1} \equiv \mathcal{H}(\boldsymbol{x})$ eingeführt und das System (2.1) um die Gleichung

$$\frac{\mathrm{d}x_{n+1}}{\mathrm{d}t} = \sum_{i=1}^{n} f_i \frac{\partial H(x_1, \ldots, x_n)}{\partial x_i}$$

erweitert. Somit entsteht ein System von $n+1$ gewöhnlichen Differentialgleichungen, und die Hyperfläche ist durch $x_{n+1} = 0$ gegeben. Dies entspricht aber dem bereits betrachteten Fall (2.4) für $c = 0$.

In Experimenten gewinnt man häufig nur ein skalares Meßsignal $x(t)$ zu den äquidistanten Zeitpunkten mT_s, mit $m = 1, 2, \ldots$, wobei T_s die Abtastperiode ist. Durch *Interpolation* kann man aber aus den Abtastwerten $\{x(mT_s)\}_m$ das Signal $x(t)$ für beliebige Zeitpunkte t rekonstruieren. Solch eine Interpolation kann z. B. für die Konstruktion von Poincaré–Abbildungen nötig werden oder für andere, im Kap. 3 beschriebene Verfahren der Zeitreihenanalyse. Voraussetzung für eine eindeutige Rekonstruktion für „fast alle" Zeitpunkte t ist die Einhaltung der Abtastbedingung $2\omega_s > \omega_N$, die aus dem *Abtasttheorem* folgt (s. z. B. TRETTER, 1976). Darin ist $\omega_s \equiv 2\pi/T_s$ die Abtastkreisfrequenz, und ω_N ist die *Nyquist–Kreisfrequenz* des Signals. Letztere ergibt sich aus der Bedingung, daß die Fourier–Transformierte $\mathcal{X}(\omega)$ von $x(t)$ existiert und nur in einem beschränkten Frequenzband von null verschieden ist,

$$\mathcal{X}(\omega) \equiv \int_{-\infty}^{\infty} x(t)\, \mathrm{e}^{-\mathrm{i}\omega t} \mathrm{d}t = 0 \quad \text{für} \quad |\omega| > \omega_N .$$

(Hier ist $\mathrm{i} \equiv \sqrt{-1}$ die imaginäre Einheit.) Die Lagrangesche Interpolationsformel (s. z. B. SCHWARZ, 1988) führt dann auf das folgende digitale Filter,

$$x\big((m+\theta_v)T_s\big) \approx \widehat{x}\big((m+\theta_v)T_s\big) \equiv \sum_{u=0}^{p} L_{uv}\, x\big((m+u)T_s\big), \quad (2.6)$$

mit den Zeitpunkten

$$\theta_v = \frac{p-1}{2} + \frac{v}{k}, \quad v = 1, 2, \ldots, k-1. \quad (2.7)$$

Hierin ist $p = 3, 5, 7, \ldots$ die Ordnung der Interpolationspolynome, und $k - 1 = 1, 2, 3, \ldots$ bezeichnet die Anzahl der interpolierten Werte, die äquidistant zwischen den benachbarten Abtastwerten $x\big((m+\frac{p-1}{2})T_s\big)$ und $x\big((m+\frac{p+1}{2})T_s\big)$ liegen. Die Filterkoeffizienten sind gegeben durch

$$L_{uv} \equiv \frac{(-1)^{p-u}}{u!\,(p-u)!} \prod_{l=0,\, l\neq u}^{p} \left(\frac{p-1}{2} + \frac{v}{k} - l\right), \tag{2.8}$$

worin $(-1)^0 \equiv 1$ und $0! \equiv 1$. Der Betrag des Interpolationsfehlers kann nach oben abgeschätzt werden (POMPE, 1994),

$$\frac{|x - \widehat{x}|}{E_x} \leq r\left(\frac{\omega_N}{\omega_s}, p\right). \tag{2.9}$$

Darin ist

$$E_x \equiv \sqrt{\frac{1}{2\omega_N} \int_{-\omega_N}^{\omega_N} |\mathcal{X}(\omega)|^2 \,\mathrm{d}\omega} = \sqrt{\frac{\pi}{\omega_N} \int_{-\infty}^{\infty} x^2(t)\,\mathrm{d}t} \tag{2.10}$$

die Energie des Signals, wobei $0 < E_x < \infty$ vorausgesetzt wird. Die obere Schranke des Betrags des relativen Fehlers in (2.9) ist

$$r\left(\frac{\omega_N}{\omega_s}, p\right) \equiv \frac{(2\pi\omega_N/\omega_s)^{p+2}}{\pi\,\sqrt{2p+3}} \,\frac{1}{(p+1)!} \prod_{u=0}^{(p-1)/2} \left(\frac{1}{2} + u\right)^2. \tag{2.11}$$

Mit wachsender Ordnung p wird $r(\omega_N/\omega_s, p)$ beliebig klein, falls $\omega_N/\omega_s < \pi^{-1}$. Je kleiner ω_N/ω_s, desto rascher fällt der Fehler mit wachsender Ordnung p. Sind die Meßdaten $x(mT_s)$ obendrein mit einem Amplitudenfehler $\varepsilon(mT_s)$ versehen, z. B. infolge der Analog–Digital–Wandlung (Quantisierungsrauschen) oder anderer stochastischer Einflüsse, so pflanzt sich dieser Fehler auf den interpolierten Wert in (2.6) fort. Allerdings ist er für $p < 31$ durch $2\max\{|\varepsilon(mT_s)|\}$ nach oben beschränkt.

Ein Zustandsvektor $\boldsymbol{x}$ wird *vollständig* genannt, wenn aus dem Anfangszustand $\boldsymbol{x}(0)$ jeder zukünftige Zustand $\boldsymbol{x}(t)$, $t > 0$, eindeutig folgt. So bilden z. B. beim parametrisch erregten Pendel (1.6) der Auslenkwinkel $x_1(t) \equiv x(t) \bmod 2\pi$, die Winkelgeschwindigkeit $x_2(t) \equiv \dot{x}(t)$ und die Phasenlage $x_3(t) \equiv \Omega t \bmod 2\pi$ der periodischen Erregung einen vollständigen Zustandsvektor. Fehlt

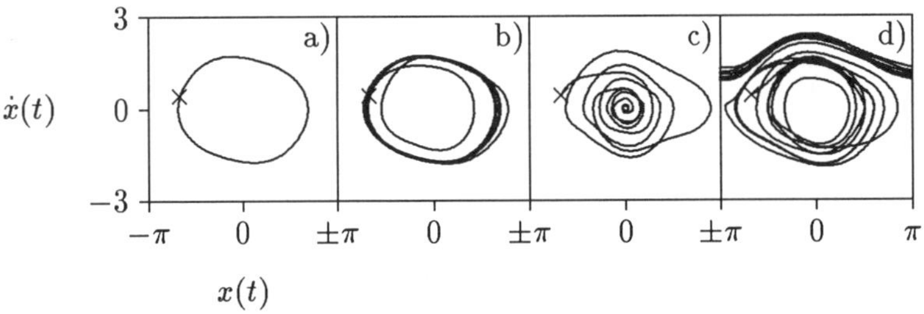

Abb. 2.2: Trajektorien des parametrisch erregten Pendels (1.6) ($A = 0,63$, $B = 0,15$, $\Omega = 1,56$) in der Projektion auf die x–$\dot{x}$–Ebene für verschiedene Anfangsphasenlagen der Erregung: a) $\Omega t_0 = 0$, b) $\Omega t_0 = \pi/10$, c) $\Omega t_0 = \pi/5$, d) $\Omega t_0 = \pi$. ($x(t_0) = -2,10227\cdots$, $\dot{x}(t_0) = 0,43957\cdots$ — mit × markiert)

eine dieser Größen, so ist der Zustandsvektor unvollständig. Kennt man beispielsweise nur einen Wert für den Auslenkwinkel und die Winkelgeschwindigkeit, aber nicht die zugehörige Phasenlage der Erregung, so kann die Bewegung des Pendels nicht eindeutig vorausgesagt werden, wie es die Abbildung 2.2 illustriert. Für dieselben Anfangswerte $x(t_0)$ und $\dot{x}(t_0)$ ergeben sich unterschiedliche Bewegungen bei verschiedenen Anfangsphasenlagen $\Omega t_0 \in [0, 2\pi[$. Im Fall a) erhält man eine stabile Librationsbewegung mit der Periode $4\pi/\Omega$, in b) ist es der Einlauf in den Attraktor von a). In c) läuft die Trajektorie asymptotisch zum Fixpunkt $(0,0)$, und schließlich in d) läuft die Trajektorie zu einem Attraktor, auf dem das Pendel mit der Erregerperiode $2\pi/\Omega$ im positiven Richtungssinn rotiert. In den Bildern b) bis d) wird die Unvollständigkeit des Zustandsvektors $(x, \dot{x})$ dadurch offenkundig, daß sich eine jede Phasenbahn selbst kreuzt.

Würde man andererseits eine zusätzliche vierte Zustandsgröße $x_4(t)$ betrachten, etwa die Beschleunigung $\ddot{x}(t)$, so ist

$$\big(x(t) \bmod 2\pi,\ \dot{x}(t),\ \Omega t \bmod 2\pi,\ \ddot{x}(t)\big)$$

auch ein vollständiger Zustandsvektor. Hierin ist aber die Beschleunigung zur Beschreibung der Bewegung des Systems überflüssig. Der Einfachheit wegen wird man immer bestrebt sein, einen vollständigen und zugleich minimalen Satz von Zustandsgrößen zu verwenden.

Hat man einen vollständigen Zustandsvektor $\boldsymbol{x}(t)$, so kann man zu einem anderen vollständigen Zustandsvektor $\boldsymbol{y}(t)$ übergehen, indem man auf $\boldsymbol{x}(t)$ eine eindeutig umkehrbare Abbildung

$\boldsymbol{h} : \mathbb{R}^n \rightarrow \mathbb{R}^{n^*}$ anwendet, so daß $\boldsymbol{h}(\boldsymbol{x}) = \boldsymbol{y}$. Zur Beschreibung der Bewegung des Systems sind alle Zustandsvektoren äquivalent, die umkehrbar eindeutig aufeinander abgebildet werden können. Damit jedoch eine glatte, nach t stetig differenzierbare Trajektorie $\{\boldsymbol{x}(t)\}_t$ nach der Transformation weiterhin genügend glatt ist, müssen an $\boldsymbol{h}$ gewisse Forderungen gestellt werden. Deshalb wird hier $\boldsymbol{h}$ als Diffeomorphismus (also eindeutig umkehrbar und stetig differenzierbar) vorausgesetzt. Dann ist gewährleistet, daß mit $\dot{\boldsymbol{x}}$ auch $\dot{\boldsymbol{y}}$ existiert und in der Zeit sich stetig verändert.

Beim Experiment an einem realen dynamischen System mißt man in der Regel keinen vollständigen Satz von Zustandsgrößen, und die möglicherweise sehr große Anzahl unabhängiger Zustandsvariablen ist zumeist nicht bekannt. Häufig wird nur eine skalare Größe

$$\{x(t)\}_t \tag{2.12}$$

in Abhängigkeit von der Zeit t gemessen. Um in dieser Situation einen vollständigen Satz von Zustandsgrößen zu erhalten, muß man die originalen Meßdaten in einen höherdimensionalen Raum einbetten. Zur *Einbettung* gibt es verschiedene Methoden. So kann man beispielsweise aus der skalaren Zeitreihe (2.12) durch $(n-1)$–fache Differentiation von $x(t)$ nach der Zeit neue Zeitsignale erhalten, die zu einem Vektor

$$\begin{aligned} \boldsymbol{x}(t) &= (x_1(t), x_2(t), \ldots, x_n(t)) \\ &= \left(x^{(0)}(t), x^{(1)}(t), \ldots, x^{(n-1)}(t)\right) \end{aligned} \tag{2.13}$$

zusammengefaßt werden, mit der i–ten Ableitung

$$x^{(i)}(t) \equiv \frac{\mathrm{d}^i x(t)}{\mathrm{d}t^i}, \quad x^{(0)}(t) \equiv x(t). \tag{2.14}$$

Aus dem oben angeführten Interpolationsfilter (2.6) können Filter zur gleichzeitigen *Interpolation und Differentiation* abgeleitet werden (POMPE, 1994),

$$x^{(1)}\big((m+\theta_v)T_s\big) \approx \widehat{x}^{(1)}\big((m+\theta_v)T_s\big) \equiv \sum_{u=0}^{p} L_{uv}^{(1)} x\big((m+u)T_s\big), \tag{2.15}$$

mit den Filterkoeffizienten

$$L_{uv}^{(1)} \equiv \frac{L_{uv}}{T_s} \sum_{l=0,\, l\neq u}^{p} \frac{1}{\theta_v - l}. \tag{2.16}$$

Hierin sind L_{uv} die Koeffizienten (2.8) und θ_v wiederum die Zeitpunkte (2.7). Der Gesamtfehler bei der kombinierten Differentiation/Interpolation kann nach oben abgeschätzt werden mit

$$\frac{|x^{(1)} - \widehat{x}^{(1)}|}{E_x} \leq (p+1)\ r\left(\frac{\omega_N}{\omega_s}, p\right),$$

wobei E_x und $r(\omega_N/\omega_s, p)$ mit (2.10) bzw. (2.11) gegeben sind. Dieser Fehler wird wiederum mit wachsender Ordnung p beliebig klein, falls $\omega_N/\omega_s < \pi^{-1}$. Allerdings fällt er langsamer als im Falle der alleinigen Interpolation. Darüber hinaus wirken sich nun Amplitudenfehler $\varepsilon(mT_s)$ der Meßdaten $x(mT_s)$ stärker aus. Für $p < 31$ übersteigt die Ungenauigkeit allerdings nicht $4\max\{|\varepsilon(mT_s)|\}$.

Die mehrfache Differentiation experimentell gewonnener Zeitreihen ist aber i. allg. mit einem großen numerischen Fehler verbunden. Deshalb nimmt man in (2.13) anstelle der Ableitungen (2.14) häufig verschiedene zeitliche Versetzungen des Ausgangssignals (PACKARD et al., 1980),

$$x^{(i)}(t) \equiv x(t - \tau_i), \tag{2.17}$$

mit $i = 0, 1, \ldots, n-1$ und $0 = \tau_0 < \tau_1 < \ldots < \tau_{n-1}$. Hierbei können die Verzögerungszeiten τ_i „fast beliebig" gewählt werden. Es muß nur gewährleistet sein, daß auf diese Weise ein vollständiger Zustandsvektor entsteht. (Bei einer periodischen Bewegung heißt das z. B., daß τ_i kein ganzzahliges Vielfaches der halben Periode sein darf. Wäre dies der Fall, so würde die Phasenbahn (2.13) auf einer Diagonalen liegen.) Man kann dann umkehrbar eindeutig von einem Koordinatensatz zum anderen übergehen. Häufig wird $\tau_i = i\tau$ mit festem $\tau > 0$ gewählt.

Im Falle des parametrisch erregten Pendels können z. B. auch die Winkelgeschwindigkeit $\dot{x}(t)$ zusammen mit hinreichend vielen daraus abgeleiteten Verzögerungskoordinaten $\dot{x}(t-\tau_i)$ gewählt werden. In der Abb. 2.3 sind die entsprechenden Trajektorien von Abb. 2.2 in zwei Verzögerungskoordinaten dargestellt. Wie der Auslenkwinkel $x(t) \bmod 2\pi$, die Winkelgeschwindigkeit $\dot{x}(t)$ und die Phasenlage der periodischen Erregung $\Omega t \bmod 2\pi$ aus verschiedenen Werten $\dot{x}(t-\tau_i)$, $i = 0, 1, 2, \ldots$, erhalten werden, illustriert die Abb. 2.4 (der zugehörige Orbit ist in den Abbildungen 2.2 a) bzw. 2.3 a) dargestellt): Wurde zur Zeit t die Geschwindigkeit $\dot{x}(t)$ gemessen, so hat die zugehörige Trajektorie $\{\boldsymbol{f}^t\boldsymbol{x}_0\}_t$ zumindest einen Punkt in der Ebene

$$E_{\dot{x}(t)} \equiv \{(x_1, x_2, x_3) \in \mathbb{R}^3 \mid x_2 = \dot{x}(t)\}.$$

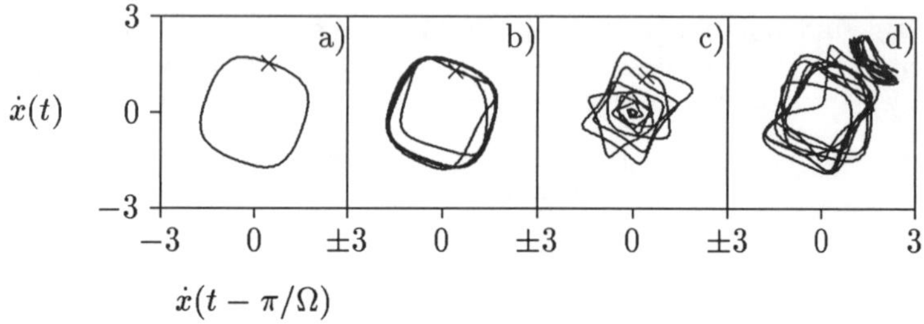

Abb. 2.3: Trajektorien aus Abb.2.2 in zwei Verzögerungskoordinaten

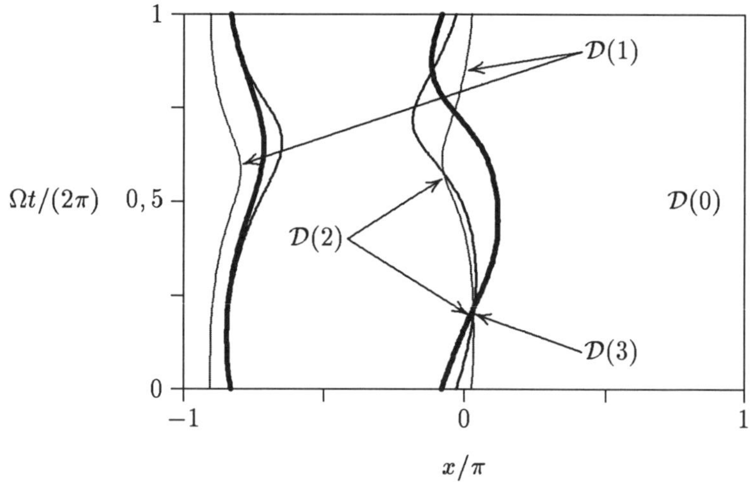

Abb. 2.4: Illustration des Zusammenhangs zwischen Koordinaten Winkel, Geschwindigkeit und Phasenlage $(x(t), \dot{x}(t), \Omega t)$ mit Verzögerungskoordinaten $(\dot{x}(t)), \ldots, \dot{x}(t-\tau_3))$ beim parametrisch erregten Pendel (1.6) (Parameter wie in Abb. 2.2) (Erläuterung im Text)

Wenn wir zusätzlich $\dot{x}(t-\tau_i)$ gemessen haben, so wissen wir auch, daß die Trajektorie wenigstens einen Punkt gemeinsam mit der Ebene $E_{\dot{x}(t-\tau_i)}$ hat. Wird auf alle Punkte dieser Ebene der Phasenfluß $\boldsymbol{f}^{\tau_i}$ angewandt, so muß die Trajektorie zur Zeit t im Durchschnitt $E_{\dot{x}(t)} \cap \boldsymbol{f}^{\tau_i} E_{\dot{x}(t-\tau_i)}$ liegen. Kennen wir n^* Werte der Geschwindigkeit, $\{\dot{x}(t-\tau_i)\}_{i=0}^{n^*-1}$, so muß die Trajektorie zumindest einen Punkt in

$$\mathcal{D}(n^*) \equiv \bigcap_{i=0}^{n^*-1} \boldsymbol{f}^{\tau_i} E_{\dot{x}(t-\tau_i)}$$

haben. Wählt man nun „geeignete" Abtastzeitpunkte $t-\tau_i$, dann gibt es ein $n^* > 0$, so daß $\mathcal{D}(k)$ für $k \geq n^*$ nur aus dem einen Punkt $\boldsymbol{x}(t) = (x(t), \dot{x}(t), \Omega t \bmod 2\pi) \in \mathbb{R}^n$ besteht (s. hierzu auch Abschn. 3.2.4). Eine jede Schnittmenge $E_{\dot{x}(t)} \cap \boldsymbol{f}^{\tau_i} E_{\dot{x}(t-\tau_i)}$ in Abb. 2.4 besteht aus zwei glatten Kurvenstücken, die zu den unterschiedlichen Verzögerungswerten $\tau_1 < \tau_2 < \tau_3$ mit zunehmenden Strichstärken gekennzeichnet sind. $\mathcal{D}(0) = E_{\dot{x}(t)}$ ist die Zeichenebene. $\mathcal{D}(2)$ besteht aus zwei Punkten, und schließlich hat $\mathcal{D}(3)$ nur noch einen Punkt $(x(t), \dot{x}(t), \Omega t)$. Dadurch ist der gesuchte Zusammenhang $\boldsymbol{h} : \mathbb{R}^n \rightarrow \mathbb{R}^{n^*}$ zwischen den Verzögerungskoordinaten und den ursprünlichen Koordinaten Winkel, Geschwindigkeit und Phasenlage der Erregung hergestellt. Hier kann also aus $n^* = 4$ Verzögerungskoordinaten der Winkelgeschwindigkeit die Trajektorie im ursprünglichen Phasenraum ein–ein–deutig rekonstruiert werden. Man überlegt sich leicht, daß sich die Differenzierbarkeit des Flusses $\boldsymbol{f}^t$ auf $\boldsymbol{h}$ überträgt.

In der Praxis ergeben sich jedoch zusätzliche Probleme, die damit zusammenhängen, daß eine experimentell erhaltene Zeitreihe (2.12) endlich und „verrauscht" ist. Werden z. B. die Verzögerungszeiten τ_i zu klein gewählt, so liegt die Phasenbahn in der Nähe der Hauptdiagonalen des Einbettungsraumes, und eine möglicherweise diffizile Struktur wird durch das Rauschen verdeckt. In der Abbildung 2.5 ist dies für ein experimentell gewonnenes Signal illustriert. Offenbar ist für dieses Signal $\tau = 12,5\mu s$ zu klein gewählt. Andererseits können für zu große Werte von τ die Koordinaten voneinander (nahezu) statistisch unabhängig werden, wie in der Abbildung für $\tau = 5000\mu s$. Für mittlere Verzögerungszeiten τ_i von einigen wenigen $100\mu s$ sind die Konturen der Phasenbahn aber deutlich zu erkennen. Mit den entprechenden Verzögerungskoordinaten $x(t-\tau_i)$, $\tau_i \approx i \times 125\mu s$, sollte man dann die Untersuchungen, wie sie z. B. im Kap. 3 beschrieben werden, durchführen.

Für die Wahl geeigneter τ_i–Werte zur höherdimensionalen Einbettung skalarer Meßsignale wurden verschiedene Vorschläge gemacht. So schlugen z. B. Fraser und Swinney (1986) vor, die statistischen Abhängigkeiten zwischen $x(t-\tau)$ und $x(t)$ mit der Transinformationsfunktion $I(\tau)$ zu messen (s. Abschn. 3.3). Es

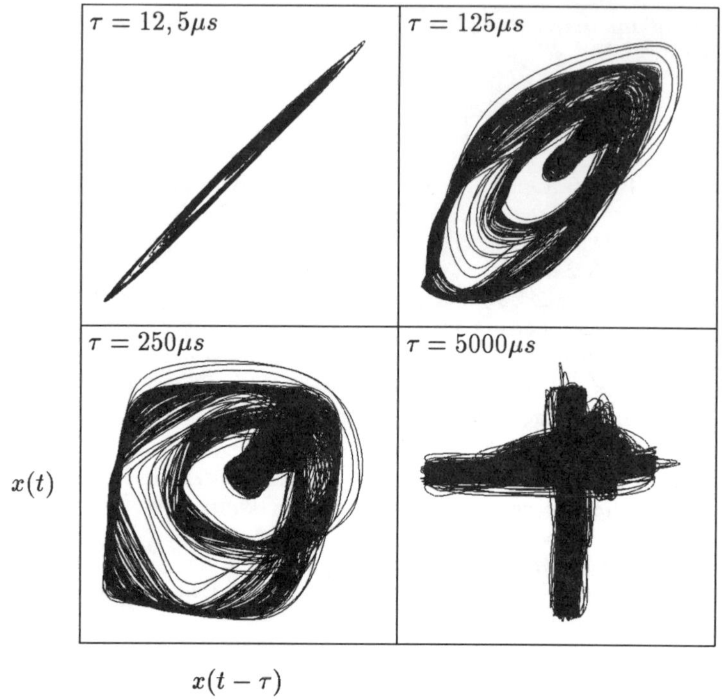

Abb. 2.5: Darstellung eines Sprachsignals in Verzögerungskoordinaten für verschiedene Verzögerungszeiten τ. (Allophon /a:/ eines männlichen Sprechers im modalen Register)

gilt immer $0 \leq I(\tau)/I(0) \leq 1$. $I(\tau)/I(0) \lesssim 1$ entspricht dann der Situation $\tau = 12,5\mu s$ in Abb. 2.5, d. h., die Verzögerungszeit ist zu klein. Im Falle von $I(\tau)/I(0) \gtrsim 0$ sind die Koordinaten $x(t-\tau)$ und $x(t)$ nahezu statistisch unabhängig, und für $0,1 \lesssim I(\tau)/I(0) \lesssim 0,5$ erreicht man in der Regel die gewünschten Phasenbahndarstellungen.

Grundlegende Einbettungstheoreme haben u. a. TAKENS (1981) und MAÑÉ (1981) bewiesen, die von SAUER et al. (1991) wesentlich verallgemeinert wurden (s. Abschn. 3.2.4). Eine ausführliche Diskussion von Verfahren zur „optimalen“ Einbettung skalerer Meßreihen ist z. B. bei LIEBERT (1991) zu finden. Einen Überblick geben auch KOSTELICH und SCHREIBER (1993).

2.3 Dissipation und Attraktoren

Einen globalen Überblick über die möglichen Bewegungen eines dynamischen Systems erhält man durch die Untersuchung der Wirkung des Phasenflusses $\boldsymbol{f}^t$ auf gewisse Teilmengen U des Phasenraumes $\mathbb{R}^n$. Im allgemeinen ist es jedoch ein großes Problem oder gar unmöglich, den Phasenfluß explizit anzugeben, d. h., (2.1) bzw. (2.2) zu lösen. Für lineare Differentialgleichungen, bei denen die Funktionen F_i auf der rechten Seite von (2.1) Linearkombinationen der gesuchten Funktionen $x_i(t)$ sind, liegt eine ausgebaute Integrationstheorie vor (s. z. B. ARNOL'D, 1979, oder STEPANOW, 1982). Hingegen kann der Fluß für die hier betrachteten nichtlinearen Systeme nur in Ausnahmefällen explizit angegeben werden. Dennoch kann man gewisse (auch globale) Aussagen über die Bewegung des Systems machen, ohne den globalen Fluß explizit zu kennen, wie die folgenden Darlegungen zeigen.

Durch das System (2.1) wird im Phasenraum $\mathbb{R}^n$ ein Vektorfeld $\boldsymbol{F}$ definiert, das als Geschwindigkeitsfeld des Phasenflusses interpretiert wird. Die Divergenz von $\boldsymbol{F}$,

$$\mathrm{div}\boldsymbol{F}(\boldsymbol{x}) \equiv \sum_{i=1}^{n} \frac{\partial F_i(\boldsymbol{x})}{\partial x_i}, \tag{2.18}$$

bestimmt dann die Geschwindigkeit, mit der sich die Größe eines infinitesimalen Volumenelementes an der Stelle $\boldsymbol{x} \in \mathbb{R}^n$ unter der Wirkung des zu $\boldsymbol{F}$ gehörigen Flusses $\boldsymbol{f}^t$ ändert. Bezeichnet U ein Gebiet in $\mathbb{R}^n$, so wird es unter der Wirkung von $\boldsymbol{f}^t$ im Laufe der Zeit deformiert. Sei $V(t)$ das Volumen (genauer: Lebesgue–Maß) von $\boldsymbol{f}^t U$, dann ist nach dem *Liouvilleschen Satz* die Geschwindigkeit der Volumenänderung zum Zeitpunkt t durch

$$\frac{\mathrm{d}V(t)}{\mathrm{d}t} = \int_{\boldsymbol{f}^t U} \mathrm{div}\boldsymbol{F}(\boldsymbol{x})\mathrm{d}\boldsymbol{x} \tag{2.19}$$

gegeben. Falls $\mathrm{div}\boldsymbol{F}$ in $\cup_{t\geq 0}\boldsymbol{f}^t U$ konstant ist, folgt $\mathrm{d}V(t)/\mathrm{d}t = V(t)\,\mathrm{div}\boldsymbol{F}$ und somit

$$V(t) = V(0)\exp(t\ \mathrm{div}\boldsymbol{F}). \tag{2.20}$$

Gilt insbesondere $\mathrm{div}\boldsymbol{F} = 0$ in $\mathbb{R}^n$, so bleibt das Volumen von U im Laufe der Zeit konstant. Man nennt das dynamische System dann *konservativ.* Wird hingegen ein beliebiges Gebiet $U \subset \mathbb{R}^n$ unter der Wirkung des Phasenflusses im zeitlichen Mittel kontrahiert, so heißt das dynamische System *dissipativ.* Im zeitkontinuierlichen Fall ist ein System dissipativ, wenn beispielsweise

$$\mathrm{div}\boldsymbol{F}(\boldsymbol{x}) < 0 \qquad \forall \quad \boldsymbol{x} \in \mathbb{R}^n \tag{2.21}$$

gilt, bzw. wenn im zeitdiskreten Fall die Funtionalmatrix

$$\mathrm{D}\boldsymbol{f} \equiv \begin{pmatrix} \partial f_1/\partial x_1 & \dots & \partial f_1/\partial x_n \\ \vdots & & \vdots \\ \partial f_n/\partial x_1 & \dots & \partial f_n/\partial x_n \end{pmatrix} \tag{2.22}$$

des Phasenflusses $\boldsymbol{f}$ aus (2.2) der Bedingung

$$|\mathrm{det}\mathrm{D}\boldsymbol{f}(\boldsymbol{x})| < 1 \qquad \forall \quad \boldsymbol{x} \in \mathbb{R}^n \tag{2.23}$$

genügt. Dissipative Systeme treten immer dann auf, wenn irgendeine Art von „Reibung“ vorhanden ist, wie z. B. beim gedämpften Pendel (1.6).

Dissipative Systeme können durch verschiedene Arten von Attraktoren gekennzeichnet sein. Ein *Attraktor* ist eine Teilmenge des Phasenraumes, auf der die Bewegung des Systems nach Verstreichen einer Einlaufphase stattfindet. Die Bewegung in der Einlaufphase wird auch *transiente* oder *instationäre Bewegung* genannt, wohingegen die Bewegung auf dem Attraktor die *stationäre, permanente* oder *posttransiente* ist. Eine transiente Bewegung findet statt, wenn die Anfangsbedingung $\boldsymbol{x}_0$ in der Nähe des Attraktors (genauer: in seinem Einzugsgebiet, s. u.), aber nicht im Attraktor liegt. Häufig erreicht eine außerhalb des Attraktors startende Trajektorie den Attraktor nicht in einer endlichen Zeit. Ist der Phasenfluß $\boldsymbol{f}$ stetig, so gleicht die Bewegung in der Nähe des Attraktors jener auf dem Attraktor. Aus praktischen Gesichtspunkten kann deshalb meist von einer endlichen Einlaufphase ausgegangen werden.

Eine allgemein akzeptierte mathematische Begriffsbildung eines Attraktors steht noch aus. Zur Diskussion verschiedener Attraktordefinitionen verweisen wir auf RUELLE (1981), COSNARD und DEMONGEOT (1985) sowie MILNOR (1985). Hier wird von der obigen „Arbeitsdefinition“ ausgegangen, deren Verständnis durch die folgenden Beispiele und allgemeinen Darlegungen vertieft wird.

Eine simple, aber dennoch wichtige Klasse von Attraktoren stellen *asymptotisch stabile Fixpunkte* dar. In einem Fixpunkt $\overline{\boldsymbol{x}}$

verschwindet die Fließgeschwindigkeit des Flusses. Im zeitkontinuierlichen Fall (2.1) bedeutet dies, daß $\boldsymbol{F}(\overline{\boldsymbol{x}}) = 0$, bzw. allgemein $\overline{\boldsymbol{x}} = \boldsymbol{f}(\overline{\boldsymbol{x}})$. Ein Fixpunkt heißt *stabil*, wenn es zu einer beliebigen Umgebung [1] U^* von $\overline{\boldsymbol{x}}$ eine weitere Umgebung $U \subset U^*$ von $\overline{\boldsymbol{x}}$ gibt, so daß $\boldsymbol{f}^t U \subset U^*$ für alle $t \geq 0$ gilt. Nähert sich also ein Orbit einem stabilen Fixpunkt hinreichend dicht, so kann er sich mit fortschreitender Zeit nicht wieder beliebig weit entfernen. Gilt zusätzlich $\lim_{t\to\infty} \boldsymbol{f}^t \boldsymbol{x}_0 = \overline{\boldsymbol{x}}$ für alle Startwerte $\boldsymbol{x}_0 \in U$, so heißt $\overline{\boldsymbol{x}}$ *asymptotisch stabil* oder kurz *Senke*. Ein Fixpunkt, der nicht stabil ist, heißt *instabil*.

Die eingeführten Stabilitätsbegriffe haben einen lokalen Charakter, denn es wird nichts über die Größe der Umgebung U ausgesagt. Zur Stabilitätsuntersuchung genügt es folglich, den Fluß in einer beliebig kleinen Umgebung von $\overline{\boldsymbol{x}}$ zu kennen. Dazu kann das System (2.1) bzw. (2.2) in der Nähe von $\overline{\boldsymbol{x}}$ linearisiert werden. Bezeichnet $\boldsymbol{\varepsilon}$, mit $\|\boldsymbol{\varepsilon}\| \ll 1$, eine (kleine) Störung von $\overline{\boldsymbol{x}}$, so wird ihre zeitliche Entwicklung unter der Wirkung des Phasenflusses näherungsweise durch die lineare Differentialgleichung

$$\dot{\boldsymbol{z}} = \mathrm{D}\boldsymbol{F}(\overline{\boldsymbol{x}})\, \boldsymbol{z} \tag{2.24}$$

beschrieben, und im zeitdiskreten Fall durch

$$\boldsymbol{z}(t+1) = \mathrm{D}\boldsymbol{f}(\overline{\boldsymbol{x}})\, \boldsymbol{z}(t). \tag{2.25}$$

Sei zunächst der zeitkontinuierliche Fall betrachtet. Der Fixpunkt $\overline{\boldsymbol{x}}$ heißt *hyperbolisch*, wenn alle Eigenwerte von $\mathrm{D}\boldsymbol{F}(\overline{\boldsymbol{x}})$ weder rein imaginär noch null sind. Für hyperbolische Fixpunkte überträgt sich das Lösungsverhalten von (2.24) auf das von (2.1), denn nach einem Theorem von HARTMAN und GROBMAN (s. z. B. GUCKENHEIMER und HOLMES, 1983) gibt es in einer gewissen Umgebung U von $\overline{\boldsymbol{x}}$ einen *Homöomorphismus* (d. i. eine eindeutig umkehrbare und stetige Abbildung — auch C^0–Diffeomorphismus genannt), der Lösungen von (2.24) auf Lösungen von (2.1) abbildet, wobei der Richtungssinn des Flusses erhalten bleibt. Ist

[1] Unter einer *Umgebung* U eines Punktes $\boldsymbol{x} \in \mathbf{R}^n$ versteht man eine offene Teilmenge von $\mathbf{R}^n$, die $\boldsymbol{x}$ enthält. U heißt *offen*, wenn es zu jedem $\boldsymbol{x}' \in U$ ein $\varepsilon(\boldsymbol{x}') > 0$ gibt, so daß die Kugel mit dem Radius ε um $\boldsymbol{x}'$ in U enthalten ist: $K_\varepsilon(\boldsymbol{x}') \equiv \{\boldsymbol{x} \in \mathbf{R}^n \mid \|\boldsymbol{x}' - \boldsymbol{x}\| < \varepsilon\} \subset U$. Ein Punkt $\boldsymbol{x} \in \mathbf{R}^n$ heißt *Häufungspunkt* einer Menge $A \subseteq \mathbf{R}^n$, falls in jeder Kugel $K_\varepsilon(\boldsymbol{x})$, $\varepsilon > 0$, ein von $\boldsymbol{x}$ verschiedener Punkt aus A liegt. Die Vereinigung einer Menge A mit der Menge ihrer Häufungspunkte heißt *abgeschlossene Hülle* der Menge A. Enthält eine Menge alle ihre Häufungspunkte, so heißt sie *abgeschlossen*. Das Komplement $\mathbf{R}^n \setminus A$ einer abgeschlossenen Menge A ist offen und umgekehrt.

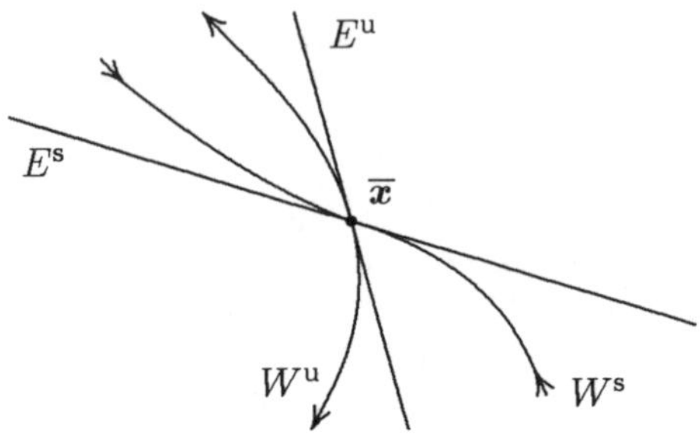

Abb. 2.6: Schematische Darstellung der stabilen und instabilen Mannigfaltigkeit W^s und W^u eines hyperbolischen Fixpunktes $\overline{\boldsymbol{x}}$. E^s bzw. E^u sind der stabile bzw. instabile Tangentialunterraum

$\overline{\boldsymbol{x}}$ nicht hyperbolisch, so sind zur Beurteilung des Stabilitätsverhaltens zusätzliche Betrachtungen notwendig. Globale Stabilitätsaussagen über $\overline{\boldsymbol{x}}$ sind möglich, ohne die Lösung von (2.1) explizit kennen zu müssen, indem die Existenz einer Ljapunov–Funktion untersucht wird (s. z. B. SCHÄFER, 1976).

Hyperbolische Fixpunkte besitzen sog. *lokale stabile* bzw. *instabile Mannigfaltigkeiten.* Darunter versteht man die Menge aller Punkte einer Umgebung U von $\overline{\boldsymbol{x}}$, die durch den Fluß $\boldsymbol{f}^t$ bzw. $\boldsymbol{f}^{-t}$ asymptotisch auf $\overline{\boldsymbol{x}}$ abgebildet werden,

$$\begin{aligned} W^s_{\text{loc}}(\overline{\boldsymbol{x}}) &\equiv \{\boldsymbol{x} \in U \mid \boldsymbol{f}^t\boldsymbol{x} \in U \ \forall\, t \geq 0, \lim_{t\to\infty} \boldsymbol{f}^t\boldsymbol{x} = \overline{\boldsymbol{x}}\}, \\ W^u_{\text{loc}}(\overline{\boldsymbol{x}}) &\equiv \{\boldsymbol{x} \in U \mid \boldsymbol{f}^{-t}\boldsymbol{x} \in U \ \forall\, t \geq 0, \lim_{t\to\infty} \boldsymbol{f}^{-t}\boldsymbol{x} = \overline{\boldsymbol{x}}\}. \end{aligned} \tag{2.26}$$

Ist $W^u_{\text{loc}}(\overline{\boldsymbol{x}})$ leer, so ist der Realteil aller Eigenwerte von $\mathrm{D}\boldsymbol{F}(\overline{\boldsymbol{x}})$ streng negativ. Der hyperbolische Fixpunkt $\overline{\boldsymbol{x}}$ ist in diesem Fall stabil. Bezeichne $E^s(\overline{\boldsymbol{x}})$ bzw. $E^u(\overline{\boldsymbol{x}})$ den stabilen bzw. instabilen Eigenraum von $\mathrm{D}\boldsymbol{F}(\overline{\boldsymbol{x}})$, der durch all jene Eigenvektoren von $\mathrm{D}\boldsymbol{F}(\overline{\boldsymbol{x}})$ aufgespannt wird, die zu den Eigenwerten mit negativem bzw. positivem Realteil gehören. Dann hat $W^s_{\text{loc}}(\overline{\boldsymbol{x}})$ bzw. $W^u_{\text{loc}}(\overline{\boldsymbol{x}})$ die gleiche topologische Dimension n_s bzw. n_u wie $E^s(\overline{\boldsymbol{x}})$ bzw. $E^u(\overline{\boldsymbol{x}})$, und $W^s_{\text{loc}}(\overline{\boldsymbol{x}})$ bzw. $W^u_{\text{loc}}(\overline{\boldsymbol{x}})$ liegt tangential zu $E^s(\overline{\boldsymbol{x}})$ bzw. $E^u(\overline{\boldsymbol{x}})$. Es gilt $n_s + n_u = n$ (s. Abb. 2.6). *Globale stabile* bzw. *instabile Mannigfaltigkeiten* von $\overline{\boldsymbol{x}}$ werden wie folgt definiert:

$$W^s(\overline{\boldsymbol{x}}) \equiv \bigcup_{t\geq 0} \boldsymbol{f}^{-t} W^s_{\text{loc}}(\overline{\boldsymbol{x}}), \quad W^u(\overline{\boldsymbol{x}}) \equiv \bigcup_{t\geq 0} \boldsymbol{f}^{t} W^u_{\text{loc}}(\overline{\boldsymbol{x}}). \tag{2.27}$$

Neben Fixpunkten können in einem dynamischen System (2.1) *periodische Orbits* auftreten, die auch *Grenzzyklen* oder *Grenzkreise* heißen. Für einen periodischen Orbit $\mathcal{O}$ der (trivialen) Periode T gilt $\boldsymbol{f}^T \boldsymbol{x}_0 = \boldsymbol{x}_0$ für alle $\boldsymbol{x}_0 \in \mathcal{O}$ und $\boldsymbol{f}^t \boldsymbol{x}_0 \neq \boldsymbol{x}_0$ für $0 < t < T$. Der Grenzkreis ist die Menge $\mathcal{O} \equiv \{\boldsymbol{f}^t \boldsymbol{x}_0\}_{0 \leq t < T}$. In einer geeigneten Poincaré–Darstellung erscheint der zeitkontinuierliche periodische Orbit $\mathcal{O}$ als Fixpunkt der zugehörigen (zeitdiskreten) Poincaré–Abbildung $\boldsymbol{P}$. Ist dieser Fixpunkt hyperbolisch, so heißt der zeitkontinuierliche Grenzkreis $\mathcal{O}$ ebenfalls *hyperbolisch*. Für ihn können dann in einer gewissen Umgebung U von $\mathcal{O}$ auch lokale stabile bzw. instabile Mannigfaltigkeiten eingeführt werden,

$$
\begin{aligned}
W^{\mathrm{s}}_{\mathrm{loc}}(\mathcal{O}) &\equiv \{\boldsymbol{x} \in U \,|\, \boldsymbol{f}^t \boldsymbol{x} \in U \;\forall\, t \geq 0, \lim_{t\to\infty} \|\boldsymbol{f}^t \boldsymbol{x} - \mathcal{O}\| = 0\}, \\
&\qquad\qquad\qquad\qquad\qquad\qquad\qquad\qquad\qquad\qquad (2.28) \\
W^{\mathrm{u}}_{\mathrm{loc}}(\mathcal{O}) &\equiv \{\boldsymbol{x} \in U \,|\, \boldsymbol{f}^{-t} \boldsymbol{x} \in U \;\forall\, t \geq 0, \lim_{t\to\infty} \|\boldsymbol{f}^{-t} \boldsymbol{x} - \mathcal{O}\| = 0\}.
\end{aligned}
$$

Hierbei ist der Abstand eines Punktes $\boldsymbol{x}$ von einer Menge $\mathcal{O}$ durch $\|\boldsymbol{x} - \mathcal{O}\| \equiv \inf_{\boldsymbol{z} \in \mathcal{O}} \{\|\boldsymbol{x} - \boldsymbol{z}\|\}$ definiert. Ist $W^{\mathrm{u}}_{\mathrm{loc}}(\mathcal{O})$ leer, so werden alle Punkte aus einer Umgebung U asymptotisch nach $\mathcal{O}$ abgebildet. Der Grenzkreis ist dann ein Attraktor. Globale stabile und instabile Mannigfaltigkeiten von $\mathcal{O}$ lassen sich analog zu (2.27) einführen.

Für invertierbare zeitdiskrete Systeme (2.2) ist die Begriffsbildung ähnlich der im zeitkontinuierlichen Fall. Ein Fixpunkt $\overline{\boldsymbol{x}}$ heißt hier hyperbolisch, falls keiner der Beträge der Eigenwerte γ_i, $i = 1, 2, \ldots, n$, von $\mathrm{D}\boldsymbol{f}(\overline{\boldsymbol{x}})$ eins ist. Auf der Grundlage dieser Eigenwerte ist eine Klassifizierung der Fixpunkte möglich. Von besonderem Interesse sind hier die folgenden:

- *stabiler Knoten*
  (γ_i rein reell und $|\gamma_i| < 1$ für alle $i = 1, 2, \ldots, n$),
- *instabiler Knoten*
  (γ_i rein reell und $|\gamma_i| > 1$ für alle $i = 1, 2, \ldots, n$),
- *Sattel*
  (γ_i rein reell für alle $i = 1, 2, \ldots, n$, und für zumindest ein i und ein j aus $\{1, 2, \ldots, n\}$ gilt $|\gamma_i| > 1$ und $|\gamma_j| < 1$).

Ist hierbei $\boldsymbol{f}$ ein C^1–Diffeomorphismus, so existiert in einer gewissen Umgebung U von $\overline{\boldsymbol{x}}$ wiederum ein Homöomorphismus $\boldsymbol{h}$, so daß $\boldsymbol{h} \circ \boldsymbol{f}(\boldsymbol{x}) = \mathrm{D}\boldsymbol{f}(\overline{\boldsymbol{x}})\boldsymbol{h}(\boldsymbol{x})$ für alle $\boldsymbol{x} \in U$ gilt. Das lineare

System (2.25) beschreibt also die Bewegung des Ausgangssystems (2.35) in der Nähe von $\overline{\boldsymbol{x}}$. Für einen hyperbolischen Fixpunkt existiert auch hier eine lokale stabile bzw. instabile Mannigfaltigkeit, die wie in (2.26) definiert wird und zum stabilen bzw. instabilen Eigenraum $E^{\mathrm{s}}(\overline{\boldsymbol{x}})$ bzw. $E^{\mathrm{u}}(\overline{\boldsymbol{x}})$ von $\mathrm{D}\boldsymbol{f}(\overline{\boldsymbol{x}})$ tangential liegt. Hierbei wird $E^{\mathrm{s}}(\overline{\boldsymbol{x}})$ bzw. $E^{\mathrm{u}}(\overline{\boldsymbol{x}})$ durch jene Eigenvektoren von $\mathrm{D}\boldsymbol{f}(\overline{\boldsymbol{x}})$ aufgespannt, die zu den Eigenwerten gehören, deren Beträge kleiner bzw. größer als eins sind. Zugehörige globale Mannigfaltigkeiten werden wie in (2.27) eingeführt. Stabile und instabile Mannigfaltigkeiten können unter gewissen Bedingungen auch für nichtperiodische Punkte definiert werden (s. z. B. Abschn. 6.1 sowie ECKMANN und RUELLE, 1985).

Grenzkreise zeitkontinuierlicher Systeme erscheinen bei Wahl einer geeigneten Poincaré–Abbildung $\boldsymbol{P}$ als Fixpunkte oder periodische Orbits des durch $\boldsymbol{P}$ bestimmten zeitdiskreten Systems. Für periodische Orbits gilt hier $\boldsymbol{P}^m(\boldsymbol{y}) = \boldsymbol{y}$, mit der Periode $m \in \mathbb{I}\Gamma^+$. Fixpunkte von $\boldsymbol{P}$ sind periodische Orbits mit der Periode $m = 1$. Ist $\boldsymbol{y}$ bez. $\boldsymbol{P}$ m–periodisch, so ist $\boldsymbol{y}$ bez. $\boldsymbol{P}^m$ ein Fixpunkt. Stabilitätsuntersuchungen periodischer Orbits von $\boldsymbol{P}$ bzw. von Grenzkreisen zeitkontinuierlicher Systeme können somit auf Stabilitätsuntersuchungen von Fixpunkten abgeleiteter zeitdiskreter Systeme zurückgeführt werden.

Fixpunkte und periodische Orbits dynamischer Systeme (2.1) bzw. (2.2) sowie deren stabile und instabile Mannigfaltigkeiten zeichnen sich durch ihre Invarianz bez. des Phasenflusses $\boldsymbol{f}^t$ aus. Allgemein heißt eine Teilmenge A von $\mathbb{R}^n$ *invariant* bez. des Flusses $\boldsymbol{f}^t$, falls $\boldsymbol{f}^t A = A$ für $t \in \mathbb{R}$ (bzw. $t \in \mathbb{I}\Gamma$ oder $t \in \mathbb{I}\Gamma^+$). Wegen der im Abschn. 2.1 erwähnten Gruppeneigenschaft des Phasenflusses folgt die Invarianz im zeitkontinuierlichen Fall bereits aus $\boldsymbol{f}^t A = A$ für $0 < t < \delta$, mit beliebig kleinem $\delta > 0$, und im zeitdiskreten Fall aus $\boldsymbol{f} A = A$. Eine invariante Menge A besteht immer aus einer oder mehreren (vollständigen) Trajektorien $\{\boldsymbol{f}^t \boldsymbol{x}_0\}_{t=-\infty}^{\infty}$. Ist $U \subseteq A$, so folgt $\boldsymbol{f}^t U \subseteq A$ für beliebige t.

Eine Verallgemeinerung des Begriffs vom asymptotisch stabilen Fixpunkt bzw. periodischen Orbit ist die attraktive Menge. Eine Menge $A \subset \mathbb{R}^n$ heißt *attraktiv* bez. des Flusses $\boldsymbol{f}^t$, falls A abgeschlossen und bez. $\boldsymbol{f}^t$ invariant ist, sowie eine Umgebung $U \supset A$ existiert, so daß für alle $\boldsymbol{x} \in U$ und $t \geq 0$ gilt: $\boldsymbol{f}^t \boldsymbol{x} \in U$ und $\lim_{t\to\infty} \|\boldsymbol{f}^t \boldsymbol{x} - A\| = 0$. Die Punkte aus einer Umgebung einer attraktiven Menge A werden also durch den Phasenfluß für „ferne“ Zeitpunkte t beliebig dicht an A abgebildet, ohne sich zu noch

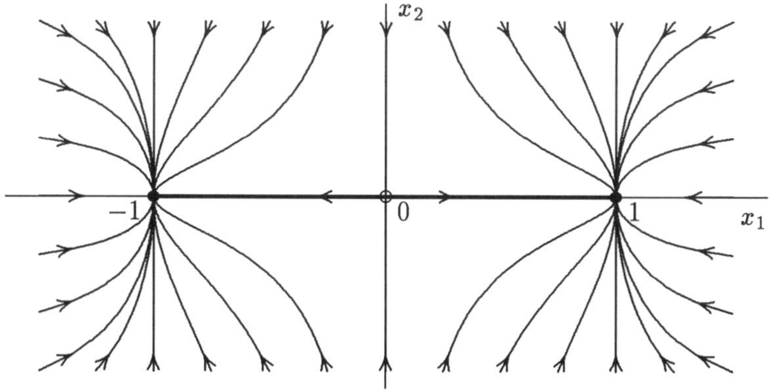

Abb. 2.7: Trajektorien des Systems $\dot{x}_1 = x_1 - x_1^3$, $\dot{x}_2 = -x_2$

späteren Zeitpunkten wieder entfernen zu können. Stabile Knoten sind hierfür ein Beispiel. Die entsprechende Verallgemeinerung des Begriffs von der stabilen Mannigfaltigkeit ist der des *Einzugsgebietes* D von A, $D(A) \equiv \cup_{t \geq 0} \boldsymbol{f}^{-t} U$, wobei U die Umgebung von A ist, mit den obigen Bedingungen. Gilt $D(A) = \mathbb{R}^n$, so heißt A *universelle* oder *globale attraktive Menge*. Eine *abstoßende* Menge ist eine attraktive Menge für den inversen Fluß.

Attraktive Mengen können Teilmengen enthalten, die abstoßend sind. Ein Beispiel zeigt Abb. 2.7. Die globale attraktive Menge ist hier $A \equiv \{(x_1, x_2) \in \mathbb{R}^2 \mid -1 \leq x_1 \leq 1, x_2 = 0\}$, d. h., jede Teilmenge U des Phasenraumes, die A enthält, wird durch den Phasenfluß $\boldsymbol{f}^t$ für $t \to \infty$ auf A abgebildet. Wählt man aber eine beliebige Anfangsbedingung $\boldsymbol{x}_0 = (x_1(0), x_2(0))$ mit $x_1(0) \neq 0$, so wird diese durch den Phasenfluß asymptotisch auf einen der beiden stabilen Knoten $(\pm 1, 0)$ abgebildet. Hingegen läuft die Trajektorie im Falle $x_1(0) = 0$ asymptotisch in den Sattel $(0, 0)$. (Letzteres kann jedoch aus praktischen Gesichtspunkten als Ausnahmefall angesehen werden, denn eine beliebig kleine Störung des Systems würde dazu führen, daß sich die Trajektorie asymptotisch einem der stabilen Knoten nähert.) Eine asymptotisch beobachtete Bewegung eines dynamischen Systems wird also möglicherweise nicht auf der ganzen attraktiven Menge stattfinden, sondern nur auf einer *echten* Teilmenge hiervon, einem Attraktor, der selbst wieder eine attraktive Menge ist. In unserem

Fall ist dies einer der beiden stabilen Knoten. [2]

Das parametrisch erregte Pendel (1.6) besitzt eine globale attraktive Menge für $B > 0$. Bei der stroboskopischen Abbildung $\boldsymbol{P}$ im zylindrischen Phasenraum $S^1 \times \mathbb{R}$ ist dies für bestimmte Parameterwerte der Fixpunkt $\overline{x} = (0,0)$. Für andere Parameterwerte kann die globale attraktive Menge aber auch sehr kompliziert sein: In der Bildsequenz auf der Titelseite ist die Startmenge $U \equiv [-\pi, \pi] \times [-3, 3]$, die durch 648×648 äquidistante Punkte angenähert wurde, über vier Erregerperioden $2\pi/\Omega$ iteriert worden (von rechts unten nach links oben). Mit weiteren Zeitschritten zeichnet $\boldsymbol{P}^m U$ immer „genauer" die Konturen des Attraktors von Abb. 3.18 nach (im Rahmen der Zeichengenauigkeit). Allerdings ist es völlig unklar, wie sich die globale attraktive Menge in diesem Falle tatsächlich zusammensetzt.

Neben periodischen Phasenbahnen kann auch ein *quasiperiodischer* Orbit auf einem k-dimensionalen *Torus* auftreten, mit $k = 2, 3, \ldots, n-1$. Die zugehörige Phasenbahn $\boldsymbol{x}_t$ ist dabei als Funktionsvektor $\boldsymbol{\Phi}(\omega_1 t, \omega_2 t, \ldots, \omega_k t)$ darstellbar, der in jedem Argument mit 2π periodisch ist,

$$\boldsymbol{\Phi}\big(\omega_1 t, \ldots, \omega_i t, \ldots, \omega_k t\big) = \boldsymbol{\Phi}\big(\omega_1 t, \ldots, \omega_i (t + T_i), \ldots, \omega_k t\big).$$

Hierbei sind $\omega_i \equiv 2\pi/T_i$, für $i = 1, 2, \ldots, k$, paarweise inkommensurable Kreisfrequenzen, d. h., ω_i/ω_j ist für $i \neq j$ irrational. Demzufolge kann sich die Phasenbahn im Laufe der Zeit nicht schließen. Ist ein Torus attraktiv, so heißt er *quasiperiodischer Attraktor*.

Neben den beschriebenen Attraktoren gibt es aber auch solche, auf denen nichtperiodische Bewegungen mit einer sensiblen Abhängigkeit von den Anfangsbedingungen stattfinden. Sie werden *chaotisch* (auch *seltsam* oder *fremdartig*) genannt und im Kap. 3 genauer charakterisiert. Wegen der Kompliziertheit chaotischer Bewegungen ist neben der geometrischen auch eine statistische Beschreibung angebracht. Dazu werden insbesondere Wahrscheinlichkeitsmaße auf dem Attraktor betrachtet.

---

[2] Einige mathematische Attraktordefinitionen beinhalten den Begriff der attraktiven Menge in einer abgeschwächten Form, indem sog. *Pseudoorbits* betrachtet werden (s. z. B. ECKMANN und RUELLE, 1985, sowie Abschn. 6.1).

2.4 Maße auf Attraktoren

Hat das dynamische System nach einer gewissen Einlaufzeit ein stationäres Bewegungsregime auf dem Attraktor A (oder in dessen „Nähe") erreicht, so wird es zu einem beliebigen Zeitpunkt in einem Bereich $B \subseteq A$ mit einer bestimmten Wahrscheinlichkeit $\mu(B)$ angetroffen werden. Dabei bezeichnet μ ein Wahrscheinlichkeitsmaß. [3] Wird das System mit der Wahrscheinlichkeit $\mu(B)$ zum Zeitpunkt $t > 0$ in $B \subseteq A$ angetroffen und ist $\boldsymbol{f}^{-t}B \subseteq A$ die Menge, welche durch den Fluß $\boldsymbol{f}^t$ auf B abgebildet wird, dann muß bei vorausgesetzter Stationarität der Bewegung auf A

$$\mu(B) = \mu(\boldsymbol{f}^{-t}B) \tag{2.29}$$

gelten. Erfüllt ein Maß μ auf dem Attraktor A diese Bedingung für alle $t > 0$ und für beliebige (μ–meßbare) Teilmengen $B \subseteq A$, so heißt es *invariantes Maß* bez. des Flusses $\boldsymbol{f}^t$ (kurz: $\boldsymbol{f}^t$–invariantes Maß oder nur invariantes Maß). Ist der Fluß eindeutig umkehrbar, so ist die Bedingung (2.29) äquivalent zu $\mu(B) = \mu(\boldsymbol{f}^tB)$. Ist ein Maß $\boldsymbol{f}^t$–invariant für $t = t_1, t_2$ (fest), so muß es offenbar auch $\boldsymbol{f}^{t_1+t_2}$–invariant sein. Ist $\boldsymbol{f}^t$ stetig, so gibt es zumindest ein $\boldsymbol{f}^t$–invariantes Maß (s. z. B. WALTERS, 1982, S. 146ff.).

---

[3]Ein *Maß* μ ordnet gewissen Teilmengen einer Grundmenge $A \subseteq \mathbf{R}^n$ eine reelle Zahl zu. Soll ein Maß gewisse allgemeine Axiome erfüllen, so kann es meist nicht auf beliebigen Systemen von Teilmengen einer Grundmenge definiert werden. Hier wird immer vorausgesetzt, daß μ auf einer bestimmten σ–Algebra $\mathcal{A}$ von Teilmengen von A erklärt ist, welche A, mit B auch das Komplement $A \setminus B$ und schließlich mit den Mengen $\{B_j\}_{j=1}^{\infty}$ auch die Vereinigung $\cup_{j=1}^{\infty} B_j$ enthält. B heißt *meßbar*, falls $B \in \mathcal{A}$. Ein *Wahrscheinlichkeitsmaß* ist ein positiv definites normiertes Maß: $0 \leq \mu(B) \leq 1$, $\mu(A) = 1$.

Eine Aussage gilt *fast überall* bez. μ in $B \in \mathcal{A}$, falls sie höchstens auf einer *Nullmenge* $N \subseteq B$ nicht gilt. Für eine Nullmenge gilt $\mu(N) = 0$. Wird eine Menge $B \in \mathcal{A}$ mit einer beliebigen Nullmenge vereinigt, so ändert dies nichts am zugehörigen Maß, $\mu(B) = \mu(B \cup N)$. Hier wird immer $\mathbf{R}^n \setminus A$ als Nullmenge von μ definiert, deren beliebige Teilmengen wieder Nullmengen sind. Deshalb wird eine Menge $B \subseteq \mathbf{R}^n$, mit $(B \cap A) \in \mathcal{A}$, als meßbar angesehen, wobei $\mu(B) \equiv \mu(B \cap A)$.

Für die folgenden Betrachtungen kann z. B. immer die σ–Algebra der *Borel–Mengen* zugrunde gelegt werden, die u. a. alle offenen und alle abgeschlossenen Teilmengen des Phasenraumes $\mathbf{R}^n$ enthält. Das darauf definierte Maß heißt dann *Borel–Maß*.

(Falls der Leser mit Grundbegriffen der Maßtheorie nicht vertraut ist, so möge er sich unter $\mu(B)$ das n–dimensionale Volumen von B vorstellen, das mit einem statistischen Gewichtsfaktor multipliziert ist.)

Ist μ ein $\boldsymbol{f}^t$–invariantes Wahrscheinlichkeitsmaß auf A und hat $B \subset A$ positives Maß ($\mu(B) > 0$), dann kommen nach dem *Wiederkehrtheorem* von POINCARÉ fast alle (bez. μ) Punkte aus B unter der Wirkung des Phasenflusses $\boldsymbol{f}^t$ für $t \to \infty$ unendlich oft nach B zurück (s. z. B. WALTERS, 1982, S. 26).

Von besonderer Bedeutung für ein invariantes Maß sind die sog. nichtwandernden Punkte. Es sei jedoch zunächst der wandernde Punkt definiert. Ein Punkt $\boldsymbol{x} \in \mathbb{R}^n$ heißt *wandernd* bez. eines stetigen (zeitdiskreten oder –kontinuierlichen) Flusses $\boldsymbol{f}^t$, falls es ein (hinreichend großes) $t^* > 0$ und eine Umgebung U von $\boldsymbol{x}$ gibt, so daß $\boldsymbol{f}^t U \cap U = \emptyset$ für alle $t > t^*$. Ein Punkt $\boldsymbol{x}$ heißt *nichtwandernd* bez. $\boldsymbol{f}^t$, falls er kein wandernder Punkt ist. Für einen nichtwandernden Punkt $\boldsymbol{x}$ kann man zu jeder (beliebig großen) Zeit $t^* > 0$ und jede Umgebung U von $\boldsymbol{x}$ ein $t \geq t^*$ finden, so daß $\boldsymbol{f}^{-t} U \cap U \neq \emptyset$. In einer beliebig kleinen Nachbarschaft eines nichtwandernden Punktes $\boldsymbol{x}$ gibt es also Punkte, die unter der Wirkung des Phasenflusses immer wieder in diese Nachbarschaft von $\boldsymbol{x}$ abgebildet werden.

Die Menge $\Omega(\boldsymbol{f}^t)$ aller nichtwandernden Punkte des Flusses $\boldsymbol{f}^t$ ist abgeschlossen, $\boldsymbol{f}^t$–invariant, und sie enthält alle periodischen Orbits. Darüber hinaus enthält $\Omega(\boldsymbol{f}^t)$ die sog. *ω-Grenzmenge* $\omega(\boldsymbol{x})$ eines beliebigen Punktes $\boldsymbol{x} \in \mathbb{R}^n$ bez. des Flusses $\boldsymbol{f}^t$,

$$\omega(\boldsymbol{x}) \equiv \{\boldsymbol{y} \in \mathbb{R}^n \mid \text{es gibt eine Folge } \{t_m\}_{m=1}^{\infty} \text{ mit } t_m < t_{m+1}, \lim_{m\to\infty} t_m = \infty, \lim_{m\to\infty} \boldsymbol{f}^{t_m}\boldsymbol{x} = \boldsymbol{y}\}.$$

Ein Punkt $\boldsymbol{y} \in \omega(\boldsymbol{x})$ heißt *ω-Grenzpunkt* der Trajektorie $\{\boldsymbol{f}^t\boldsymbol{x}\}_{t=0}^{\infty}$. Die ω–Grenzmenge von $\boldsymbol{x}$ bez. des inversen Flusses $\boldsymbol{f}^{-t}$ heißt *α–Grenzmenge* von $\boldsymbol{x}$ bez. $\boldsymbol{f}^t$.

Interessant ist nun die Tatsache, daß die Menge $\mathbb{R}^n \setminus \Omega(\boldsymbol{f}^t)$ aller wandernden Punkte, die sog. *wandernde Menge*, Nullmenge eines jeden $\boldsymbol{f}^t$–invarianten Maßes μ ist (s. z. B. WALTERS, 1982, S. 123ff., 156ff.). Demzufolge findet die asymptotische (posttransiente) Bewegung immer in $\Omega(\boldsymbol{f}^t)$ statt — ein jeder Attraktor A des betrachteten dynamischen Systems ist in $\Omega(\boldsymbol{f}^t)$ enthalten, $A \subseteq \Omega(\boldsymbol{f}^t)$. Ein Attraktor besteht also nur aus nichtwandernden Punkten.

Zu einem dynamischen System (2.1) bzw. (2.2) gibt es i. allg. eine Vielzahl von invarianten Maßen, die zu verschiedenen Anfangsbedingungen (Trajektorien) gehören. So ist z. B. im Falle eines Fixpunktes $\overline{\boldsymbol{x}}$ von $\boldsymbol{f}^t$ das sog. Dirac–Maß

$$\mu_{\overline{\boldsymbol{x}}}(B) = \begin{cases} 1 & : \quad \overline{\boldsymbol{x}} \in B \\ 0 & : \quad \text{anderenfalls} \end{cases} \tag{2.30}$$

$\boldsymbol{f}^t$–invariant. Auf einem zeitkontinuierlichen Orbit $\mathcal{O}$ der Periode T ist das invariante Maß $\mu_{\mathcal{O}}$ einer Menge $B \subseteq \mathbb{R}^n$ durch die relative Zeit t_B/T gegeben, während der ein Phasenpunkt bei einem Umlauf auf $\mathcal{O}$ in B liegt, und somit $\mu_{\mathcal{O}}(\mathcal{O}) = 1$. Ist der Fixpunkt bzw. der periodische Orbit jedoch instabil, so haben diese Maße keine praktische Bedeutung. Kleine zufällige Störungen, die in realen Systemen immer vorhanden sind, würden eine permanente Bewegung auf diesen speziellen instabilen Phasenbahnen verhindern.

Aus der Vielzahl möglicher invarianter Maße gilt es, das praktisch relevante auszuwählen. Dazu kann man sich nach einem Vorschlag von KOLMOGOROV das dynamische System (2.1) bzw. (2.2) zunächst durch geeignete zufällige Terme (Kräfte) der Stärke σ gestört denken, so daß genau ein stationäres Maß μ_σ existiere. Das sog. ***natürliche*** (oder ***physikalische***) Maß μ des deterministischen Systems wird dann durch den Grenzübergang

$$\mu = \lim_{\sigma \to 0} \mu_\sigma \tag{2.31}$$

bestimmt, falls dieses Grenzmaß existiert.

Eine zu (2.1) bzw. (2.2) alternative Definition eines dynamischen Systems, die der statistischen Betrachtungsweise entspricht, ist das Tripel

$$(A, \boldsymbol{f}^t, \mu). \tag{2.32}$$

In dieser Schreibweise sei μ immer das natürliche Maß, das $\boldsymbol{f}^t$–invariant ist und dessen Existenz vorausgesetzt wird. Im Falle des asymptotisch stabilen Fixpunktes $\overline{\boldsymbol{x}}$ ist das dynamische System in der Schreibweise (2.32) mit dem nun natürlichen Maß (2.30) durch das Tripel

$$(\overline{\boldsymbol{x}}, \boldsymbol{f}^t, \mu_{\overline{\boldsymbol{x}}}) \tag{2.33}$$

gegeben und im Falle des asymptotisch stabilen periodischen Orbits $\mathcal{O}$ durch

$$(\mathcal{O}, \boldsymbol{f}^t, \mu_{\mathcal{O}}). \tag{2.34}$$

Es ist jedoch i. allg. sehr schwierig, das natürliche Maß zu einem dynamischen System (2.1) bzw. (2.2) aufzufinden, zumal der

Träger dieses Maßes (d. i. im wesentlichen der Attraktor A) im interessanten chaotischen Fall meist eine komplizierte „fraktale“ Struktur hat (s. Abschn. 3.2). Attraktoren $A \subset \mathbb{R}^n$ sind in der Regel Nullmengen bez. des (n–dimensionalen) Lebesgue–Maßes μ_L, so daß das natürliche Maß μ auf dem Attraktor dann singulär bez. μ_L ist. [4)]

Die in diesem Buch auch betrachteten eindimensionalen Systeme (2.2) stellen hierbei eine Ausnahme dar. Sie können natürliche Maße haben, die absolut–stetig bez. μ_L sind. So ist z. B. für die Abbildungen vom Bernoulli–Typ,

$$f_k(x) = kx \mod 1, \quad k = 2, 3, 4, \ldots, \tag{2.35}$$

das natürliche Maß μ durch die Wahrscheinlichkeitsdichte $\varrho(x) = 1$ für $0 \leq x \leq 1$ gegeben, d. h., μ ist das Lebesgue–Maß auf dem Intervall $[0, 1]$.

Kennt man das natürliche Maß μ_f einer Abbildung f, so kann man es leicht für ein dynamisches System f^* angeben, das aus f durch Koordinatentransformation entsteht. Bezeichnet h einen Diffeomorphismus $\mathbb{R} \to \mathbb{R}$, so daß das Diagramm

$$\begin{array}{ccc} x & \xrightarrow{\quad f \quad} & y \\ h^{-1}\big\uparrow\big\downarrow h & & h^{-1}\big\uparrow\big\downarrow h \\ x^* & \xrightarrow[\quad f^* \quad]{} & y^* \end{array} \tag{2.36}$$

kommutativ ist, dann definiert $f^* = h \circ f \circ h^{-1}$ wieder ein dynamisches System, das durch den Diffeomorphismus h mit f *konjugiert* ist. Definiert die Dichte ϱ das natürliche Maß μ von f, so ist das

---

4) Sind zwei Maße μ_1 und μ_2 auf der gleichen σ–Algebra $\mathcal{A}$ definiert, so heißt μ_1 *absolut–stetig* bez. μ_2, falls aus $\mu_2(N) = 0$ stets $\mu_1(N) = 0$ folgt. Man schreibt hierfür $\mu_1 \ll \mu_2$. Es gibt dann eine μ_2–meßbare Funktion $\varrho : \mathbb{R}^n \to \mathbb{R}$, mit $\varrho(\boldsymbol{x}) \geq 0$, so daß $\mu_1(B) = \int_B \varrho(\boldsymbol{x}) \mathrm{d}\mu_2$ für alle $B \in \mathcal{A}$. Ist μ ein Wahrscheinlichkeitsmaß, so heißt ϱ *Wahrscheinlichkeitsdichte*. Ist μ_1 nicht absolut–stetig bez. μ_2, so heißt μ_1 *singulär* bez. μ_2. Beispielsweise ist das invariante Maß (2.30) auf einem Fixpunkt $\overline{\boldsymbol{x}}$ singulär bez. des n–dimensionalen Lebesgue–Maßes μ_L, welches (populär ausgedrückt) das natürliche „Volumenmaß“ im $\mathbb{R}^n$ ist. Hier gilt nämlich $\mu_L(\overline{\boldsymbol{x}}) = 0$, aber $\mu_{\overline{\boldsymbol{x}}}(\overline{\boldsymbol{x}}) = 1$.

entsprechende natürliche Maß μ^* von f^* durch die Dichte

$$\varrho^*(x^*) = \varrho\big(h^{-1}(x^*)\big) \left| \frac{\mathrm{d}h^{-1}(x^*)}{\mathrm{d}x^*} \right| \tag{2.37}$$

gegeben. Die obige Gleichung bedeutet die „Erhaltung der Wahrscheinlichkeit“,

$$\mu(B) \equiv \int_B \varrho(x)\,\mathrm{d}x = \int_{h(B)} \varrho^*(x)\,\mathrm{d}x^* \equiv \mu^*\big(h(B)\big).$$

Ein (absolut–stetiges) Maß μ ist genau dann f–invariant, wenn seine Dichte die *Frobenius–Perron–Gleichung*

$$\varrho_f(y) = \sum_{x_i : f(x_i)=y} \frac{\varrho(x_i)}{\left|\frac{\mathrm{d}f}{\mathrm{d}x}(x_i)\right|} \tag{2.38}$$

erfüllt, d. h., wenn $\varrho_f = \varrho$. Faßt man (2.38) als rekursiven Algorithmus zur Iteration einer beliebigen Anfangsdichte ϱ auf, so kann man das Relaxationsverhalten dieser Dichte unter der Wirkung des dynamischen Systems hin zum asymptotischen Verhalten untersuchen, das eventuell durch eine f–invariante Dichte ϱ gekennzeichnet ist, die ein natürliches Maß definiert. Im allgemeinen strebt jedoch eine beliebige Anfangsdichte nicht gegen eine f–invariante natürliche Dichte (s. z. B. LASOTA und MACKEY, 1994, KRUSCHA und POMPE, 1988). (Im folgenden werden wieder beliebige höherdimensionale Systeme (2.1) bzw. (2.2) betrachtet.)

In praktischen Rechnungen approximiert man häufig das natürliche Maß (vorausgesetzt, es existiert), indem zunächst eine geeignete (feine) *Partitionierung* $\beta \equiv \{B_i\}_{i=1}^M$ des Attraktors in paarweise disjunkte Teilmengen (sog. *Boxen*) eingeführt wird,

$$\beta \equiv \{B_i\}_{i=1}^M, \quad \bigcup_{i=1}^M B_i \subseteq A, \quad B_i \cap B_j = \emptyset \quad \text{falls} \quad i \neq j. \tag{2.39}$$

Für typische Trajektorien $\{\boldsymbol{f}^t \boldsymbol{x}_0\}_t$, die im Einzugsgebiet $D(A)$ starten, d. h., für $\boldsymbol{x}_0 \in D(A)$, gilt dann (bei vorausgesetzter Ergodizität, s. u.)

$$\mu(B_i) = \lim_{T\to\infty} t_{B_i}/T. \tag{2.40}$$

Hierbei ist t_{B_i} der Teil der Gesamtzeit T, während dem der Trajektorienabschnitt $\{\boldsymbol{f}^t\boldsymbol{x}_0\}_{t=0}^T$ in B_i liegt. Abbildung 2.8 illustriert das invariante Maß auf dem „großen" chaotischen Attraktor von Abb. 1.8 i). Die dargestellte Ebene $[-\pi,\pi]\times[-3,3]$ (oben) wurde mit 400×400 gleich großen Boxen überdeckt, und die zugehörigen relativen Häufigkeiten wurden aus 10^7 Punkten der entsprechenden stroboskopischen Abbildung geschätzt. Etwa die gleiche Anzahl von Boxen wurde bei der unteren Vergrößerung gewählt.

Ein Orbit heißt *typisch* (auch *generisch*), falls er in der beschriebenen Weise das natürliche Maß generiert. In der Praxis weiß man jedoch in der Regel nicht, ob eine zufällig gewählte Trajektorie typisch ist, da man das natürliche Maß nicht kennt und erst bestimmen will. Um eine gewisse Sicherheit zu haben, kann man mit mehreren Trajektorien das Maß μ nach (2.40) generieren. Es sollte dann jeweils das gleiche Maß erhalten werden. Eine andere Möglichkeit zur Bestimmung des natürlichen Maßes besteht darin, das deterministische System (2.1) bzw. (2.2) durch Zufallsgrößen der Stärke σ zu stören, für die „verrauschte" Trajektorie das Maß μ_σ nach (2.40) zu bestimmen und dann nach der erwähnten Idee von KOLMOGOROV (s. Gl. (2.31)) weiter zu verfahren.

Ein dynamisches System (2.32) heißt *ergodisch*, falls für fast alle (bez. μ) Anfangswerte $\boldsymbol{x}_0$ das Zeitmittel einer beliebigen (μ–meßbaren) Funktion $\boldsymbol{g}:\mathbb{R}^n\to\mathbb{R}$ gleich dem Scharmittel bez. μ ist. Dabei ist das *Zeitmittel* von $\boldsymbol{g}$ zum Anfangswert $\boldsymbol{x}_0$ im zeitkontinuierlichen bzw. –diskreten Fall durch

$$\begin{aligned}\langle \boldsymbol{g}\rangle_t &\equiv \lim_{T\to\infty}\frac{1}{T}\int_0^T \boldsymbol{g}(\boldsymbol{f}^t\boldsymbol{x}_0)\,\mathrm{d}t \quad \text{bzw.}\\ \langle \boldsymbol{g}\rangle_t &\equiv \lim_{T\to\infty}\frac{1}{T}\sum_{t=0}^{T-1} \boldsymbol{g}(\boldsymbol{f}^t\boldsymbol{x}_0)\end{aligned} \tag{2.41}$$

definiert, vorausgesetzt, diese Grenzwerte existieren. Das *Scharmittel* von $\boldsymbol{g}$ bez. μ ist durch

$$\langle \boldsymbol{g}\rangle_\mu \equiv \int_A \boldsymbol{g}(\boldsymbol{x})\,\mathrm{d}\mu \tag{2.42}$$

definiert, vorausgesetzt, $\boldsymbol{g}$ ist integrierbar. (Beachte: $\mu(\mathrm{A})=1$.)

Kann der Attraktor A in zwei jeweils $\boldsymbol{f}^t$–invariante Teilmengen B_1 und B_2 zerlegt werden, so daß $B_1\cap B_2=\emptyset$, $B_1\cup B_2=A$,

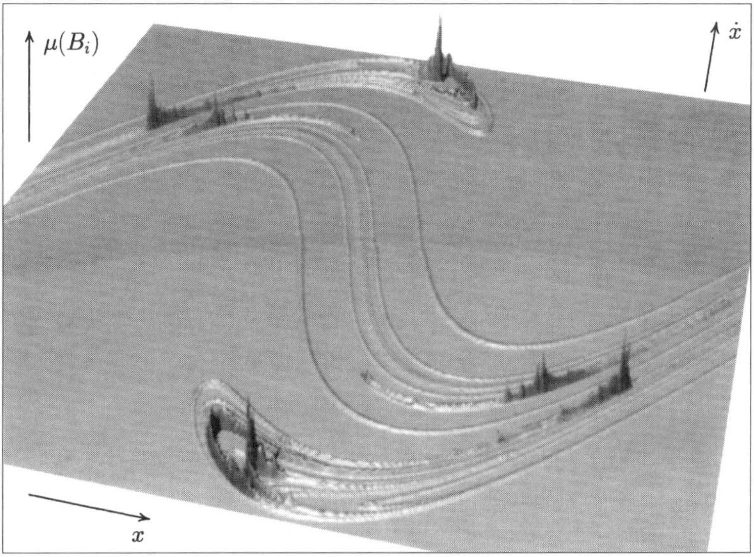

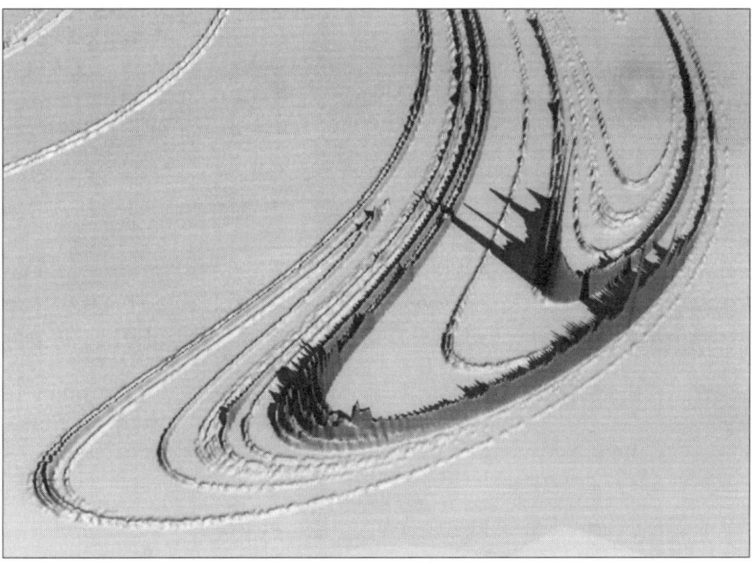

Abb. 2.8: Invariantes Maß auf dem Attraktor von Abb. 1.8 i) mit Vergrößerung

$\mu(B_1) > 0$ und $\mu(B_2) > 0$, dann heißt das dynamische System (2.32) *zerlegbar*. Ein dynamisches System ist nach BIRKHOFFS Ergodentheorem genau dann ergodisch, wenn es *nicht zerlegbar* ist. Das bedeutet, daß jede $\boldsymbol{f}^t$–invariante meßbare Menge entweder das Maß 0 oder 1 hat (s. z. B. ARNOL'D und AVEZ, 1968). Ein ergodisches System kann also nicht in zwei nichttriviale Untersysteme zerlegt werden, die nicht miteinander „kommunizieren". Die dynamischen Systeme (2.33) und (2.34) sind offenbar nicht zerlegbar und somit ergodisch. Das natürliche Maß quasiperiodischer Bewegungen auf einem Torus bzw. irregulärer Bewegungen auf einem chaotischen Attraktor ist ergodisch.

Ein dynamisches System (2.32) heißt *mischend*, falls für zwei beliebige (μ–meßbare) Mengen B_0 und B_1 gilt

$$\lim_{t\to\infty} \mu(\boldsymbol{f}^{-t}B_1 \cap B_0) = \mu(B_0)\,\mu(B_1). \tag{2.43}$$

Hierin ist $\mu(\boldsymbol{f}^{-t}B_1 \cap B_0)$ die Verbundwahrscheinlichkeit, daß das System zu einem beliebigen Zeitpunkt t_0 in einem der Zustände von B_0 ist und nach der Zeit t in einem der Zustände von B_1. Gleichung (2.43) besagt somit, daß der Aufenthalt in B_1 zur Zeit $t_0 + t$ für $t \to \infty$ *statistisch unabhängig* vom Anfangsaufenthalt in B_0 ist. Das System „vergißt" also seinen Anfangszustand B_0.[5] Langfristige Voraussagen von Makrozuständen sind somit in mischenden dynamischen Systemen nicht möglich. Im Abschn. 3.3 wird auf diesen Aspekt bei chaotischen Systemen genauer eingegangen. Dies bedeutet jedoch keinen Widerspruch zum vorausgesetzten deterministischen Charakter des Systems, aus einem Anfangszustand $\boldsymbol{x}_0$ folgt weiterhin genau ein zukünftiger Mikrozustand $\boldsymbol{f}^t\boldsymbol{x}_0$.

Mischende Systeme sind immer ergodisch. Dies ist sofort zu verstehen, indem in (2.43) eine beliebige $\boldsymbol{f}^t$–invariante Menge $B = B_0 = B_1 \subseteq A$ genommen wird und $\boldsymbol{f}^t$ $(t \geq 0)$ eindeutig umkehrbar ist. Dann gilt $\boldsymbol{f}^{-t}B \cap B = B$, woraus $\mu(B) = \mu(B)^2$ und somit $\mu(B) = 1$ oder 0 folgt. Also ist das dynamische System nicht zerlegbar und somit ergodisch. Beispiele für mischende Systeme sind die Bernoulli–Abbildungen (2.35) mit dem zugehörigen natürlichen Maß (d. i. das Lebesgue–Maß). Hingegen ist das System (2.34) ergodisch, aber nicht mischend.

---

[5]Bei den Zuständen $B_0 \subseteq A$ und $B_1 \subseteq A$ handelt es sich genauer um sog. *Makrozustände*, die eine gewisse (i. allg. überabzählbare) Menge von *Mikrozuständen* $\boldsymbol{x} \in A$ zu einer Äquivalenzklasse zusammenfassen.

Kapitel 3

Quantitative Charakterisierung chaotischer Bewegungen

Chaotische Bewegungen dynamischer Systeme stellen eine spezielle Art quasi stochastischen Verhaltens dar. Folglich sind zunächst all jene Methoden für ihre Charakterisierung sinnvoll, die aus der „klassischen“ Theorie stochastischer Systeme bekannt sind, wie z. B. die Fourier– und Korrelationsanalyse. Fourier–Spektren typischer chaotischer Signale zeigen breitbandiges Rauschen bei „niedrigen“ Frequenzen, und die Autokorrelationsfunktion fällt „rasch“ auf null, z. B. wenn das System mischend ist. (Nicht alle chaotischen Signale sind mischend!) Aus der Spezifik des Ursprungs der irregulären Bewegungen, nämlich einer nichtlinearen deterministischen Dynamik, ergeben sich jedoch bei chaotischen Bewegungen einige zusätzliche Möglichkeiten einer quantitativen Beschreibung, die der Gegenstand dieses Kapitels sind. Im Unterschied etwa zum Fourier–Spektrum sind die vorgestellten Größen, Ljapunov–Exponenten, fraktale Dimensionen und Entropien, invariant bez. bestimmter Transformationen des Phasenflusses und somit von besonderer Bedeutung für eine Charakterisierung des Systems.

3.1 Ljapunov–Exponenten

Ljapunov-Exponenten sind reelle Zahlen, welche die Stabilitätseigenschaften von Trajektorien im Rahmen einer linearen Störungsanalyse beschreiben. Wählt man zu einem dynamischen System (2.32) eine Anfangsbedingung $\boldsymbol{x}_0$ aus dem Attraktor A oder aus seinem Einzugsgebiet, so kann man die Stabilität der Trajektorie prüfen, indem man eine zweite Anfangsbedingung $\boldsymbol{y}_0$ aus der Nähe von $\boldsymbol{x}_0$ wählt und dann die zeitliche Entwicklung des Abstands, der sogenannten *Störung* $\varepsilon_t(\boldsymbol{x}_0, \boldsymbol{y}_0) \equiv \|\boldsymbol{f}^t\boldsymbol{x}_0 - \boldsymbol{f}^t\boldsymbol{y}_0\|$, über lange Zeit beobachtet. Gibt es dann eine Umgebung U von $\boldsymbol{x}_0$, so daß für alle $\boldsymbol{y}_0 \in U$ die Störung $\varepsilon_t(\boldsymbol{x}_0, \boldsymbol{y}_0)$ mit wachsender Zeit verschwindet, dann ist die Trajektorie $\{\boldsymbol{f}^t\boldsymbol{x}_0\}_{t\geq 0}$ asymptotisch stabil. Dies trifft z. B. für alle Trajektorien zu, die im Einzugsgebiet eines asymptotisch stabilen Knotens starten. Ein konkretes Beispiel findet sich in Abb. 2.7, falls die Anfangsbedingung $\big(x_1(0), x_2(0)\big)$ der Bedingung $x_1(0) \neq 0$ genügt. Instabile Trajektorien liefern alle Anfangsbedingungen mit $x_1(0) = 0$.

Zur Stabilitätsuntersuchung wird nun der mittlere Streckungsfaktor $\langle\gamma\rangle$ der Störung nach einem Zeitschritt betrachtet, der auch *Ljapunov-Zahl* genannt wird,

$$\langle\gamma\rangle = \lim_{t\to\infty} \left(\frac{\varepsilon_t(\boldsymbol{x}_0, \boldsymbol{y}_0)}{\varepsilon_0(\boldsymbol{x}_0, \boldsymbol{y}_0)}\right)^{1/t}. \tag{3.1}$$

Existiert dieser Grenzwert und ist er kleiner als eins, so verringert sich der Abstand der beiden Punkte $\boldsymbol{f}^t\boldsymbol{x}_0$ und $\boldsymbol{f}^t\boldsymbol{y}_0$. Für große Werte von t kann man dann schreiben

$$\varepsilon_t \simeq \varepsilon_0 \; \langle\gamma\rangle^t. \tag{3.2}$$

Ist $\langle\gamma\rangle$ größer als eins, dann vergrößert sich der Abstand der beiden durch $\boldsymbol{x}_0$ und $\boldsymbol{y}_0$ bestimmten Trajektorien nach einem Zeitschritt im Mittel um diesen Faktor. Das kann aber nur dann eintreten, wenn zumindest eine der Trajektorien ins Unendliche strebt, es sei denn, die Anfangsstörung ε_0 ist infinitesimal. Wird also in (3.1) vor dem Grenzübergang $t \to \infty$ der Übergang $\boldsymbol{y}_0 \to \boldsymbol{x}_0$ ausgeführt, so kann $\langle\gamma\rangle$ auch dann größer als eins sein, wenn beide Trajektorien $\{\boldsymbol{f}^t\boldsymbol{x}_0\}_{t\geq 0}$ und $\{\boldsymbol{f}^t\boldsymbol{y}_0\}_{t\geq 0}$ beschränkt sind und z. B. im Attraktor A liegen. Wird darüber hinaus der Logarithmus des mittleren Streckungsfaktors

$$\lambda \equiv \ln\langle\gamma\rangle \tag{3.3}$$

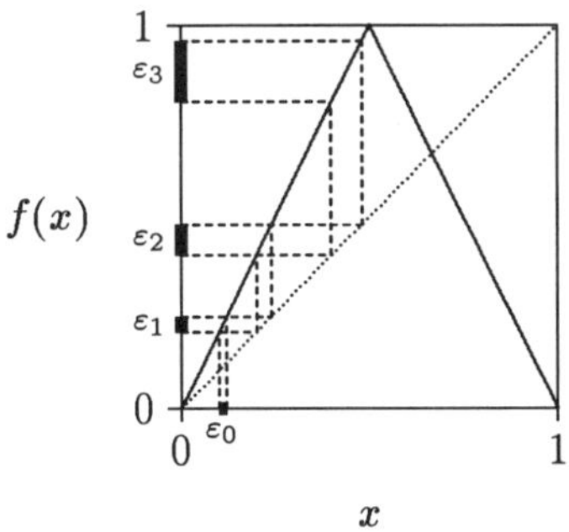

Abb. 3.1: Exponentielles Wachstum einer Anfangsstörung ε_0 bei der Zeltabbildung

eingeführt, vorausgesetzt, $0 < \langle\gamma\rangle$, dann kann (3.2) auch wie folgt geschrieben werden:

$$\varepsilon_t \simeq \varepsilon_0 \ \mathrm{e}^{\lambda t}. \tag{3.4}$$

λ heißt *Ljapunov–Exponent.* Für $\lambda < 0$ ist die Bewegung stabil und für $\lambda > 0$ *exponentiell* instabil. Letzteres bedeutet eine ***empfindliche Abhängigkeit von den Anfangsbedingungen.*** Ist die Bewegung in diesem Fall obendrein beschränkt, so heißt die Trajektorie bzw. das dynamische System ***chaotisch.*** Im Falle $\lambda = 0$ kann die Trajektorie stabil oder instabil sein.

Wie weiter unten noch präziser formuliert wird, kann man dynamischen Systemen (2.32) im n–dimensionalen Phasenraum $\mathbb{R}^n$ in Abhängigkeit von der Richtung der Anfangsstörung genau n Ljapunov–Exponenten zuordnen, die im *Spektrum der Ljapunov–Exponenten* $(\lambda_1, \lambda_2, \ldots, \lambda_n)$ der Größe nach geordnet, $\lambda_i \geq \lambda_{i+1}$, zusammengefaßt werden. Bei chaotischen Trajektorien ist zumindest $\lambda_1 > 0$. Bevor eine genauere Begriffsbildung zum Ljapunov–Exponenten erfolgt, wird dieses wichtige Charakteristikum für eindimensionale Differenzengleichungen genauer erläutert werden.

3.1.1 Ljapunov–Exponent eindimensionaler zeitdiskreter Systeme

Ein besonders einfaches Beispiel eines chaotischen Systems ist durch die *Zeltabbildung* f in Gl. (1.3) gegeben. Abbildung 3.1 zeigt den Graphen dieser Funktion. Die Wirkung von f auf einen Anfangszustand x_0 kann besonders einfach untersucht werden, wenn x_0 als Dualzahl $0, b_1 b_2 b_3 \ldots$ dargestellt wird, wobei b_i entweder 0 oder 1 ist und $x_0 = \sum_{i=1}^{\infty} b_i/2^i$. Für $0 \leq x_0 < 1/2$ gilt $b_1 = 0$, und die Anwendung der Abbildung f auf x_0 bedeutet eine Rechtsverschiebung des Kommas um eine Stelle. Falls $1/2 \leq x_0 < 1$, so wird zusätzlich zur Verschiebung eine Invertierung einer jeden Dualziffer vorgenommen ($\bar{b}_i \equiv 0$ falls $b_i = 1$ und umgekehrt),

$$f(0, b_1 b_2 b_3 b_4 \ldots) = \begin{cases} 0, b_2 b_3 b_4 \ldots & : \quad b_1 = 0 \\ 0, \bar{b}_2 \bar{b}_3 \bar{b}_4 \ldots & : \quad b_1 = 1. \end{cases} \tag{3.5}$$

Für rationale Anfangswerte x_0 ist die zugehörige Dualziffernfolge $\{b_i\}_{i=1}^{\infty}$ ab einer bestimmten Stelle τ periodisch. Folglich wird der Orbit $\{f^t x_0\}_t$ nach der Einlaufzeit τ periodisch sein. Wählt man dagegen typische irrationale Anfangswerte, so irrt die Trajektorie für immer im ganzen Intervall $(0, 1)$ umher und generiert das natürliche Maß, welches das Lebesgue–Maß auf $[0, 1]$ ist. Es gibt aber auch irrationale Anfangsbedingungen, die zu nichtperiodischen Orbits führen und trotzdem nicht das natürliche Maß generieren. Wählt man z. B. $x_0 = 0{,}10\,100\,1000\,10000\,1\ldots$ (in der dualen Zahlendarstellung), so wird die Trajektorie mit voranschreitender Zeit über stetig länger werdende Zeitabschnitte in der Nähe von Null liegen, sich aber zwischen diesen Abschnitten immer wieder kurzzeitig hiervon entfernen. Die Menge dieser Anfangszustände hat jedoch das Lebesgue–Maß null. Die entsprechenden Anfangszustände können somit als untypisch angesehen werden. Die typischen Anfangsbedingungen aus $[0, 1]$, bei denen in der Folge $\{b_i\}$ beliebige Binärworte der Länge L mit der relativen Häufigkeit 2^{-L} auftreten, und somit insbesondere die Null und die Eins gleich häufig sind, haben das Lebesgue–Maß eins. (Dies folgt aus BORELS Theorem über Normalzahlen, s. z. B. WALTERS, 1982, S. 35f.) Wird für die zufällige Wahl einer Anfangsbedingung das Lebesgue–Maß als relevant angesehen, so wird also mit der Wahrscheinlichkeit eins ein typischer Anfangswert ausgewählt. Nur typische Anfangsbedingungen haben praktische Bedeutung. Insbesondere erzeugen rationale Anfangswerte untypische Trajektorien.

Es wird nun zu einem typischen Anfangswert x_0 eine zweite (typische) Anfangsbedingung $x_0 + \varepsilon_0$ betrachtet und die Störung $\varepsilon_1 = |f(x_0 + \varepsilon_0) - f(x_0)|$ nach einem Iterationsschritt in eine Taylor–Reihe nach ε_0 entwickelt,

$$\varepsilon_1 = \left| \frac{\mathrm{d}f(x_0)}{\mathrm{d}x} \varepsilon_0 + \frac{1}{2!} \frac{\mathrm{d}^2 f(x_0)}{\mathrm{d}x^2} \varepsilon_0^2 + \ldots \right| . \tag{3.6}$$

Um zu entscheiden, ob eine *infinitesimale* Störung ε_0 wächst, kann die obige Reihe schon nach dem linearen Glied abgebrochen werden, vorausgesetzt, die erste Ableitung verschwindet nicht. Man erhält dann

$$\varepsilon_1 \simeq \varepsilon_0 \left| \frac{\mathrm{d}f(x_0)}{\mathrm{d}x} \right| .$$

In unserem Beispiel der Zeltabbildung sind die Verhältnisse besonders einfach. Hier gilt $|\mathrm{d}f(x_0)/\mathrm{d}x| = 2$ für fast alle $x_0 \in [0, 1]$, und jede höhere Ableitung verschwindet. Mit einer Iteration verdoppelt sich also die Störung.

Die Störung ε_T nach $T > 0$ Zeitschritten kann man erhalten, indem anstelle von f nun die T–te Iterierte $f^T = f \circ f^{T-1}$ betrachtet wird. Im Rahmen einer linearen Stabilitätsanalyse erhält man dann

$$\varepsilon_T \simeq \varepsilon_0 \left| \frac{\mathrm{d}f^T(x_0)}{\mathrm{d}x} \right| , \tag{3.7}$$

und bei Anwendung der Kettenregel

$$\frac{\varepsilon_T}{\varepsilon_0} \simeq \prod_{t=0}^{T-1} \left| \frac{\mathrm{d}f(x_t)}{\mathrm{d}x} \right| , \tag{3.8}$$

worin $x_t \equiv f^t(x_0)$ gesetzt wurde. Die einzelnen Faktoren

$$\gamma_t \equiv |\mathrm{d}f(x_t)/\mathrm{d}x|$$

auf der rechten Seite von (3.8) sind die lokalen Streckungsfaktoren entlang des Orbits $\{x_t\}$. Deren geometrisches Mittel gemäß Gl. (3.1) liefert die Ljapunov–Zahl, und für den Ljapunov–Exponenten (3.3) kann man

$$\lambda = \lim_{T\to\infty} \frac{1}{T} \sum_{t=0}^{T-1} \ln \gamma_t \tag{3.9}$$

schreiben, falls dieser Grenzwert existiert. Im Beispiel der Zeltabbildung gilt $\gamma_t = 2$. Der mittlere Streckungsfaktor ist somit ebenfalls 2, und für den Ljapunov–Exponenten (3.3) erhält man schließlich $\lambda = \ln 2$.

Im Falle der Ergodizität hängt λ nicht von der Anfangsbedingung x_0 ab und kann demzufolge alternativ als Scharmittel von

$\ln|\mathrm{d}f(x)/\mathrm{d}x|$ über das (f–invariante) natürliche Maß μ geschrieben werden,

$$\lambda = \int \ln\left|\frac{\mathrm{d}f(x)}{\mathrm{d}x}\right| \mathrm{d}\mu = \int \ln\left|\frac{\mathrm{d}f(x)}{\mathrm{d}x}\right| \varrho(x)\mathrm{d}x,$$

wobei in der letzten Gleichung μ als absolut–stetig bez. des Lebesgue–Maßes mit der invarianten Dichte ϱ vorausgesetzt wurde (s. Abschn. 2.4).

Bei der Zeltabbildung wie auch bei den Bernoulli–Abbildungen (2.35), für die $\lambda = \ln k$ gilt, ist das mittlere Streckungsverhalten wegen der Konstanz der lokalen Streckungsfaktoren besonders übersichtlich. Ähnlich einfach sind die Verhältnisse bei solchen eindimensionalen Abbildungen (2.2) eines Intervalls $I \subset \mathbb{R}$ in sich, die mit der möglichen Ausnahme endlich vieler Punkte überall in I expandierend sind, d. h., für die fast überall $|\mathrm{d}f(x)/\mathrm{d}x| > 0$ gilt. Offenbar können dann keine stabilen periodischen Orbits auftreten. Nach LASOTA und YORKE (1973) existiert in diesem Fall zumindest ein f–invariantes Maß, das absolut–stetig bez. des Lebesgue–Maßes ist. Gibt es in diesem Falle nur genau ein solches Maß, so ist es bez. f ergodisch und wegen der Expansion chaotisch. Über die Existenz solcher Maße gibt es umfangreiche strenge Resutate (s. z. B. COLLET und ECKMANN, 1980, sowie LASOTA und MACKEY, 1994).

Treten neben einer Expansion in gewissen Gebieten des Phasenraumes auch Kontraktionen auf, d. h., gilt dort $|\mathrm{d}f(x)/\mathrm{d}x| < 0$, so kann man i. allg. nicht sofort entscheiden, ob die Bewegung chaotisch ist. Gibt es jedoch eine eindeutig umkehrbare und differenzierbare Abbildung (C^1–Diffeomorphismus) $h : \mathbb{R} \to \mathbb{R}$, durch die eine Abbildung f mit einer zweiten Abbildung f^* gemäß dem Diagramm (2.36) konjugiert ist, so ist f genau dann chaotisch, wenn auch f^* dies ist. Der Ljapunov–Exponent beider Abbildungen ist gleich, denn unter Beachtung der Kettenregel und der f–Invarianz von μ gilt

$$\begin{aligned}
\lambda &\equiv \int_A \ln\left|\frac{\mathrm{d}f}{\mathrm{d}x}\right| \mathrm{d}\mu \\
&= \int_A \ln\left|\frac{\mathrm{d}h^{-1}}{\mathrm{d}y^*}\frac{\mathrm{d}f^*}{\mathrm{d}x^*}\frac{\mathrm{d}h}{\mathrm{d}x}\right| \mathrm{d}\mu \\
&= \int_A \left(\ln\left|\frac{\mathrm{d}f^*}{\mathrm{d}x^*}\right| + \ln\left|\frac{\mathrm{d}h}{\mathrm{d}x}\right| - \ln\left|\frac{\mathrm{d}h}{\mathrm{d}y}\right|\right) \mathrm{d}\mu
\end{aligned}$$

$$= \int_{h(A)} \ln \left| \frac{\mathrm{d}f^*}{\mathrm{d}x^*} \right| \mathrm{d}\mu^* \equiv \lambda^* .$$

Hier erstreckt sich die Integration über den gesamten Träger A des Maßes μ, so daß $\mu(A) = \mu^*\big(h(A)\big) = 1$. Der Ljapunov–Exponent ist also invariant bez. stetig differenzierbarer Koordinatentransformationen. Kennt man eine chaotische Abbildung, so bestimmt diese eine ganze Klasse von chaotischen Systemen, die durch Diffeomorphismen untereinander konjugiert sind und alle den gleichen Ljapunov–Exponenten haben.

In der Einleitung wurde schon erwähnt, daß die Zeltabbildung (1.3) durch den Diffeomorphismus $h(x) = 2\pi^{-1} \arcsin \sqrt{x}$ mit der logistischen Abbildung $f_4(x) = 4x(1-x)$ konjugiert ist. Die Zeltabbildung wird nun mit f^* und die zugehörige natürliche Wahrscheinlichkeitsdichte mit ϱ^* bezeichnet, wobei $\varrho^*(x^*) = 1$ für $0 \le x^* \le 1$ und 0 sonst. Nach (2.37) erhält man die transformierte Wahrscheinlichkeitsdichte $\varrho(x) = |\mathrm{d}h/\mathrm{d}x| = \big(\pi\sqrt{x(1-x)}\big)^{-1}$, die das natürliche Maß μ von f_4 bestimmt, $\mathrm{d}\mu = \varrho(x)\mathrm{d}x$. Beide Abbildungen haben den gleichen Ljapunov–Exponenten, was aus der aufgezeigten Invarianz folgt. Die zeitliche Entwicklung einer kleinen Störung ε eines Orbits von f_4 ist aber im Unterschied zur Zeltabbildung nicht mehr gleichmäßig, denn im Intervall $(3/8, 5/8)$ ist der lokale Streckungsfaktor kleiner als eins. Außerhalb dieses Intervalls findet jedoch Expansion statt, die im Mittel überwiegt.

Zur quantitativen Beschreibung der Ungleichförmigkeit des lokalen Streckungsverhaltens führten NICOLIS et al. (1983) den *Ungleichförmigkeitsfaktor* (Non–Uniformity–Factor)

$$\mathrm{NUF} \equiv \lim_{T\to\infty} \sqrt{\frac{1}{T}\sum_{t=0}^{T-1}(\lambda - \ln\gamma_t)^2} \tag{3.10}$$

ein. Er stellt die Standardabweichung der sogenannten *lokalen Ljapunov–Exponenten* $\lambda^{loc}(x_t) \equiv \ln\gamma_t$ dar, wobei ihr arithmetrischer Mittelwert λ durch (3.9) gegeben ist. Für die Zeltabbildung verschwindet NUF, während er für die konjugierte logistische Abbildung f_4 den Wert $\pi/\sqrt{12}$ annimmt. Dieses Beispiel zeigt somit, daß der Ungleichförmigkeitsfaktor im Unterschied zum Ljapunov–Exponenten keine Invariante des dynamischen Systems ist.

3.1.2 Spektrum der Ljapunov–Exponenten

Für höherdimensionale Systeme (2.1) bzw. (2.2) werden nun Ljapunov–Exponenten wie im beschriebenen eindimensionalen zeitdiskreten Fall eingeführt. Zunächst wird angenommen, daß der Fluß $\boldsymbol{f}$ auch im zeitkontinuierlichen Fall explizit bekannt ist. Um die zeitliche Entwicklung einer kleinen (infinitesimalen) Störung $\varepsilon_t(\boldsymbol{x}_0, \boldsymbol{y}_0) = \|\boldsymbol{f}^t\boldsymbol{x}_0 - \boldsymbol{f}^t\boldsymbol{y}_0\|$ zu untersuchen, wird wiederum der Streckungsfaktor $\varepsilon_t(\boldsymbol{x}_0, \boldsymbol{y}_0)/\varepsilon_0(\boldsymbol{x}_0, \boldsymbol{y}_0)$ für den Fall betrachtet, daß $\boldsymbol{y}_0$ gegen $\boldsymbol{x}_0$ strebt und somit $\varepsilon_0(\boldsymbol{x}_0, \boldsymbol{y}_0) = \|\boldsymbol{x}_0 - \boldsymbol{y}_0\|$ gegen null. (Ist dieser Faktor kleiner als eins, so handelt es sich selbstverständlich um einen „Stauchungsfaktor".) Im Gegensatz zum eindimensionalen Fall hat man hier zu beachten, daß der Streckungsfaktor i. allg. vom Weg abhängt, auf dem $\boldsymbol{y}_0$ gegen $\boldsymbol{x}_0$ strebt. Diese Abhängigkeit wird nun genauer beschrieben, indem in einer Hilfskonstruktion ein (glattes) Kurvenstück $\{\mathcal{C}(s)\}_{s\in[0,1]} \subset \mathbb{R}^n$ betrachtet wird, auf dem $\boldsymbol{y}_0$ gegen $\boldsymbol{x}_0$ konvergiert. Dabei sei $\mathcal{C}(1) = \boldsymbol{y}_0$ und $\mathcal{C}(0) = \boldsymbol{x}_0$. Darüber hinaus wird angenommen, daß der Tangentenvektor

$$\boldsymbol{z}_0 \equiv \lim_{s\to 0} \frac{\mathcal{C}(s) - \boldsymbol{x}_0}{s}$$

an das Kurvenstück im Punkt $\boldsymbol{x}_0$ existiert und nicht der Nullvektor ist. (Stimmt dieses Kurvenstück z. B. mit einem Stück der zeitkontinuierlichen Trajektorie $\{\boldsymbol{f}^t\boldsymbol{x}_0\}_t$ überein, wobei t der Kurvenparameter s ist, so ist der Tangentialvektor durch den Geschwindigkeitsvektor $\boldsymbol{F}(\boldsymbol{x}_0)$ aus Gl. (2.1) gegeben.) Für den gesuchten Streckungsfaktor einer *infinitesimalen* Störung von $\boldsymbol{x}_0$, die in Richtung des Tangentenvektors $\boldsymbol{z}_0$ zeigt, erhält man somit

$$\lim_{s\to 0} \frac{\|\boldsymbol{f}^t\mathcal{C}(s) - \boldsymbol{f}^t\boldsymbol{x}_0\|}{\|\mathcal{C}(s) - \boldsymbol{x}_0\|} = \frac{\|\mathrm{D}\boldsymbol{f}^t(\boldsymbol{x}_0)\boldsymbol{z}_0\|}{\|\boldsymbol{z}_0\|}, \tag{3.11}$$

worin $\mathrm{D}\boldsymbol{f}^t(\boldsymbol{x}_0)$ die Funktionalmatrix (2.22) des Flusses $\boldsymbol{f}^t$ im Punkt $\boldsymbol{x}_0$ bezeichnet. $\mathrm{D}\boldsymbol{f}^t(\boldsymbol{x}_0)\boldsymbol{z}_0$ ist der Tangentenvektor $\boldsymbol{z}_t$ im Punkt $\boldsymbol{f}^t\boldsymbol{x}_0$ an das durch den Fluß transformierte Kurvenstück $\{\boldsymbol{f}^t\mathcal{C}(s)\}_{s\in[0,1]}$. Ist t ganzzahlig, so kann man wie folgt schreiben:

$$\begin{aligned} \boldsymbol{z}_t &= \mathrm{D}\boldsymbol{f}^t(\boldsymbol{x}_0)\boldsymbol{z}_0 \\ &= \mathrm{D}\boldsymbol{f}(\boldsymbol{x}_{t-1})\mathrm{D}\boldsymbol{f}(\boldsymbol{x}_{t-2})...\mathrm{D}\boldsymbol{f}(\boldsymbol{x}_0)\boldsymbol{z}_0. \end{aligned} \tag{3.12}$$

$\mathrm{D}\boldsymbol{f}^t(\boldsymbol{x}_0)\boldsymbol{z}_0$ definiert somit eine (lineare) Abbildung, die Tangentenvektoren in Tangentenvektoren überführt. n linear unabhängige Tangentenvektoren, die man sich zu verschiedenen Kurvenstükken im Punkt $\boldsymbol{x}_t = \boldsymbol{f}^t\boldsymbol{x}_0$ vorstellen kann, spannen den n–dimensionalen linearen *Tangentialraum* $T_{\boldsymbol{x}_t}\mathbb{R}^n$ im Punkt $\boldsymbol{x}_t$ auf (s. z. B. ARNOL'D, 1979). Nach dem ersten Zeitschritt liegt $\boldsymbol{z}_1 = \mathrm{D}\boldsymbol{f}(\boldsymbol{x}_0)\boldsymbol{z}_0$ in $T_{\boldsymbol{x}_1}\mathbb{R}^n$, nach dem zweiten liegt $\boldsymbol{z}_2 = \mathrm{D}\boldsymbol{f}(\boldsymbol{x}_1)\boldsymbol{z}_1$ in $T_{\boldsymbol{x}_2}\mathbb{R}^n$ usw.

Zeigt nun $\boldsymbol{z}_0$ in die Richtung des i–ten Eigenvektors von $\mathrm{D}\boldsymbol{f}^t(\boldsymbol{x}_0)$, wobei $i = 1, 2, \ldots, n$, so ist der Streckungsfaktor (3.11) durch den Betrag $\gamma_i(t)$ des zugehörigen i–ten Eigenwertes gegeben. Der i–te Ljapunov–Exponent wird dann definiert als

$$\lambda_i \equiv \lim_{t\to\infty} t^{-1} \ln \gamma_i(t), \qquad \text{für } i = 1, 2, \ldots, n. \tag{3.13}$$

Der Größe nach geordnet ($\lambda_i \geq \lambda_{i+1}$) bilden sie das *Spektrum der Ljapunov–Exponenten*.

Die Existenz der Ljapunov–Exponenten ist nach dem sogenannten Multiplikativen Ergodensatz von OSELEDEC (1968) gesichert, wenn ein ergodisches dynamisches System (2.32) gegeben ist, dessen Wahrscheinlichkeitsmaß einen kompakten (d. h. beschränkten und abgeschlossenen) Träger $\operatorname{supp}\mu$ hat. (Der Träger von μ ist im wesentlichen der Attraktor A.) Dann liefern fast alle (bez. μ) Anfangszustände $\boldsymbol{x}_0$ die gleichen Ljapunov–Exponenten λ_i. Das Spektrum der Ljapunov–Exponenten ist invariant unter eindeutig umkehrbaren, stetig differenzierbaren (kurz: diffeomorphen) Koordinatentransformationen.

Im Falle eines Fixpunktes $\overline{\boldsymbol{x}}$ von $\boldsymbol{f}$ ist $\langle\gamma_i\rangle$ der Betrag des i–ten Eigenwertes von $\mathrm{D}\boldsymbol{f}(\overline{\boldsymbol{x}})$. (Zur Bestimmung von λ_i nach (3.13) braucht demzufolge der Grenzübergang $t \to \infty$ nicht ausgeführt werden.) Ljapunov–Exponenten können somit als eine Verallgemeinerung des Begriffs vom (Logarithmus des Betrages vom) Eigenwert eines Fixpunktes angesehen werden, und zwar für Orbits, die auch nichtperiodisch sein können.

Zeigt $\boldsymbol{z}_0$ nicht in die Richtung eines Eigenvektors von $\mathrm{D}\boldsymbol{f}(\overline{\boldsymbol{x}})$, so richtet sich der Tangentialvektor $\boldsymbol{z}_t$ im Laufe der Zeit jedoch so aus, daß er möglichst schnell wächst bzw. im Falle der Stauchung möglichst langsam kontrahiert. Es gilt dann

$$\lambda_i = \lim_{t\to\infty} \frac{1}{t} \ln \frac{\|\boldsymbol{z}_t\|}{\|\boldsymbol{z}_0\|} = \lim_{t\to\infty} \frac{1}{t} \ln \|\boldsymbol{z}_t\| \tag{3.14}$$

für irgendein $i \in \{1, 2, \ldots, n\}$. Der konkrete Wert von i hängt davon ab, ob die Projektionen von $\boldsymbol{z}_0$ auf gewisse Unterräume des Tangentialraumes $T_{\boldsymbol{x}_0}\mathbb{R}^n$ den Nullvektor ergeben oder nicht: Seien $(\Lambda_1, \Lambda_2, \ldots, \Lambda_{\tilde{n}})$ wiederum die der Größe nach geordneten Ljapunov–Exponenten, wobei nun aber gleich große Exponenten nur einmal aufgeführt werden, so daß also $\Lambda_j > \Lambda_{j+1}$ gilt. Ist n_j die Anzahl der Ljapunov–Exponenten aus dem Spektrum $(\lambda_1, \lambda_2, \ldots, \lambda_n)$, die gleich Λ_j sind, so gilt $n = \sum_{j=1}^{\tilde{n}} n_j$. Es gibt dann lineare Unterräume $E^{(j)}_{\boldsymbol{x}_t}$ von $T_{\boldsymbol{x}_t}\mathbb{R}^n$, mit

$$T_{\boldsymbol{x}_t}\mathbb{R}^n = E^{(1)}_{\boldsymbol{x}_t} \supset E^{(2)}_{\boldsymbol{x}_t} \supset \ldots \supset E^{(\tilde{n})}_{\boldsymbol{x}_t}, \tag{3.15}$$

so daß

$$\lim_{t\to\infty} \frac{1}{t} \ln\|\boldsymbol{z}_t\| = \begin{cases} \Lambda_j & : \quad \boldsymbol{z}_0 \in E^{(j)}_{\boldsymbol{x}_0} \setminus E^{(j+1)}_{\boldsymbol{x}_0}, \quad j < \tilde{n} \\ \Lambda_{\tilde{n}} & : \quad \boldsymbol{z}_0 \in E^{(\tilde{n})}_{\boldsymbol{x}_0}, \end{cases} \tag{3.16}$$

falls $\boldsymbol{z}_0$ nicht der Nullvektor ist.

Im zeitkontinuierlichen Fall hat man den Fluß $\boldsymbol{f}$ in der Regel nicht explizit gegeben. Zur Bestimmung der Ljapunov–Exponenten schreibt man deshalb das System (2.1) um, indem man es entlang einer Trajektorie linearisiert: Sei $\boldsymbol{x}$ eine Referenztrajektorie (Lösung) von (2.1) und $\boldsymbol{x} + \boldsymbol{\varepsilon}$ der um einen infinitesimalen Vektor $\boldsymbol{\varepsilon}$ gestörte Orbit, der auch Lösung von (2.1) sei. Dann erhält man

$$\frac{\mathrm{d}(\boldsymbol{x} + \boldsymbol{\varepsilon})}{\mathrm{d}t} = \boldsymbol{F}(\boldsymbol{x} + \boldsymbol{\varepsilon}) \simeq \boldsymbol{F}(\boldsymbol{x}) + \mathrm{D}\boldsymbol{F}(\boldsymbol{x})\boldsymbol{\varepsilon}.$$

Aus $\dot{\boldsymbol{x}} = \boldsymbol{F}(\boldsymbol{x})$ folgt dann für die Störung das lineare System $\dot{\boldsymbol{\varepsilon}} \simeq \mathrm{D}\boldsymbol{F}(\boldsymbol{x})\boldsymbol{\varepsilon}$ bzw. für den Tangentialvektor

$$\dot{\boldsymbol{z}} = \mathrm{D}\boldsymbol{F}(\boldsymbol{x})\boldsymbol{z}, \tag{3.17}$$

wobei die Koeffizientenmatrix $\mathrm{D}\boldsymbol{F}(\boldsymbol{x})$ über $\boldsymbol{x}_t$ i. allg. explizit von der Zeit abhängt. Löst man also das gekoppelte System (2.1) und (3.17) zur Anfangsbedingung $(\boldsymbol{x}_0, \boldsymbol{z}_0)$, so erhält man $\boldsymbol{z}_t$ und kann nach (3.16) die gesuchten Ljapunov–Exponenten bestimmen. (Zum Problem der Wahl der Richtung der Anfangsstörung $\boldsymbol{z}_0$ s. u.) Ist $\boldsymbol{x}_t = \overline{\boldsymbol{x}}$ ein Fixpunkt, so geht (3.17) in (2.24) über.

Die Vorzeichen aus dem Spektrum der Ljapunov–Exponenten gestatten eine Klassifizierung der Attraktoren. In Abb. 3.2 sind mögliche Spektraltypen von Attraktoren zusammengestellt. Durch gewisse Bedingungen treten im Phasenraum $\mathbb{R}^n$ nicht alle der 3^n

<table>
<tr><th rowspan="2">Attraktor</th><th colspan="2">Spektraltyp</th></tr>
<tr><th>zeitkontinuierlich</th><th>zeitdiskret</th></tr>
<tr><td rowspan="2">Fixpunkt</td><td></td><td></td></tr>
<tr><td colspan="2">$(\underbrace{-,\cdots,-}_{n-\text{mal}})$</td></tr>
<tr><td>periodischer Orbit</td><td>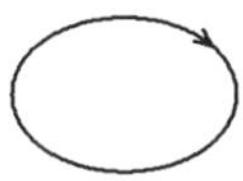
$(0,\underbrace{-,\cdots,-}_{(n-1)-\text{mal}})$</td><td>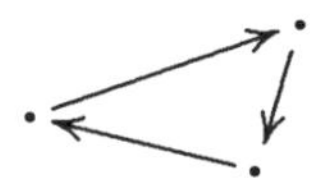
$(\underbrace{-,\cdots,-}_{n-\text{mal}})$</td></tr>
<tr><td rowspan="2">k–Torus</td><td>
$2 \leq k < n-1$</td><td>
$1 \leq k < n-1$</td></tr>
<tr><td colspan="2">$(\underbrace{0,\cdots,0}_{k-\text{mal}},\underbrace{-,\cdots,-}_{(n-k)-\text{mal}})$</td></tr>
<tr><td rowspan="2">chaotischer Attraktor</td><td>
$1 \leq p,k,m \leq n-2$</td><td>
$0 \leq k \leq n-2$
$1 \leq p,m \leq n-1$</td></tr>
<tr><td colspan="2">$p+k+m=n$
$(\underbrace{+,\cdots,+}_{p-\text{mal}},\underbrace{0,\cdots,0}_{k-\text{mal}},\underbrace{-,\cdots,-}_{m-\text{mal}})$</td></tr>
</table>

Abb. 3.2: Vorzeichentypen des Spektrums der Ljapunov–Exponenten verschiedener Attraktoren

möglichen Variationen der Vorzeichen „+“ und „–“ sowie der „0“ auf. Berücksichtigt man, daß det $\mathrm{D}\boldsymbol{f}^t(\boldsymbol{x}_0)$ gleich dem Produkt der Eigenwerte von $\mathrm{D}\boldsymbol{f}^t(\boldsymbol{x}_0)$ ist, und somit

$$|\det \mathrm{D}\boldsymbol{f}^t(\boldsymbol{x}_0)| = \prod_{i=1}^{n} \gamma_i(t)$$

den Stauchungs- bzw. Streckungsfaktor eines Volumenelementes an der Stelle $\boldsymbol{x}_0$ unter der Wirkung von $\boldsymbol{f}^t$ beschreibt, so findet man für die Summe der Ljapunov–Exponenten

$$\begin{aligned} \sum_{i=1}^{n} \lambda_i &= \lim_{t\to\infty} \frac{1}{t} \ln |\det \mathrm{D}\boldsymbol{f}^t(\boldsymbol{x}_0)| \\ &= \lim_{T\to\infty} \frac{1}{T} \sum_{t=0}^{T-1} \ln |\det \mathrm{D}\boldsymbol{f}(\boldsymbol{x}_t)|. \end{aligned} \tag{3.18}$$

Die obige Formel gilt sowohl für zeitdiskrete wie auch -kontinuierliche Systeme. Im letzteren Fall kann man die Summe der Ljapunov–Exponenten auch als Zeitmittel über die Divergenz der Phasengeschwindigkeit schreiben,

$$\sum_{i=1}^{n} \lambda_i = \langle \operatorname{div} \boldsymbol{F}(\boldsymbol{x}_t) \rangle_t . \tag{3.19}$$

Falls das Volumen (sprich: Lebesgue–Maß) von Gebieten $U \subset \mathbb{R}^n$ durch die Wirkung des dissipativen Phasenflusses im Mittel exponentiell kontrahiert wird, so ist die Summe der Ljapunov–Exponenten negativ. Dies ist z. B. gewährleistet, wenn die Bedingung (2.21) oder (2.23) erfüllt ist. Der Klassifizierung in Abb. 3.2 liegt diese Annahme zugrunde, so daß immer zumindest der kleinste Ljapunov–Exponent λ_n negativ ist.

Im zeitkontinuierlichen Fall ist darüber hinaus immer zumindest ein Ljapunov–Exponent null, falls der Attraktor A kein Fixpunkt ist. Der zugehörige Tangentialunterraum im Punkt $\boldsymbol{x}_0 \in A$ wird durch den Geschwindigkeitsvektor $\boldsymbol{F}(\boldsymbol{x}_0)$ aufgespannt. Wählt man beispielsweise in (3.12) $\boldsymbol{z}_0 = \boldsymbol{F}(\boldsymbol{x}_0)$ (dies ist nicht der Nullvektor, falls $\boldsymbol{x}_0$ kein Fixpunkt ist), so erhält man $\boldsymbol{z}_t = \boldsymbol{F}(\boldsymbol{f}^t\boldsymbol{x}_0) = \mathrm{D}\boldsymbol{f}^t(\boldsymbol{x}_0)\boldsymbol{F}(\boldsymbol{x}_0)$. Weil $\boldsymbol{x}_0 \in A$ nichtwandernd ist, kommt $\boldsymbol{f}^t \boldsymbol{x}_0$ mit fortschreitender Zeit t immer wieder in die Nähe von $\boldsymbol{x}_0$. Für den Grenzwert (3.16) erhält man somit

$$\lim_{t \to \infty} t^{-1} \ln \|\boldsymbol{F}(\boldsymbol{f}^t \boldsymbol{x}_0)\| = 0.$$

Folglich ist zumindest einer der Ljapunov–Exponenten null. Beachtet man darüber hinaus, daß infolge der Dissipation die Summe aller Ljapunov–Exponenten negativ ist (s. o.), so folgert man, daß in zeitkontinuierlichen Systemen ein positiver Ljapunov–Exponent und somit ein chaotischer Attraktor nur in drei- oder höherdimensionalen Systemen auftreten kann. Die einzig möglichen Attraktoren in zweidimensionalen zeitkontinuierlichen Systemen sind Fixpunkte und periodische Orbits. Schließlich sei bemerkt, daß bei einem hyperbolischen Fixpunktattraktor $\overline{\boldsymbol{x}}$ alle Ljapunov–Exponenten negativ sind, denn die Funktionalmatrix $\mathrm{D}\boldsymbol{f}(\overline{\boldsymbol{x}})$ hat hier nur Eigenwerte, deren Beträge kleiner als eins sind.

3.1.3 Probleme bei der experimentellen Bestimmung von Ljapunov–Exponenten

Bei der experimentellen Bestimmung von Ljapunov–Exponenten sind zwei grundsätzlich verschiedene Situationen zu unterscheiden. Das ist einerseits das „Computerexperiment“, dem ein gewisses mathematisches Modell des realen Systems zugrunde liegt, etwa in Form der Gl. (2.1) oder (2.2). In diesem Fall kann ein Orbit zu einer konkreten Anfangsbedingung zumindest approximativ berechnet werden, und parallel können die Ljapunov–Exponenten geschätzt werden. Andererseits ist es das „reale Experiment“, in dem eine oder mehrere Zustandsgrößen gemessen werden. Aus den Meßgrößen sollen dann die Ljapunov–Exponenten geschätzt werden, die a posteriori Hinweise für die Modellierung des realen Systems geben können.

Sieht man von einigen trivialen Ausnahmen ab, so gibt es in beiden Situationen, und insbesondere in der zweiten, immer nur die Möglichkeit einer gewissen Schätzung der Ljapunov–Exponenten, exakte Angaben sind zumeist nicht möglich. Besonders unter Physikern gibt es Anstrengungen, praktikable Algorithmen zur Bestimmung (Schätzung) von Ljapunov–Exponenten zu entwickeln, die aber teilweise einer rigorosen mathematischen Begründung entbehren.

Ein Teil der Probleme hängt damit zusammen, daß bei der iterativen Erzeugung chaotischer Orbits auf einem Digitalrechner wegen des endlichen Zahlenvorrates prinzipiell nur periodische Orbits erhalten werden können. Die uns interessierenden chaotischen Orbits sind aber nichtperiodisch. Darüber hinaus kann man wegen der mittleren exponentiellen Instabilität von Trajektorien auf oder in der Nachbarschaft von einem chaotischen Attraktor nicht erwarten, daß die zu einer vorgegebenen Anfangsbedingung lt. Existenzsatz eindeutig bestimmte Trajektorie durch den zur selben Anfangsbedingung numerisch erhaltenen Orbit approximiert wird (s. z. B. KATSURA und FUKUDA, 1985, sowie die Ausführungen im Abschn. 3.3 und zum Beschattungslemma im Abschn. 6.1). Ebenso bereitet der geforderte Grenzübergang $t \to \infty$ in (3.13) wegen der tatsächlich endlichen Rechenzeit numerische Probleme. Dennoch kann man relativ zuverlässige Schätzungen für die Ljapunov–Exponenten im Computerexperiment erhalten. Hierzu ist es u. a. notwendig, daß durch den numerisch bestimmten Orbit das natürliche Maß hinreichend genau approximiert wird. Eine Vielzahl von Vergleichsrechnungen an analytisch lösbaren Modellsystemen rechtfertigt diese Erwartung, wenngleich leicht Gegenbeispiele gefunden werden können (s. z. B. MCCAULEY und PALMORE, 1986).

In realen Experimenten treten ähnliche Schwierigkeiten wie im Computerexperiment auf. Diese ergeben sich u. a. aus der endlichen Meßgenauigkeit und –zeit. In der Praxis werden die Meßdaten z. B. mit einem Analog/Digitalwandler bei einer endlichen Amplitudenauflösung von meist 8 bis 16 *bit* gewonnen, so daß also immer ein Quantisierungsrauschen vorhanden ist. Für die zeitliche Auflösung eines ursprünglich zeitkontinuierlichen Signals ist zunächst das Abtasttheorem zu beachten. Danach muß die Abtastrate (Sampling–Frequenz) mindestens zweimal so groß wie die Nyquist–Frequenz sein (s. Abschn. 2.2). Ist das Signal nicht bandbegrenzt, so muß es vor der Abtastung mit einem Tiefpaß (dem sogenannten „Anti–Aliasing–Filter“) gefiltert werden, dessen Grenzfrequenz unterhalb der halben Abtastrate liegt. Dies führt i. allg. zu Signalverfälschungen. [1] Aus dieser Sicht sollte

[1] Eine Signalvorverarbeitung kann z. B. mit sogenannten FIR–Filtern erfolgen. Das sind lineare digitale Filter, z. B. Tiefpässe, mit endlicher Impulsantwort. Man kann zeigen, daß durch eine solche Vorverarbeitung die hier interessierenden charakteristischen Größen, wie z. B. Ljapunov–Exponenten und Dimensionen (s. Abschn. 3.2), *nicht* beeinflußt werden (s. z. B. SAUER et al., 1991). Das gleiche trifft aber für sogenannte IIR–Filtern (rekursive Filter) *nicht* zu. Den Einfluß einer linearen Filterung chaotischer Signale haben u. a. THEILER und EUBANK (1993) numerisch für verschiedene chaotische Signale untersucht.

man die Abtastrate möglichst groß wählen. Andererseits wird aber bei einer höheren Abtastrate ein größerer Datenspeicher benötigt, um das Signal über dieselbe Zeitdauer zu registrieren, und die Wandler müssen die hohen Abtastraten bewältigen, was im Hochfrequenzbereich (größer als einige Hundert *MHz*) an technische Grenzen stößt. Folglich muß bei der Datenaufnahme in Abhängigkeit von der konkreten Situation hinsichtlich der Abtastrate ein Kompromiß eingegangen werden.

Darüber hinaus sind Meßdaten infolge der Wechselwirkung des realen Systems mit seiner Umwelt immer „verrauscht". Streng genommen existieren Ljapunov–Exponenten, wie sie oben eingeführt wurden, für verrauschte Systeme nicht. Sind aber die Referenztrajektorie $\boldsymbol{x}$ und der gestörte Orbit $\boldsymbol{x}+\boldsymbol{\varepsilon}$ für bestimmte Zeitabschnitte weit genug voneinander entfernt, so daß die Störamplitude $\|\boldsymbol{\varepsilon}\|$ viel größer als die Rauschstärke σ ist und gleichzeitig klein genug (kleiner als ein gewisses $\varepsilon^* > 0$), so daß ihre zeitliche Entwicklung noch hinreichend genau durch das linearisierte System (3.12) bzw. (3.17) beschrieben wird, dann kann man aus der Untersuchung der Entwicklung der Störung für $\sigma \ll \|\boldsymbol{\varepsilon}\| < \varepsilon^*$ die Ljapunov–Exponenten schätzen (s. u.).

Im folgenden wird zunächst die von Benettin et al. (1980) vorgeschlagene Methode zur Bestimmung der Ljapunov–Exponenten im Computerexperiment vorgestellt, die wegen ihrer Anschaulichkeit das Verständnis zu den Ljapunov–Exponenten vertieft.

3.1.4 Bestimmung der Ljapunov–Exponenten im Computerexperiment

Um den größten Ljapunov–Exponenten zu bestimmen, wählt man zunächst eine (typische) Anfangsbedingung $\boldsymbol{x}_0$ auf dem Attraktor oder aus seinem Einzugsgebiet und einen (fast) beliebigen Tangentialvektor $\boldsymbol{z}_0 \in \mathbb{R}^n$, der bei zufälliger Wahl mit der Wahrscheinlichkeit eins in $E^{(1)}_{\boldsymbol{x}_0} \setminus E^{(2)}_{\boldsymbol{x}_0}$ liegt (s. (3.15) und (3.16)). Dies folgt daraus, daß die Dimension des Tangentialunterraumes $E^{(2)}_{\boldsymbol{x}_0}$ kleiner ist als die von $E^{(1)}_{\boldsymbol{x}_0}$, welcher die Dimension n hat. $E^{(2)}_{\boldsymbol{x}_0}$ ist also im Unterschied zu $E^{(1)}_{\boldsymbol{x}_0}$ eine Nullmenge bez. des n–dimensionalen Lebesgue–Maßes.

Die zeitliche Entwicklung von $\boldsymbol{z}_0$ wird im zeitdiskreten Fall nach (3.12) durch Multiplikation (von rechts) mit der Funktionalmatrix $\mathrm{D}\boldsymbol{f}$ an den (verschiedenen) Punkten des Orbits $\{\boldsymbol{x}_t\}$ bestimmt, und im zeitkontinuierlichen Fall durch Lösung von (3.17). In beiden Fällen muß zur Bestimmung von $\boldsymbol{z}_t$ simultan der Orbit $\{\boldsymbol{x}_t\}$ des Ausgangssystems (2.1) bzw. (2.2) bestimmt werden. Aus (3.16) folgt dann $\lambda_1 = \lim_{t\to\infty} t^{-1}\ln\|\boldsymbol{z}_t\|$.

Im chaotischen Fall wächst $\|\boldsymbol{z}_t\|$ im Mittel exponentiell, so daß für große Werte von t numerische Überlaufprobleme auftreten können. Unter Beachtung der Linearität von (3.12) bzw. (3.17) kann man diese Probleme wie folgt lösen: ist α eine beliebige reelle Zahl, so ist mit $\boldsymbol{z}_t$ auch $\alpha\boldsymbol{z}_t$ Lösung von (3.17), und in (3.12) gilt $\mathrm{D}\boldsymbol{f}^t(\boldsymbol{x}_0)(\alpha\boldsymbol{z}_0) = \alpha\mathrm{D}\boldsymbol{f}^t(\boldsymbol{x}_0)\boldsymbol{z}_0 = \alpha\boldsymbol{z}_t$. Wird nun $\|\boldsymbol{z}_t\|$ zu groß, so kann $\boldsymbol{z}_t$ durch Multiplikation mit einem geeigneten Renormierungsfaktor gestaucht werden, um dann mit dem renormierten Tangentialvektor weiterzurechnen. Am Ende der Rechnung müssen dann die Renormierungsfaktoren wieder berücksichtigt werden. Wird z. B. $\|\boldsymbol{z}_0\| = 1$ gewählt, und jeweils zu den Zeitpunkten $m\tau$, mit $m = 1, 2, \ldots$, und einem geeigneten $\tau > 0$, der Tangentialvektor auf die Länge eins renormiert, dann erhält man die Sequenz $\{\gamma_m^{-1}\}$ von Renormierungsfaktoren

$$\gamma_m^{-1} \equiv \frac{\|\boldsymbol{z}_{m\tau}\|}{\|\boldsymbol{z}_{(m+1)\tau}\|},$$

so daß $\prod_{m=0}^{M-1}\gamma_m = \|\boldsymbol{z}_{M\tau}\|$. Abbildung 3.3 illustriert diesen Sachverhalt. Der Ljapunov–Exponent ergibt sich dann aus

$$\lambda_1 = \lim_{M\to\infty} \frac{1}{M\tau} \sum_{m=0}^{M-1} \ln\gamma_m .$$

Bei voranschreitender Zeit richtet sich der Tangentialvektor $\boldsymbol{z}_t$ so aus, daß der Betrag seiner Projektion auf den Tangentialunterraum $E^{(1)}_{\boldsymbol{x}_t} \setminus E^{(2)}_{\boldsymbol{x}_t}$ gegen $\|\boldsymbol{z}_t\|$ strebt. In diesem Sinne liegt $\boldsymbol{z}_t$ für große Werte von t „im wesentlichen" in $E^{(1)}_{\boldsymbol{x}_t} \setminus E^{(2)}_{\boldsymbol{x}_t}$. Man kann dann ebenso wie im oben beschriebenen eindimensionalen Fall *lokale Ljapunov-Exponenten* $\lambda_1^{loc}(\boldsymbol{x}_t)$ von λ_1 an der Stelle $\boldsymbol{x}_t$ einführen, die sich im zeitdiskreten Fall aus $\ln(\|\boldsymbol{z}_{t+1}\|/\|\boldsymbol{z}_t\|)$ ergeben und aus $\lim_{\tau\to 0}\tau^{-1}\ln(\|\boldsymbol{z}_{t+\tau}\|/\|\boldsymbol{z}_t\|)$ im kontinuierlichen Fall.

In einigen Situationen kann aus der Kenntnis eines Ljapunov–Exponenten sofort auf das gesamte Spektrum geschlossen werden, wenn (3.18) bzw. (3.19) berücksichtigt wird sowie der Umstand, daß im zeitkontinuierlichen Fall einer der Ljapunov–Exponenten

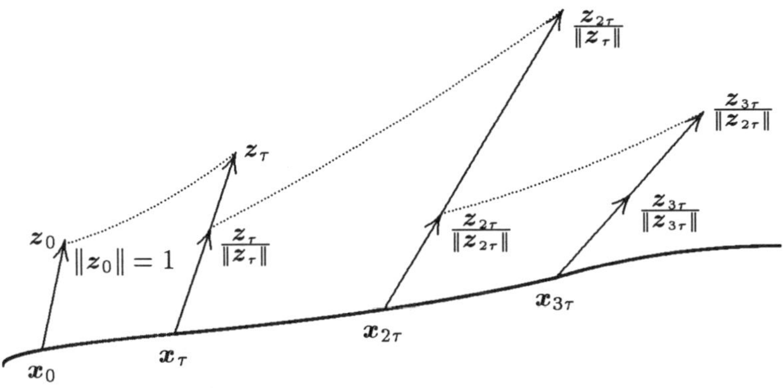

Abb. 3.3: Renormierung des Störungsvektors z im Tangentialraum an die Referenztrajektorie x zur Bestimmung des größten Ljapunov–Exponenten

verschwindet. Ein Beispiel hierfür ist das parametrisch erregte Pendel (1.6), dessen Bewegungsgleichung die Normalform

$$\begin{aligned} \dot{x}_1 &= x_2, \\ \dot{x}_2 &= -Bx_2 - (1 + A\cos x_3)\sin x_1, \\ \dot{x}_3 &= \Omega \end{aligned} \tag{3.20}$$

hat. Dabei wurde $x_3 \equiv \Omega t$ gesetzt, um (formal) ein autonomes System zu erhalten. Für die Divergenz des Geschwindigkeitsfeldes $\boldsymbol{F}$ erhält man nach Gl. (2.18)

$$\mathrm{div}\boldsymbol{F} = -B.$$

Die Dämpfungskonstante B ist hier immer positiv und somit div$\boldsymbol{F}$ negativ, was das Pendel (3.20) als dissipatives System ausweist. Im chaotischen Fall folgt unter Beachtung von (3.19) das Spektrum

$$(\lambda_1, \lambda_2, \lambda_3) = (\lambda_1, 0, -B - \lambda_1),$$

und im periodischen Regime gilt

$$(\lambda_1, \lambda_2, \lambda_3) = (0, \lambda_2, -B - \lambda_2).$$

Zur vollständigen Bestimmung des Spektrums muß also nur noch λ_1 bzw. λ_2 bestimmt werden. Dazu wird das zu (3.20) gehörige lineare System (3.17) betrachtet. Die Funktionalmatrix des Geschwindigkeitsfeldes hat hier die folgende Gestalt,

$$\mathrm{D}\boldsymbol{F}(\boldsymbol{x}) = \begin{pmatrix} 0 & 1 & 0 \\ -(1 + A\cos x_3)\cos x_1 & -B & A\sin x_1 \sin x_3 \\ 0 & 0 & 0 \end{pmatrix}. \tag{3.21}$$

Aus der letzten Zeile folgt $\dot{z}_3 = 0$. Folglich ist z_3 zeitlich konstant. Wählt man nun zum Anfangszeitpunkt den Tangentialvektor $\boldsymbol{z}(0) = \big(z_1(0), z_2(0), 0\big)$, wobei $z_1(0) \neq 0$ oder $z_2(0) \neq 0$, so entspricht dies allein einer Anfangsstörung in der Winkelkoordinate bzw. der –geschwindigkeit. Die Komponente z_3 ist jedoch für beliebige Zeitpunkte null. Man kann in diesem Fall das durch (3.21) spezifizierte lineare System (3.17) durch Eliminierung von z_3 vereinfachen, indem man es als zweidimensionales System schreibt,

$$\begin{pmatrix} \dot{z}_1 \\ \dot{z}_2 \end{pmatrix} = \begin{pmatrix} 0 & 1 \\ -(1 + A\cos \Omega t)\cos x_1(t) & -B \end{pmatrix} \begin{pmatrix} z_1 \\ z_2 \end{pmatrix}. \tag{3.22}$$

Dieses System wird nun zu einer willkürlich gewählten Anfangsbedingung $\boldsymbol{z}(0) = \big(z_1(0), z_2(0)\big) \neq$ Nullvektor gelöst. Hierbei ist $x_1(t)$ die zeitlich veränderliche Winkelkoordinate aus dem Ausgangssystem (3.20), welches simultan zu einer Anfangsbedingung $\big(x_1(0), x_2(0), 0\big)$ aus dem Einzugsbereich des zu untersuchenden Attraktors gelöst wird. Der Grenzwert $\lim_{t\to\infty} t^{-1}\ln\|\boldsymbol{z}(t)\|$ liefert dann λ_1 im chaotischen und λ_2 im periodischen Fall.

Abbildung 3.4 zeigt das Spektrum der Ljapunov–Exponenten, welches auf der beschriebenen Weise durch numerische Integration erhalten wurde. Die Erregeramplitude A wurde hier sukzessive in Schritten von $0,000\,25$ erhöht, vom Wert $0,77$ beginnend. Für $A < 0,794\ldots$ rotiert das Pendel kontinuierlich in einer Richtung mit der Periode $T = 2\pi/\Omega$. An den Stellen $\lambda_1 = \lambda_2 = 0$ treten periodenverdoppelnde Bifurkationen auf. Für $A > A_\infty$ nimmt λ_1 positive Werte an, was auf chaotische Bewegungsformen hinweist. (Die Attraktorentwicklung entspricht der in den Abbildungen 1.7 bzw. 1.8, wenngleich dort B variiert wurde.) Die numerischen Resultate sind jedoch kein Beweis für die Existenz chaotischer Attraktoren im mathematisch strengen Sinne.

Das beschriebene Verfahren zur Schätzung des gesamten Spektrums der Ljapunov–Exponenten ist für zweidimensionale nichtautonome Systeme mit konstanter Divergenz div$\boldsymbol{F}$ anwendbar. In der Regel kann jedoch aus der Kenntnis von λ_1 bzw. λ_2 nicht sofort

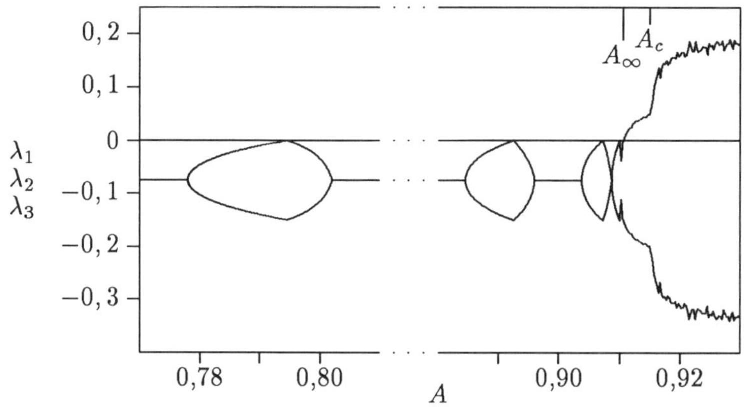

Abb. 3.4: Im Computerexperiment erhaltenes Spektrum der Ljapunov–Exponenten des parametrisch erregten Pendels (3.20) in Abhängigkeit von der Erregeramplitude A bei konstanter Dämpfung $B = 0,15$ und Erregerfrequenz $\Omega = 1,56$

auf das gesamte Spektrum geschlossen werden, so daß nach (3.16) die Tangentialvektoren $\boldsymbol{z}_0$ aus den entsprechenden Unterräumen gewählt werden müßten. Wie oben schon bemerkt wurde, liefert aber ein zufällig gewählter Vektor $\boldsymbol{z}_0 \in \mathbb{R}^n$ mit der Wahrscheinlichkeit eins immer den größten Ljapunov–Exponenten. Selbst wenn es gelänge, zur Bestimmung von Λ_j, mit $j > 1$, den Unterraum $E^{(j)}_{\boldsymbol{x}_0} \setminus E^{(j+1)}_{\boldsymbol{x}_0}$ explizit anzugeben, um $\boldsymbol{z}_0$ hieraus zu wählen, so würde doch durch numerische Rundungsfehler der Unterraum $E^{(j)}_{\boldsymbol{x}_t} \setminus E^{(j+1)}_{\boldsymbol{x}_t}$ von $\boldsymbol{z}_t$ bald verlassen werden, und somit erhält man wiederum nur der größte Ljapunov–Exponent. Nach BENETTIN et al. (1980) kann man dieses Problem lösen, indem die zeitliche Entwicklung k–dimensionaler Parallelepipede der Größe $V_t^{(k)}$, für $k = 1, 2, \ldots, n$, betrachtet wird, die durch k linear unabhängige und sonst zufällig gewählte Tangentialvektoren $\boldsymbol{z}_t^{(1)}, \ldots, \boldsymbol{z}_t^{(k)}$ aufgespannt werden. Abbildung 3.5 illustriert dies für $k = 3$. Die zeitliche Entwicklung eines jeden dieser k Vektoren wird durch (3.12) bzw. (3.17) bestimmt. Es gilt dann

$$\sum_{i=1}^{k} \lambda_i = \lim_{t \to \infty} \frac{1}{t} \ln V_t^{(k)}, \quad k = 1, 2, \ldots, n. \tag{3.23}$$

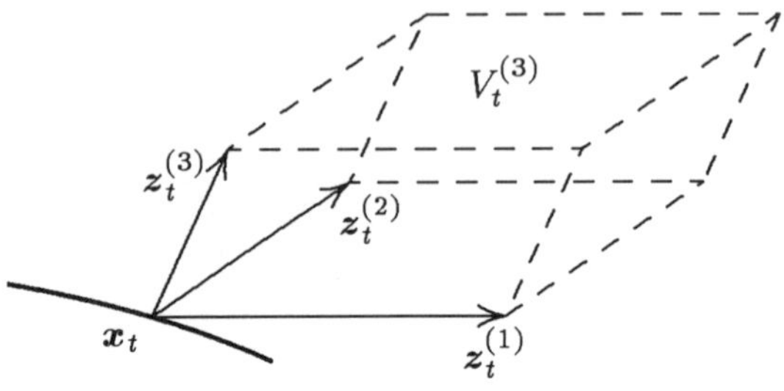

Abb. 3.5: Dreidimensionales Parallelepiped, dessen Volumen $V_t^{(3)}$ sich im Zeitmittel wie $V_0^{(3)} e^{(\lambda_1+\lambda_2+\lambda_3)t}$ entwickelt

Für $k = 1$ ist dieses Vorgehen mit der beschriebenen Methode zur Bestimmung von λ_1 identisch, und für $k = n$ wird auf diese Weise die mittlere Divergenz (3.18) bzw. (3.19) entlang des Orbits $\{\boldsymbol{x}_t\}$ bestimmt. Erhöht man nun sukzessive k, so erhält man schließlich alle Ljapunov–Exponenten,

$$\lambda_k = \lim_{t\to\infty} \frac{1}{t} \ln \frac{V_t^{(k)}}{V_t^{(k-1)}}, \quad k = 2, 3, \ldots, n.$$

Bei einer direkten Anwendung dieser Methode ergeben sich i. allg. wiederum numerische Probleme, denn $V_t^{(k)}$ kann rasch sehr groß oder sehr klein werden. Darüber hinaus schmiegen sich die Tangentialvektoren $\boldsymbol{z}_t^{(i)}$ im Laufe der Zeit aneinander, so daß die Volumina $V_t^{(k)}$ nicht mehr zuverlässig bestimmt werden können. Dieses numerische Problem kann dadurch gelöst werden, daß die Tangentialvektoren von Zeit zu Zeit nach dem Schmidtschen Verfahren (s. z. B. BOSECK, 1981) reorthonormalisiert werden. Man wählt hier zu Beginn der Rechnung orthonormale Tangentialvektoren,

$$\left(\boldsymbol{z}_0^{(i)}, \boldsymbol{z}_0^{(j)}\right) = \begin{cases} 1 & : \quad i = j \\ 0 & : \quad \text{sonst} \end{cases},$$

für alle $i, j = 1, 2, \ldots, k$. (Hierin bezeichnet $(.,.)$ das Skalarprodukt, s. Abschn. 2.1.) Nach der Zeit τ, die klein genug sei, so daß die erwähnten numerischen Probleme noch nicht auftreten, wird $v_1 \equiv V_\tau^{(k)}$ bestimmt und dann das System der k Tangentialvektoren $\boldsymbol{z}_\tau^{(i)}$, der Reihe nach, von $i = 1$ beginnend, orthonormalisiert.

Man erhält somit die Vektoren $\widehat{\boldsymbol{z}}_\tau^{(1)} \equiv \boldsymbol{z}_\tau^{(1)}/\|\boldsymbol{z}_\tau^{(1)}\|$ und

$$\widehat{\boldsymbol{z}}_\tau^{(i)} \equiv \frac{\boldsymbol{z}_\tau^{(i)} - \sum_{j=1}^{i-1}(\boldsymbol{z}_\tau^{(i)}, \widehat{\boldsymbol{z}}_\tau^{(j)})\,\widehat{\boldsymbol{z}}_\tau^{(j)}}{\left\|\boldsymbol{z}_\tau^{(i)} - \sum_{j=1}^{i-1}(\boldsymbol{z}_\tau^{(i)}, \widehat{\boldsymbol{z}}_\tau^{(j)})\,\widehat{\boldsymbol{z}}_\tau^{(j)}\right\|}, \quad \text{für } i = 2, 3, \ldots, k.$$

Diese Tangentialvektoren werden nun einen weiteren Zeitschritt τ entwickelt. Man erhält dann das durch $\widehat{\boldsymbol{z}}_{2\tau}^{(i)}$ aufgespannte Parallelepiped mit dem Volumen v_2. Die Vektoren $\widehat{\boldsymbol{z}}_{2\tau}^{(i)}$ werden wiederum orthonormalisiert usw. Schließlich erhält man

$$\sum_{i=1}^{k} \lambda_i = \lim_{M\to\infty} \frac{1}{M\tau} \sum_{m=1}^{M} \ln v_m .$$

Die beschriebene Methode ist sowohl für zeitdiskrete wie auch für –kontinuierliche Systeme anwendbar. Kennt man jedoch den Fluß $\boldsymbol{f}$ explizit, so können die Ljapunov–Exponenten unmittelbar nach (3.12) und (3.13) bestimmt werden.

3.1.5 Ljapunov–Exponenten aus experimentellen Zeitreihen

Sei eine Folge von vollständigen n–dimensionalen Zustandsvektoren als Meßsignal (Zeitreihe)

$$\{\boldsymbol{x}(t)\}_{t=1}^{T} \tag{3.24}$$

gegeben. Wurden keine vollständigen Zustandsvektoren gemessen, so konstruieren wir $\boldsymbol{x}(t)$ durch höherdimensionale Einbettung, z. B. mit Verzögerungskoordinaten, wie es im Abschn. 2.1 beschrieben wurde. Wir unterscheiden nun zwischen zwei Methoden, um aus einer solchen Zeitreihe Ljapunov–Exponenten zu schätzen. Die eine geht auf Vorschläge von ECKMANN und RUELLE (1985) sowie SANO und SAWADA (1985) zurück. Hier wird die Funktionalmatrix $\mathrm{D}\boldsymbol{f}(\boldsymbol{x}(t))$ entlang des Orbits $\{\boldsymbol{x}(t)\}_t$, aus den experimentellen Daten geschätzt. Dazu wird ein entsprechender Ansatz für den Phasenfluß $\boldsymbol{f}$ gemacht, und die freien Parameter werden nach einem Optimierungsverfahren erhalten, z. B. durch Minimierung des mittleren quadratischen Vorhersagefehlers. Nach (3.12) und (3.13) erhält man dann *alle* Ljapunov–Exponenten. Details

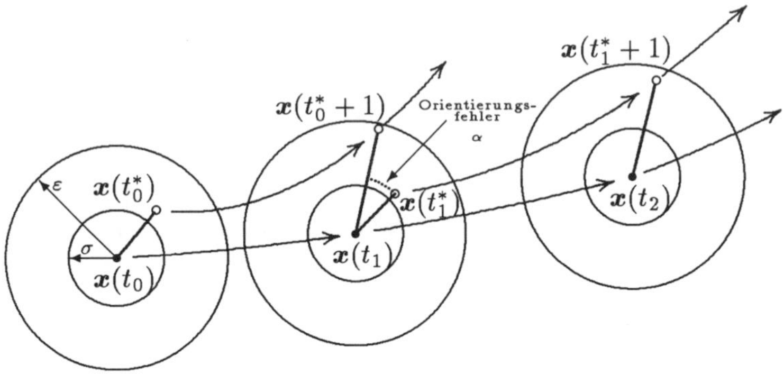

Abb. 3.6: Illustration der Wolfschen Methode zur Bestimmung des größten Ljapunov–Exponenten aus einer Zeitreihe

zu dieser Methode, Modifikationen und nützliche Hinweise finden sich z. B. bei ECKMANN et al. (1986), GEIST et al. (1990) sowie PARLITZ (1992).

Die zweite Methode haben WOLF et al. (1985) vorgeschlagen. Hierbei wird zum Punkt $\boldsymbol{x}(t_0)$, mit $t_0 = 1$, ein Nachbar $\boldsymbol{x}(t_0^*)$ aus (3.24) gesucht, welcher in der Kugelschale

$$K_{\sigma,\varepsilon}(\boldsymbol{x}(t_0)) \equiv \{\boldsymbol{x} \in \mathbb{R}^n \mid \sigma < \|\boldsymbol{x}(t_0) - \boldsymbol{x}\| < \varepsilon\} \tag{3.25}$$

liegt (s. Abb. 3.6). Mit den Ljapunov–Exponenten wird das Verhalten „kleiner" (infinitesimaler) Störungen $\boldsymbol{x}(t) - \boldsymbol{x}(t^*)$ beschrieben. Deshalb muß der äußere Radius ε möglichst klein gewählt werden, so daß die zeitliche Entwicklung von $\boldsymbol{x}(t_0 + \tau) - \boldsymbol{x}(t_0^* + \tau)$ für wachsende Evolutionszeit t „möglichst gut" durch ein entlang des Orbits linearisiertes System beschrieben werden könnte. Andererseits darf der Abstand $\|\boldsymbol{x}(t_0+\tau) - \boldsymbol{x}(t_0^*+\tau)\|$ auch nicht zu klein sein, würde doch sonst die zeitliche Änderung wesentlich durch das „Rauschen" bestimmt sein, welches der vermuteten deterministischen Dynamik in Experimenten immer überlagert ist. σ und ε heißen deshalb Rausch– bzw. Linearitätsradius. Beide müssen vorab aus zusätzlichen Überlegungen geschätzt werden. So muß z. B. σ zumindest größer als das Quantisierungsrauschen infolge der Analog–Digital–Wandlung bei der Datenaufnahme sein.

Weiterhin muß beachtet werden, daß $\boldsymbol{x}(t_0)$ und $\boldsymbol{x}(t_0^*)$ zu verschiedenen Trajektorien gehören, andernfalls können keine positiven Werte für λ_1 erhalten werden. Hat man nur eine Trajektorie (3.24) gegeben, so scheint diese Forderung nicht erfüllbar. Durch die Überlagerung mit zufälligen Störungen (Rauschen) gleicht (3.24) jedoch einem Pseudoorbit (s. Abschn. 6.1), so daß man in der Praxis einfach fordert, daß $\boldsymbol{x}(t_0)$ und $\boldsymbol{x}(t_0^*)$ zeitlich „weit“ auseinander liegen. Bei periodisch erregten Systemen wie dem parametrisch erregten Pendel (1.6) ist dies z. B. ein zeitlicher Abstand von mehr als einer Erregerperiode.

Die Evolution von $\boldsymbol{x}(t_0+\tau) - \boldsymbol{x}(t_0^*+\tau)$ wird nun verfolgt und der mittlere Streckungsfaktor

$$\gamma_0(\tau) = \frac{\|\boldsymbol{x}(t_0+\tau) - \boldsymbol{x}(t_0^*+\tau)\|}{\|\boldsymbol{x}(t_0) - \boldsymbol{x}(t_0^*)\|}$$

in Abhängigkeit von der Evolutionszeit τ bestimmt. Verläßt $\|\boldsymbol{x}(t_0+\tau) - \boldsymbol{x}(t_0^*+\tau)\|$ für $\tau = \tau_0 + 1$ erstmalig das Intervall $[\sigma, \varepsilon]$, so wird innerhalb der Kugelschale $K_{\sigma,\varepsilon}(\boldsymbol{x}(t_1))$, mit $t_1 = t_0 + \tau_0$, ein „neuer“ Nachbar $\boldsymbol{x}(t_1^*)$ aus (3.24) gesucht, so daß der Betrag des Skalarproduktes

$$S(t_0, t_0^*; t_1, t_1^*) \equiv \left(\frac{\boldsymbol{x}(t_0+\tau_0) - \boldsymbol{x}(t_0^*+\tau_0)}{\|\boldsymbol{x}(t_0+\tau_0) - \boldsymbol{x}(t_0^*+\tau_0)\|}, \frac{\boldsymbol{x}(t_1) - \boldsymbol{x}(t_1^*)}{\|\boldsymbol{x}(t_1) - \boldsymbol{x}(t_1^*)\|} \right)$$

möglichst nahe bei eins liegt. Damit ist gewährleistet, daß die Richtung der Störung (nahezu) beibehalten wird. Nach wenigen Zeitschritten wird dies im wesentlichen die Richtung maximaler Expansion sein, so daß auf diese Weise der größte Ljapunov–Exponent λ_1 erhalten wird. (Der Richtungssinn darf hierbei wechseln.) In der Praxis muß man einen gewissen maximalen Orientierungsfehler $\alpha > 0$ zulassen, so daß also $\arccos |S(t_0, t_0^*; t_1, t_1^*)| < \alpha$ zu fordern ist, damit man in der *endlichen* Zeitreihe überhaupt Punkte findet, die allen Anforderungen genügen.

Nun wird die Evolution von $\boldsymbol{x}(t_1+\tau) - \boldsymbol{x}(t_1^*+\tau)$ verfolgt. Nach M Schritten erhält man die Streckungsfaktoren

$$\gamma_m(\tau) = \frac{\|\boldsymbol{x}(t_m+\tau) - \boldsymbol{x}(t_m^*+\tau)\|}{\|\boldsymbol{x}(t_m) - \boldsymbol{x}(t_m^*)\|}, \quad m = 0, 1, \ldots, M-1,$$

und der gesuchte Ljapunov–Exponent zur Evolutionszeit τ folgt aus

$$\lambda_1(\tau) \simeq \frac{1}{M\tau} \sum_{m=0}^{M-1} \ln \gamma_m(\tau) \quad \text{für } M \to \infty. \tag{3.26}$$

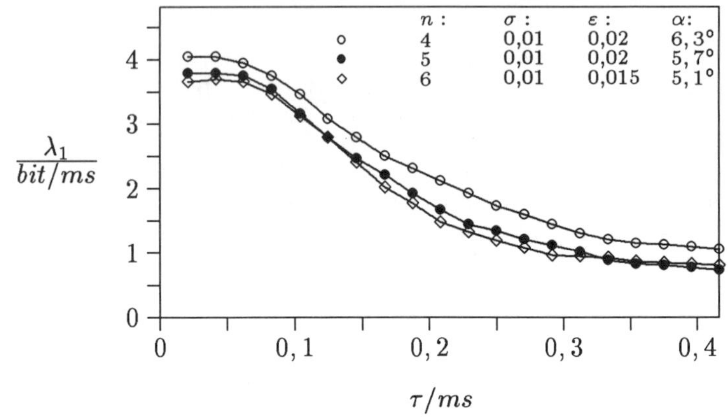

Abb. 3.7: Größter Ljapunov–Exponent λ_1 des Sprachsignals von Abb. 2.5 in Abhängigkeit von der Evolutionszeit τ nach dem Wolfschen Algorithmus. (n = Einbettungsdimension)

Findet man nun, daß $\lambda_1(\tau)$ über einen gewissen Evolutionszeitraum annähernd konstant ist, d. h., $\lambda_1(\tau) = const.$ für $\tau_A < \tau < \tau_E$, so bedeutet dies, daß Störungen der Größe $\sigma \ldots \varepsilon$ über eine Dauer von $\tau_A \ldots \tau_E$ im Mittel exponentiell anwachsen. Die entsprechende Konstante ist also der Ljapunov–Exponent λ_1. Wird in (3.26) anstelle von ln der duale Logarithmus ld verwendet, so erhält man λ_1 in Einheiten von *bit/Zeitschritt*.

Als Beispiel führen wir zunächst Ergebnisse für Sprachsignale an. Die sprachliche Artikulation ist ein sehr komplexer, mental gesteuerter Prozeß. Werden aber isoliert gesproche Laute über einen Zeitraum von einigen wenigen Sekunden betrachtet, so kann der Erzeugungsmechanismus recht einfach modelliert werden. Bei stimmhaften Lauten werden sogenannte Pitch–Impuls–Folgen durch die Stimmlippen erzeugt, die dann im Artikulationstrakt modifizert werden und schließlich das Sprachsignal bilden. Für die Schwingung der Stimmlippen werden u. a. niedrigdimensionale nichtlineare Modellgleichungen der Form (2.1) angegeben, so z. B. das Zwei–Massen–Modell von Ishizaka und Flanagan (1972) sowie das Modell von Cronjäger (1978). In numerischen Simulationen solcher Gleichungen haben Herzel et al. (1991a) auch chaotische Bewegungen beobachtet. Dames (1993) hat die

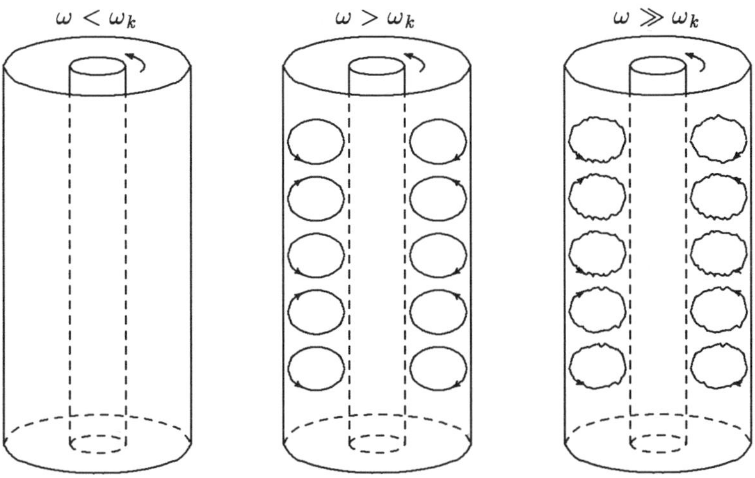

Abb. 3.8: Couette–Taylor–Strömung im laminaren Regime (links), bei ausgebildeten Taylor–Ringen (Mitte) und im turbulenten (chaotischen) Regime

Wolfsche Methode auf Sprachsignale angewandt. Für das Signal in Abb. 2.5 erhielt er für verschiedene Einbettungsdimensionen n die in Abb. 3.7 dargestellten Abhängigkeiten. Die Abstandsparameter σ und ε sind in Einheiten des Attraktordurchmessers angegeben. Die Plateaus für $t \lesssim 0,1\, ms$ sind ein Indikator für exponentielles Wachstum kleiner Störungen. Aus ihrer Höhe kann der Ljapunov–Exponent zu $\lambda_1 \approx 3,8\, kbit\, s^{-1}$ geschätzt werden. Für andere Vokale fand er Werte von $1 \ldots 4\, kbit\, s^{-1}$ und für einige Reibelaute bis zu $8\, kbit\, s^{-1}$.

Brandstäter et al. (1983) bestimmten Ljapunov–Exponenten in Experimenten mit der Couette–Taylor–Strömung. Die Versuchsanordnung (s. Abb. 3.8) besteht aus zwei koaxial angeordneten Zylindern. Der innere rotiert mit der Winkelgeschwindigkeit ω. Dadurch wird eine Flüssigkeit zwischen den Zylindern zur Strömung angeregt. Mit Erhöhung von ω bilden sich charakteristische Strömungsmuster heraus. Übertrifft ω einen kritischen Wert ω_k, so wird die laminare Strömung (links) von den sogenannten Taylor–Ringen abgelöst. Die Strömungsfäden umkreisen hierbei die Zylinderachse schraubenförmig auf einem Torus. Bei weiterer Vergrößerung von ω oszillieren die Flüssigkeitsteilchen zusätz-

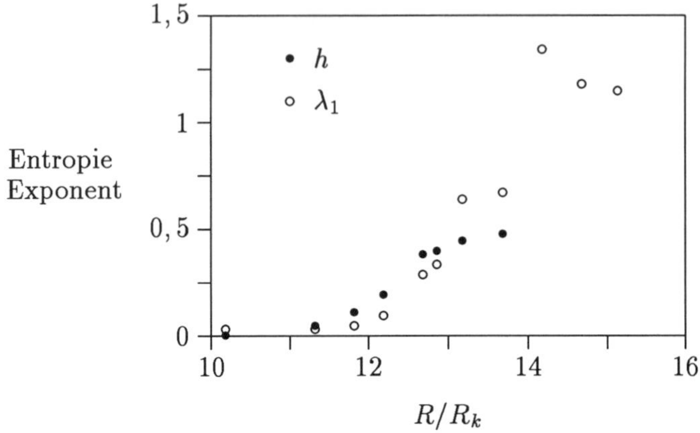

Abb. 3.9: Experimentell erhaltene Werte des größten Ljapunov–Exponenten λ_1 und einer unteren Schranke der metrischen Entropie h (in Einheiten von $bit/600\,ms$) als Funktion der Reynolds–Zahl R (zur Definition von h s. Abschn. 3.3) (nach BRANDSTÄTER et al., 1983)

lich längs der ursprünglichen Torusachse, zunächst periodisch und dann chaotisch (rechts). Die Autoren maßen im Bereich $10 \ldots 15\,\omega/\omega_k$ die radiale Geschwindigkeitskomponente der Flüssigkeit in Abständen von $6\,ms$ und registrierten 2^{15} Meßwerte. Die Daten wurden tiefpaßgefiltert und mit Verzögerungskoordinaten höherdimensional eingebettet, um dann u. a. den größten Ljapunov–Exponenten λ_1 nach der Wolfschen Methode zu schätzen. Abbildung 3.9 zeigt ihre Ergebnisse für eine 5–dimensionale Einbettung. Sobald mit Erhöhung der Reynolds–Zahl $R \sim \omega$ schwach turbulente Strömungen eintreten, wird λ_1 signifikant größer als null und wächst mit R an. Die Ergebnisse zeigen jedoch eine geringfügige Abhängigkeit von der Einbettungsdimension. Im stärker turbulenten Regime versagt die Methodik — hier müßten die Einbettungsdimension und die Länge der Zeitreihe noch viel größer gewählt werden, was nicht mehr praktikabel ist.

Abschließend sei angemerkt, daß die Schätzung von Ljapunov–Exponenten viel experimentelles Geschick erfordert. Eine isolierte Interpretation führt häufig zu Mißdeutungen. Deshalb sollten die Ergebnisse im Kontext weiterer Verfahren der Zeitreihenanalyse gesehen werden, von denen in den beiden folgenden Abschnitten die Rede ist.

3.2 Fraktale Dimensionen

Die Attraktoren in den Abbildungen 1.5, 1.7 c) bis e), 1.8 e) bis i), 1.10 c) und 1.11 haben eine komplizierte Struktur, die sich darin zeigt, daß auf beliebigen Verfeinerungsstufen immer wieder Unterstrukturen auftauchen. Für den Hénon–Attraktor ist dies in Abb. 1.5 besonders veranschaulicht. Diese „verwickelte Strukturiertheit“ ist typisch für chaotische Attraktoren, insbesondere in zwei- oder höherdimensionalen Systemen. MANDELBROT (1977, 1983) führte für derartige Mengen den Begriff *Fraktal* ein. Fraktale Objekte treten auch in vielen anderen Bereichen auf. Beispielsweise können Oberflächen von Festkörpern, Küstenlinien und Wolken in gewissen Skalenbereichen als fraktal angesehen werden. Ihre quantitative Charakterisierung gelingt durch verschiedene *fraktale Dimensionen*. In der Theorie nichtlinearer dynamischer Systeme sind es vor allem die chaotischen Attraktoren sowie Grenzen von Einzugsgebieten verschiedener Attraktoren (s. Abschn. 5.4), die häufig eine komplizierte geometrische Struktur haben und durch fraktale Dimensionen beschrieben werden können.

Die Enstehung der diffizilen Strukturen eines chaotischen Attraktors kann anschaulich als Folge der mittleren exponentiellen Streckung und Stauchung eines Volumenelementes in Richtung der instabilen bzw. stabilen Mannigfaltigkeiten verstanden werden, mit anschließenden „Faltungen“ infolge der Nichtlinearität des Phasenflusses. Abbildung 3.10 illustriert dies für die Hénon–Abbildung $\boldsymbol{f}$ (1.4), unter deren Wirkung die Kreisfläche K_0 stark deformiert wird. Hierbei sind die genauen Parameter des Kreises irrelevant, wichtig ist nur, daß er im Einzugsgebiet des chaotischen Attraktors liegt. Bereits nach vier Zeitschritten erscheint $\boldsymbol{f}^4 K_0$ nur noch als „Kurve“, die nun weiter gestreckt und gefaltet wird. Wegen der Stetigkeit und eindeutigen Umkehrbarkeit der Hénon–Abbildung ist jedoch $\boldsymbol{f}^t K_0$ zu jedem Zeitpunkt $t < \infty$ ein zusammenhängendes Gebiet mit einem nicht verschwindenden Flächeninhalt (genauer: mit positivem Lebesgue–Maß), dessen Rand eine stetig differenzierbare Kurve ist. Alle Punkte der Kreisfläche bewegen sich aber asymptotisch auf den Hénon–Attraktor zu, dessen Konturen bereits für $t = 5$ zu erkennen sind (vgl. Abb. 1.5)

Mit jedem Zeitschritt wird die Kreisfläche um den Faktor $\mathrm{D}\boldsymbol{f} = b = 0,3$ gestaucht. Bei $t = 5$ ist sie bereits auf etwa das $0,002$fache des ursprünglichen Wertes geschrumpft und strebt schließlich gegen null. Die gleiche Situation ist für jedes andere einfach zusammenhängende Gebiet zu beobachten, das im Einzugsgebiet

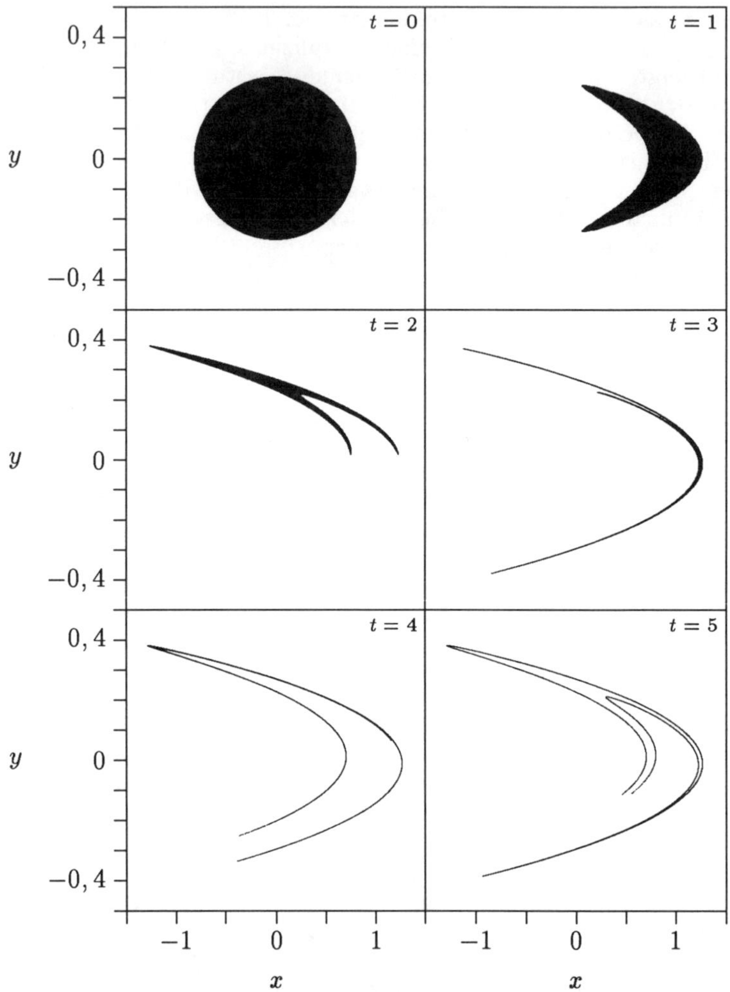

Abb. 3.10: Wirkung der Hénon–Abbildung auf die Kreisfläche
$K_0 \equiv \{(x, y) \in \mathbb{R}^2 \mid \sqrt{y^2 + (x/3)^2} \leq 0,27\}$

des Attraktors liegt. Folglich hat der Attraktor selbst die Fläche null — er stellt eine Nullmenge bezüglich des zweidimensionalen Lebesgue–Maßes $\mu_{L,2}$ dar (s. Abschn. 2.3 und 2.4).

Will man den Inhalt (das „Volumen") des Hénon–Attraktors ausmessen, so ist das Maß $\mu_{L,2}$ offenbar wenig geeignet, würde doch insbesondere ein einzelner Punkt (z. B. ein Fixpunkt von $\boldsymbol{f}$) ebenso wie der Hénon–Attraktor den Inhalt null haben. Eine aussagekräftige Unterscheidung zwischen beiden Mengen, die eine vollkommen unterschiedliche Mächtigkeit haben, ist somit nicht gegeben.

Abbildung 3.10 könnte nun suggerieren, den Hénon–Attraktor nicht als Fläche aufzufassen, die ein „zweidimensionales Objekt" darstellt, sondern als Kurve, also als eine „eindimensionale Menge". Diese wäre mit einem eindimensionalen Maß auszumessen, welches dann die „Länge" des Hénon–Attraktors lieferte. Tatsächlich findet man aber, daß der Hénon–Attraktor „unendlich lang" ist — die Kurvenlänge in der Bildsequenz von Abb. 3.10 nimmt für große Zeiten (im Bild etwa ab $t = 3$) pro Zeitschritt um den Faktor $e^{\lambda_1} \approx 1,54$ zu, wobei λ_1 den (positiven) Ljapunov–Exponenten bezeichnet. Ein Fixpunkt hat die Länge null und würde sich nun deutlich vom Hénon–Attraktor unterscheiden, allerdings würde sich letzterer jetzt nicht mehr von der Kreisfläche in Abb. 3.10 ($t = 0$) abheben, die ebenso „unendlich lang" ist.

Wir sehen also, daß für eine nichttriviale Charakterisierung des Volumens von Mengen, und insbesondere von Attraktoren, ein geeignetes Maß gewählt werden muß, welches zum auszumessenden Objekt „paßt". Im Falle des Hénon–Attraktors würde die Dimension eines „adäquaten" Maßes offenbar zwischen 1 und 2 liegen müssen, um eventuell einen endlichen und von null verschiedenen Wert für das Volumen des Attraktors zu erhalten. Diese Fragestellung führt auf den Begriff der fraktalen Dimension.

3.2.1 Kapazität und Hausdorff–Dimension

Um das „Volumen" einer Menge $A \subset \mathbb{R}^n$ zu messen, kann man naiv wie folgt vorgehen: Man überdeckt diese Menge zunächst mit n–dimensionalen Würfeln der Kantenlänge ε. Bezeichne $N(\varepsilon, A)$ die kleinste Anzahl solcher Elementarwürfel, die zur Überdeckung von A notwendig sind. Dann schätzt

$$V_{n,\varepsilon}(A) \equiv N(\varepsilon, A)\, \varepsilon^n \tag{3.27}$$

das Volumen von A. Mit Verfeinerung des Maßstabes ε sollte diese Schätzung immer „genauer“ werden. Mißt man auf diese Weise z. B. das Volumen eines periodischen zeitkontinuierlichen Orbits $\mathcal{O}$ in $\mathbb{R}^n$ $(n > 1)$, mit der Periode $T < \infty$, so erhält man für $\varepsilon \to 0$ das Volumen null. Bezeichnet nämlich

$$l(\mathcal{O}) = \int_0^T \left\| \frac{\mathrm{d}\boldsymbol{x}}{\mathrm{d}t} \right\| \mathrm{d}t$$

die Länge von $\mathcal{O}$, so reichen $N(\varepsilon, A) \approx l(\mathcal{O})/\varepsilon$ Würfel zur Überdeckung von $\mathcal{O}$ aus. Folglich gilt $V_{n,\varepsilon}(\mathcal{O}) \approx l(\mathcal{O})\varepsilon^{n-1}$, und mit $n > 1$ folgt $\lim_{\varepsilon\to 0} V_{n,\varepsilon}(\mathcal{O}) = 0$. Das gleiche Resultat erhält man, wenn in (3.27) anstelle von n eine beliebige reelle Zahl $d > 1$ steht. Andererseits hat der Orbit für $d < 1$ ein unendlich großes Volumen. Nur für $d = 1$ wird dem Orbit in der beschriebenen Weise ein endliches Volumen zugeordnet, das nicht null ist, denn $\lim_{\varepsilon\to 0} V_{1,\varepsilon}(\mathcal{O}) = l(\mathcal{O})$. Die „eindimensionalen Elementarwürfel“ sind dem zeitkontinuierlichen periodischen Orbit offenbar zur Volumenmessung angepaßt. $d = 1$ ist in diesem Fall die sogenannte Kapazität von $\mathcal{O}$. Das gleiche Resultat erhält man, wenn z. B. Kugeln des Radius ε anstelle der Würfel zur Überdeckung verwendet werden.

Allgemein wird die *Kapazität* $D_K(A)$ einer beschränkten und abgeschlossenen Menge $A \subset \mathbb{R}^n$ durch

$$D_K(A) \equiv -\lim_{\varepsilon\to 0} \frac{\ln N(\varepsilon, A)}{\ln \varepsilon} \tag{3.28}$$

definiert. (Falls dieser Grenzwert nicht existiert, so ist lim sup anstelle von lim zu setzen.) Die Kapazität einer Menge A gibt somit an, wie sich die Anzahl $N(\varepsilon, A)$ der zu ihrer Überdeckung nötigen n-dimensionalen Elementarkugeln ändert, wenn der Radius ε dieser Kugeln immer kleiner wird: $N(\varepsilon, A) \sim \varepsilon^{-D_K(A)}$. Der Proportionalitätsfaktor ist das D_K-dimensionale Volumen

$$V_{D_K}(A) = \lim_{\varepsilon\to 0} V_{D_K,\varepsilon}(A).$$

Ein k-Torus T^k hat z. B. die Kapazität $D_K(T^k) = k$.

Eine „feinere“ Volumenmessung erhält man i. allg., wenn zur Überdeckung von A eine größere Anzahl von Elementarelementen zur Auswahl steht als nur Würfel oder Kugeln mit der Kantenlänge bzw. dem Durchmesser ε. Sei $\beta(\varepsilon) \equiv \{B_i\}$ eine (abzählbare) Familie von abgeschlossenen Umgebungen $B_i \subset \mathbb{R}^n$, so daß der Durchmesser

$$\varepsilon_i \equiv \sup\{\|\boldsymbol{x} - \boldsymbol{y}\| \mid \boldsymbol{x}, \boldsymbol{y} \in B_i\}$$

von B_i für alle $B_i \in \beta(\varepsilon)$ kleiner als ε ist. Die B_i sollen A überdecken, d. h., $\cup_i B_i \supseteq A$. Dann kann (3.27) wie folgt verallgemeinert werden:

$$m_{d,\varepsilon}(A) \equiv \inf_{\beta(\varepsilon)} \sum_i \varepsilon_i^d,$$

wobei $d \in \mathbb{R}$ und das Infimum über alle genügend feinen ($\varepsilon_i < \varepsilon$) abzählbaren Überdeckungen $\beta(\varepsilon)$ von A zu bilden ist. Der Grenzwert für immer „feinere" Überdeckungen,

$$m_d(A) \equiv \lim_{\varepsilon \to 0} m_{d,\varepsilon}(A),$$

heißt *Hausdorff-Maß* von A zur Dimension d (HAUSDORFF, 1919). $m_{d,\varepsilon}(A)$ fällt mit ε monoton und ist durch null beschränkt. Folglich ist dieser Grenzwert eindeutig bestimmt, er kann endlich oder unendlich sein. Darüber hinaus gibt es eine reelle Zahl $D_H(A) \geq 0$, so daß

$$m_d(A) = \begin{cases} 0 & : \quad d > D_H(A) \\ \infty & : \quad d < D_H(A). \end{cases}$$

Diese Zahl heißt *Hausdorff-Dimension* von A. Für das Hausdorff-Maß zur Dimension $D_H(A)$ gilt allgemein

$$0 \leq m_{D_H}(A) \leq \infty.$$

Für periodische Orbits bzw. k-Tori stimmen D_H und D_K überein. Da jedoch beim Hausdorff-Maß mehr Elementarelemente zur Überdeckung zugelassen sind, gilt allgemein

$$D_H \leq D_K. \tag{3.29}$$

Für die Punktmenge $A = \{1/i\}_{i=1}^{\infty}$ fallen z. B. beide Dimensionen auseinander, denn A ist abzählbar, und abzählbare Mengen haben immer die Hausdorff-Dimension null. Letzteres wird sofort verständlich, wenn man die abzählbare Menge durch Umgebungen B_i des Durchmessers $\varepsilon_i = \varepsilon^{i/d}$ mit beliebigem $d > 0$ und $0 < \varepsilon < 1$ überdeckt. Man erhält dann $\sum_i \varepsilon_i^d = \varepsilon/(1-\varepsilon)$. Diese Summe wird also für jedes $d > 0$ und $\varepsilon \to 0$ beliebig klein, so daß die Hausdorff–Dimension von A null sein muß. Hingegen erhält man für die Kapazität $D_K(A) = 1/2$.

Bei „typischen“ Attraktoren wird jedoch $D_H = D_K$ erwartet (FARMER et al., 1983, SAUER et al., 1991). Hat eine Teilmenge von $\mathbb{R}^n$ ein positives (n–dimensionales) Lebesgue–Maß $\mu_{L,n}$, dann ist ihre Hausdorff–Dimension n. Deshalb ist die Hausdorff–Dimension gerade zur „Graduierung“ von Nullmengen bezüglich $\mu_{L,n}$ relevant, wie es die hier betrachteten Attraktoren sind.

Reguläre Attraktoren wie Fixpunkte, periodische Orbits und k–Tori sind durch ganzzahlige Werte der Kapazität bzw. der Hausdorff–Dimension charakterisiert, während für chaotische Attraktoren diese Dimensionen in der Regel nichtganzzahlige Werte annehmen, was sie als Fraktale ausweist. [2)]

Man kann leicht Mengen konstruieren, für die D_H bzw. D_K nichtganzzahlig sind. Ein Beispiel hierfür stellt die klassische Cantor–Menge dar. Zu ihrer Konstruktion nimmt man das Intervall [0,1] auf der reellen Achse und entfernt sukzessive die offenen Intervalle

$$\begin{aligned} &(1/3,\, 2/3), \\ &(i/3^2,\, (i+1)/3^2), \quad \text{für} \quad i = 1, 7, \\ &(i/3^3,\, (i+1)/3^3), \quad \text{für} \quad i = 1, 7, 19, 25 \text{ usw.} \end{aligned}$$

In Abb. 3.11 ist dies illustriert. Schließlich verbleiben nur noch die reellen Zahlen x aus [0,1], welche eine triadische Entwicklung der Form $x = \sum_i a_i/3^i$ mit $a_i = 0$ oder 2 für alle i zulassen. Diese Zahlen bilden die sogenannte *Cantor–Menge* C. Überdeckt man C durch Intervalle der Länge $\varepsilon_i = 1/3^i$, für $i = 1, 2, 3, \ldots$, so benötigt man zumindest $N(\varepsilon_i, C) = 2^i$ Intervalle. Nach (3.28) hat C also die Kapazität $D_K(C) = \ln 2/\ln 3$, die hier gleich $D_H(C)$ ist. Für das zugehörige Hausdorff–Maß erhält man $m_{D_H}(C) = 1$. Bezüglich des (eindimensionalen) Lebesgue–Maßes ist C jedoch eine Nullmenge. Tilgt man anstelle des mittleren Drittels in jedem Kostruktionsschritt den Bruchteil ξ, wobei $0 < \xi < 1/2$, so erhält man eine Menge C_ξ mit $D_H(C_\xi) = \ln 2/\ln\big(2/(1-\xi)\big)$

[2)] Nach MANDELBROT (1977, S. 294f.) ist eine Menge A *fraktal* bzw. A heißt *Fraktal*, falls $D_H > D_T$, wobei D_T die topologische Dimension von A bezeichnet. Gleizeitig weist er jedoch auf einige Probleme einer solchen Definition hin. Allgemein gilt $D_H \geq D_T$, wobei D_T lt. Definition (s. z. B. RINOW, 1975) immer ganzzahlig ist. Ein nichtganzzahliger Wert von D_H bedeutet somit nach MANDELBROT, daß A fraktal ist.

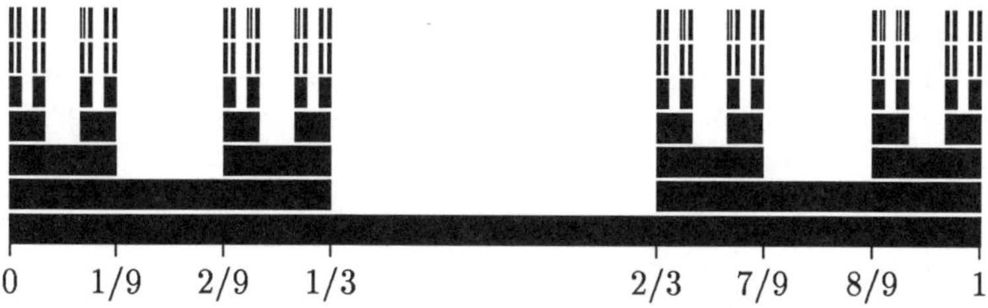

Abb. 3.11: Die ersten 6 Schritte zur Konstruktion der Cantor–Menge

(HAUSDORFF, 1919). Chaotische Attraktoren haben in der Regel transversal zu den instabilen Mannigfaltigkeiten, durch die sie gebildet werden, eine der Cantor–Menge „ähnliche", diffizile (fraktale) Struktur.

Für die Menge M_p aller Zahlen aus dem Intervall $[0, 1]$, deren dyadische Entwicklung $\sum_i b_i/2^i$, $b_i = 0$ oder 1, die „1" im Verhältnis p enthält, mit $0 \leq p \leq 1$, gilt (s. z. B. PÖTSCHKE, 1980)

$$D_H(M_p) = -\big(p \log_2 p + (1-p) \log_2 (1-p)\big).$$

Die Bestimmung der Hausdorff–Dimension eines Attraktors direkt nach ihrer Definition ist in der Regel sehr schwierig. Einfacher ist hingegen die experimentelle Schätzung der Kapazität, welche nach (3.29) eine obere Schranke der (interessanteren) Hausdorff–Dimension ist. Zur Bestimmung der Kapazität wird A mit einem Netz von disjunkten Elementarwürfeln (Boxen) der Kantenlänge ε überdeckt und die Anzahl der belegten Boxen $N(\varepsilon, A)$ für $\varepsilon \to 0$ durch Auswertung einer möglichst langen Zeitreihe geschätzt. Diese Zeitreihe kann im Computerexperiment aus einer geeigneten stroboskopischen Darstellung oder Poincaré–Abbildung erhalten werden. Wird im realen Experiment kein vollständiger Satz von Zustandsgrößen gemessen, so kann ebenso wie bei der Bestimmung der Ljapunov–Exponenten (s. Abschn. 3.1) durch eine entsprechende Einbettung (s. Abschn. 2.2) eine höherdimensionale Zeitreihe erhalten und aus dieser die Kapazität geschätzt werden. Das ist möglich, weil die Dimensionen invariant bezüglich (stetig differenzierbarer) Koordinatentransformationen sind (GRASSBERGER, 1983).

Wird nun $N(\varepsilon, A)$ über ε doppeltlogarithmisch aufgetragen und die Einbettungsdimension n sukzessive erhöht, so stellt sich evtl. in einem bestimmten ε–Bereich für genügend große Werte von n ein annähernd konstanter Anstieg ein, dessen Betrag nach Gl. (3.28) eine gewisse Schätzung der Kapazität $D_K(A)$ darstellt. Wegen des immer vorhandenen Rauschens in experimentell erhaltenen Zeitreihen ist jedoch die Änderung von $N(\varepsilon, A)$ für genügend kleine ε–Werte durch die Einbettungsdimension n bestimmt ($N(\varepsilon, A) \sim \varepsilon^{-n}$ für $\varepsilon \to 0$), so daß A im Experiment prinzipiell immer nur in genügend groben Skalenbereichen als quasi fraktal angesehen werden kann. Zufällige Fluktuationen zerstören also den fraktalen Charakter der Attraktoren in sehr kleinen Skalenbereichen.

Der skizzierte Algorithmus ist in der Regel noch für $D_K < 4$ praktikabel. Im höherdimensionalen Fall setzt er aber sehr lange Zeitreihen und großen Aufwand an Rechenzeit und Speicherplatz voraus (s. THEILER, 1990a, sowie LEVEN und UHRLANDT, 1992). Neben der Kapazität und der Hausdorff–Dimension gibt es jedoch eine weitere Klasse von dimensionsähnlichen Größen, welche meist bedeutend leichter zu schätzen sind. Sie stehen mit dem Spektrum der Ljapunov–Exponenten in Verbindung. Darüber hinaus beschreiben sie das dynamische System umfassender, weil sie nicht nur die Geometrie des Attraktors, sondern das auf ihm gegebene natürliche Maß charakterisieren.

3.2.2 Dimensionen des natürlichen Maßes

Bezeichne μ das natürliche Maß auf dem Attraktor A (s. Abschn. 2.4), dann wird die Hausdorff–Dimension des Maßes μ als die „kleinste" Hausdorff–Dimension einer Teilmenge $B \subseteq A$ definiert, die das Maß eins hat,

$$D_H(\mu) \equiv \inf_{B:\mu(B)=1} D_H(B). \tag{3.30}$$

Aus dieser Definition und Gl. (3.29) folgt

$$D_H(\mu) \le D_H(A) \le D_K(A).$$

$D_H(\mu)$ gibt eine globale Charakterisierung des Maßes μ. Man kann das Maß aber auch in nur einem Punkt $\boldsymbol{x} \in A$ charakterisieren. Dazu wird eine n–dimensionale ε–Kugel um $\boldsymbol{x}$ betrachtet,

$$K_\varepsilon(\boldsymbol{x}) \equiv \{\boldsymbol{y} \in \mathbb{R}^n \mid \|\boldsymbol{x} - \boldsymbol{y}\| < \varepsilon\}.$$

Um die Verringerung des Maßes dieser Kugel bei Abnahme ihres Radius zu beschreiben, wird nun die *punktweise Dimension* definiert,

$$D_P(\boldsymbol{x},\mu) \equiv \lim_{\varepsilon\to 0} \frac{\ln \mu(K_\varepsilon(\boldsymbol{x}))}{\ln \varepsilon}, \tag{3.31}$$

vorausgesetzt, dieser Grenzwert existiert. Im Falle der Ergodizität folgt aus der Existenz von $D_P(\boldsymbol{x},\mu)$ ihre Konstanz fast überall bezüglich μ (ECKMANN und RUELLE, 1985), und nach YOUNG (1982) gilt

$$D_H(\mu) = D_P(\boldsymbol{x},\mu), \quad \text{für fast alle (bez. } \mu) \quad \boldsymbol{x} \in A. \tag{3.32}$$

$D_H(\mu)$ wird dann auch *Dimension des Maßes* μ genannt (vgl. FARMER et al., 1983). Die Berechnung der punktweisen Dimension gelingt um so besser, je länger die Zeitreihe (3.24) ist. Man bestimmt also

$$c_{n,\varepsilon}(t) = \mu\big(K_\varepsilon(\boldsymbol{x}(t))\big),$$

wobei

$$c_{n,\varepsilon}(t) = \lim_{T\to\infty} c_{n,\varepsilon,T}(t), \quad \text{mit} \tag{3.33}$$

$$c_{n,\varepsilon,T}(t) \equiv \frac{1}{T}\sum_{t^*=1}^{T} \Theta(\varepsilon/2 - \|\boldsymbol{x}(t) - \boldsymbol{x}(t^*)\|), \tag{3.34}$$

aus der Zeitreihe (3.24) unter Vorraussetzung der Ergodizität geschätzt werden kann. n bezeichnet hier wiederum die Dimension des Phasenraumes, $\boldsymbol{x} \in \mathbb{R}^n$, und Θ ist die *Heaviside–Funktion*

$$\Theta(\varepsilon) \equiv \begin{cases} 0 & : \ \varepsilon \le 0 \\ 1 & : \ \varepsilon > 0. \end{cases} \tag{3.35}$$

$c_{n,\varepsilon}(t)$ gibt also die Wahrscheinlichkeit an, mit der ein beliebiger n–dimensionaler Punkt $\boldsymbol{x}(t^*)$ aus der Zeitreihe (3.24) in der $(\varepsilon/2)$–Umgebung von $\boldsymbol{x}(t)$ liegt.

YOUNG (1982) fand darüber hinaus, daß die punktweise Dimension bzw. die Hausdorff–Dimension des Maßes μ gleich der von SCHÜTZENBERGER (1954) bzw. BALATONI und RÉNYI (1956) eingeführten Informationsdimension D_I ist, welche ebenfalls als eine Dimension des (natürlichen) Maßes anzusehen ist (s. u.). Sowohl D_I wie auch die Kapazität D_K sind Elemente einer einparametrigen Familie von sogenannten Rényi–Dimensionen, die besonders durch die Arbeiten von GRASSBERGER und PROCACCIA (1983a, 1983b) für die Charakterisierung chaotischer Systeme Bedeutung erlangt haben.

3.2.3 Rényi–Dimensionen

Eine jede Rényi–Dimension ist mit einem bestimmten Informationsmaß verknüpft, dessen Bedeutung für dynamische Systeme im Falle des Shannonschen Informationsmaßes zunächst erläutert wird (s. z. B. RÉNYI, 1977).

Sei β eine Überdeckung des Attraktors A mit Boxen B_i, welche die Eigenschaften (2.39) erfüllen, und bezeichne $p_i \equiv \mu(B_i)$ das natürliche Maß (2.40) der Box $B_i \in \beta$. Jede dieser Boxen wird als Makrozustand (kurz: Zustand) des dynamischen Systems interpretiert, der mittels einer Meßapparatur (man denke an einen geeigneten Analog–Digital–Wandler) zu einem beliebigen Zeitpunkt bestimmt werden kann. Unter Verwendung des *Shannonschen Informationsmaßes* liefert dann eine Messung im Mittel die Information [3)]

$$H(\beta, \mu) \equiv -\sum_{i=1}^{M} p_i \operatorname{ld} p_i, \tag{3.36}$$

wobei $p_i \operatorname{ld} p_i \equiv 0$, falls $p_i = 0$. Ist der Attraktor z. B. ein Fixpunkt und μ das natürliche Maß (2.30), so ist für eine beliebige Partitionierung β genau eine Box mit der Wahrscheinlichkeit eins belegt (alle anderen Boxen haben folglich das natürliche Maß null). Eine Messung des Zustands liefert dann keine Information, denn hier gilt für alle Partitionierungen β („Meßapparaturen") $H(\beta, \mu_{\bar{\boldsymbol{x}}}) = 0$. Kann das System jedoch in mehr als nur einem

---

3) Sei $\{p_i\}$, $i = 1, 2, \ldots, M$, eine diskrete Wahrscheinlichkeitsverteilung, wobei p_i die Wahrscheinlichkeit angibt, mit der das Ereignis $x_t \in B_{i(t)}$ eintritt. Mögen sich nun zwei Experimentatoren E_1 und E_2 gegenüberstehen, wobei E_1 im Gegensatz zu E_2 Kenntnis über die tatsächlich eingetretene Ereignisfolge $\{B_{i(t)}\}_t$ hat. E_2 richtet nun an E_1 Fragen, mit dem Ziel, die Versuchsergebnisse $B_{i(t)}$ zu erfahren. Dabei seien nur Entscheidungsfragen zugelassen, die entweder mit „Ja" oder „Nein" zu beantworten sind.

Aus der Kenntnis der Wahrscheinlichkeiten $\{p_i\}$ kann nun E_2 eine optimale Fragestrategie entwickeln, so daß er bei wiederholter Durchführung dieses Frage–Antwort–Spieles insgesamt mit an Sicherheit grenzender Wahrscheinlichkeit mit einer bestimmten, möglichst geringen Anzahl von Entscheidungsfragen auskommt. Die *Shannon–Information* (3.36) gibt diese minimale Anzahl von Entscheidungsfragen an, die E_2 *im Mittel* benötigt, um *ein* Ereignis $B_{i(t)}$ zu erfragen, falls die Ereignisfolge $\{B_{i(t)}\}_t$ keine statistischen Abhängigkeiten aufweist (SHANNON, 1948).

Es gilt immer $0 \leq H(\beta, \mu) \leq \operatorname{ld} M$, wobei die untere Schranke dann und nur dann angenommen wird, wenn eine Wahrscheinlichkeit eins ist, und folglich die anderen p_i null sind. Die obere Schranke wird genau dann angenommen, wenn die Ereignisse B_i gleichverteilt sind, d. h., wenn $p_i = M^{-1}\ \forall\, i$.

Zustand mit positiven Wahrscheinlichkeiten angetroffen werden, so folgt $H(\beta, \mu) > 0$.

Ist μ das natürliche Maß auf einem Attraktor, der kein Fixpunkt oder zeitdiskreter periodischer Orbit ist, so wird bei einer sukzessiven Verfeinerung der Messung ($\varepsilon \to 0$) immer mehr Information pro Messung erhalten. (Praktisch entspricht dies einer immer höheren Auflösung des Analog–Digital–Wandlers.) Die *Informationsdimension* D_I charakterisiert die Zunahme dieser Information,

$$D_I(\mu) \equiv -\lim_{\varepsilon \to 0} \frac{H(\beta(\varepsilon), \mu)}{\operatorname{ld} \varepsilon}, \tag{3.37}$$

vorausgesetzt, dieser Grenzwert existiert. Hierbei ist

$$H(\beta(\varepsilon), \mu) \equiv \inf_{\beta : \varnothing(\beta) \leq \varepsilon} H(\beta, \mu),$$

mit dem Durchmesser $\varnothing(\beta)$ der Partitionierung β,

$$\varnothing(\beta) \equiv \max_{B_i \in \beta} \left\{ \sup \left\{ \|\boldsymbol{x} - \boldsymbol{y}\| \mid \boldsymbol{x}, \boldsymbol{y} \in B_i \right\} \right\}. \tag{3.38}$$

Ist die punktweise Dimension (3.31) fast überall (bezüglich μ) konstant, so gilt mit (3.32) (YOUNG, 1982)

$$D_H(\mu) = D_I(\mu). \tag{3.39}$$

Man kann nun in (3.37) anstelle der Shannon–Information (3.36) ein verallgemeinertes Informationsmaß verwenden, und zwar die sogenannte *Rényi–Information $q$ter Ordnung*, [4)]

$$H^{(q)}(\beta, \mu) \equiv \frac{1}{1-q} \operatorname{ld} \sum_{i=1}^{M} p_i^q, \quad q \in \mathbb{R}. \tag{3.40}$$

[4)] Die Rényi–Informationen q–ter Ordnung $H^{(q)}$ stellen ebenso wie der Spezialfall ($q = 1$) der Shannon–Information ($H^{(1)} \equiv H$) „sinnvolle“ Informationsmaße dar, die sowohl eine funktionale wie auch codierungstheoretische Interpretation haben. So stellt z. B. $H^{(q)}$ eine untere Schranke für den sogenannten „exponentiellen Codieraufwand“ dar, wohingegen $H^{(1)}$ eine solche Schranke für den „linearen Codieraufwand“ ist (CAMPBELL, 1965 und 1966; s. auch PÖTSCHKE und SOBIK, 1980, S. 146ff., oder ACZÉL und DARÓCZY, 1975, S. 134ff.). Weil wir in (3.40) den dualen Logarithmus $\operatorname{ld} \equiv \log_2$ verwenden, ist die Maßeinheit der Information *bit*.

Für $q \to 1$ geht $H^{(q)}(\beta, \mu)$ in die Formel für die Shannon–Information (3.36) über. Für $q \to 0$ folgt HARTLEYS Formel

$$H^{(0)}(\beta, \mu) = \text{ld}\,\#\,\{p_i \neq 0\},$$

wegen $p^0 = 1$ für $p \neq 0$ und mit $p^0 \equiv 0$ für $p = 0$. $\#\{\cdot\}$ bezeichnet die Kardinalzahl („Anzahl der Elemente“) der Menge $\{\cdot\}$. Man definiert nun analog zu (3.37) die *Rényi–Dimension q ter Ordnung*,

$$D_q(\mu) \equiv -\lim_{\varepsilon \to 0} \frac{H^{(q)}(\beta(\varepsilon), \mu)}{\text{ld}\,\varepsilon}, \tag{3.41}$$

vorausgesetzt, dieser Grenzwert existiert. Für $q \to 1$ geht $D_q(\mu)$ in die Informationsdimension D_I über.

Die Rényi–Dimension 0ter Ordnung entspricht der Kapazität D_K. (Dabei ist in (3.40) wiederum $p_i^0 = 0$ zu setzen, falls $p_i = 0$.) Die Rényi–Dimensionen sind invariant bezüglich stetig differenzierbarer Koordinatentransformationen (GRASSBERGER, 1983, OTT et al., 1984). $H^{(q)}(\beta, \mu)$ und somit nach Gl. (3.41) auch $D_q(\mu)$ fällt mit wachsender Ordnung q monoton,

$$D_{q_1}(\mu) \geq D_{q_2}(\mu), \quad \text{falls } q_1 < q_2. \tag{3.42}$$

Maße auf Attraktoren, für die D_q mit wachsender Ordnung q echt monoton fällt, werden *Wahrscheinlichkeitsfraktal* (FARMER, 1982), *inhomogenes Fraktal* (PALADIN und VULPIANI, 1984) oder *Multifraktal* (GREBOGI et al., 1987a, 1988) genannt.

Ein Maß μ kann ein Multifraktal sein, obwohl die punktweise Dimension (3.31) fast überall bezüglich μ konstant ist. HALSEY et al. (1986) untersuchen diesen Sachverhalt genauer, indem sie ebenso wie beim Übergang von der Kapazität zur Hausdorff–Dimension (s. o.) bei der Einführung verallgemeinerter Dimensionen q–ter Ordnung Überdeckungen des Attraktors A mit Teilmengen $B_i \subset \mathbb{R}^n$ variablen Durchmessers ε_i betrachteten. Dazu führten sie zunächst die folgende Größe ein, welche in Analogie zur statistischen Mechanik Zustandssumme heißt,

$$\Gamma(q, d, \{B_i\}, \varepsilon) \equiv \sum_i \left(\frac{p_i}{\varepsilon_i^d}\right)^q \varepsilon_i^d,$$

wobei

$$\cup_i B_i \supseteq A,\ p_i = \mu(B_i),\ \varepsilon_i < \varepsilon,\ q \geq 0 \text{ und } d \geq 0.$$

Die Zustandssumme wird von der speziellen Überdeckung unabhängig, indem man ebenso wie schon bei der Definition der Hausdorff–Dimension

$$\Gamma(q,d) \equiv \lim_{\varepsilon\to 0} \begin{cases} \sup\{\Gamma(q,d,\{B_i\},\varepsilon)\} & : \quad q>1 \\ \inf\{\Gamma(q,d,\{B_i\},\varepsilon)\} & : \quad q<1 \end{cases}$$

bestimmt. Hierbei ist das Supremum bzw. Infimum über alle genügend feine ($\varepsilon_i < \varepsilon$) Überdeckungen $\{B_i\}_{i=1}^N$ von A zu bilden. Für eine feste reelle Zahl $q \geq 0$, $q \neq 1$, verschwindet $\Gamma(q,d)$ oder ist unendlich groß. (Für $q < 1$ bzw. $q > 1$ und hinreichend kleine Werte von d ist $\Gamma(q,d)$ unendlich groß bzw. null.) Der Wert für d, bei welchem der Wechsel von ∞ auf 0 bzw. umgekehrt stattfindet, wird mit $\tilde{D}_q$ bezeichnet. Allgemein gilt analog zu (3.29) $\tilde{D}_q \leq D_q$. Für einen „typischen" Attraktor mit dem zugehörigen natürlichen Maß μ wird jedoch $\tilde{D}_q = D_q$ erwartet. Für $q = 0$ erhält man die Hausdorff–Dimension des Attraktors, $D_H(A) = \tilde{D}_0(A)$, und die Informationsdimension folgt aus $\lim_{q\to 1} \tilde{D}_q = D_I(\mu)$.

Bezeichne nun $f(\alpha)$ die Hausdorff–Dimension derjenigen Teilmenge $B(\alpha)$ des Attraktors A, deren Punkte jeweils die punktweise Dimension α haben, $B(\alpha) \equiv \{\boldsymbol{x} \in A \mid D_P(\boldsymbol{x},\mu) = \alpha\}$. $f(\alpha)$ wird *Spektrum der Singularitäten des Maßes* μ genannt. α heißt auch *Stärke der Singularität.* Falls α nicht mit der Hausdorff–Dimension $D_H(\mu)$ übereinstimmt, so folgt aus den obigen Ausführungen zur punktweisen Dimension, daß $B(\alpha)$ eine Nullmenge bezüglich des ergodischen Maßes μ ist,

$$\mu(B(\alpha)) = \begin{cases} 1 & : \quad \alpha = D_H(\mu) \\ 0 & : \quad \text{sonst.} \end{cases}$$

HALSEY et al. (1986) zeigten nun, daß aus den folgenden Beziehungen $\tilde{D}_q$ explizit bestimmt werden kann, falls $f(\alpha)$ gegeben ist: Es gilt zunächst

$$\frac{\mathrm{d}f(\alpha)}{\mathrm{d}\alpha} = q.$$

Hieraus kann $\alpha(q)$ bestimmt werden, denn es gilt allgemein

$$\frac{\mathrm{d}^2 f(\alpha)}{\mathrm{d}\alpha^2} < 0.$$

Schließlich folgt $\tilde{D}_q$ aus

$$(q-1)\tilde{D}_q = q\alpha(q) - f(\alpha(q)).$$

Ist umgekehrt $\tilde{D}_q$ gegeben, so erhält man $f(\alpha)$ aus den obigen Beziehungen unter Beachtung von

$$\alpha(q) = \frac{\mathrm{d}}{\mathrm{d}q}[(q-1)\tilde{D}_q].$$

Im Maximum α_0 von $f(\alpha)$ gilt $f(\alpha_0) = \tilde{D}_0(A)$. Ein Algorithmus zur direkten Bestimmung des $f(\alpha)$–Spektrums aus den Histogrammen der punktweisen Dimensionen α wird von GRASSBERGER et al. (1988) angegeben. (Zu weiterführenden Studien, insbesondere unter Verwendung des thermodynamischen Formalismus dynamischer Systeme, s. z. B. BOHR und RAND, 1987, TÉL, 1988, sowie BECK und Schlögl, 1993.)

3.2.4 Experimentelle Bestimmung der Rényi–Dimensionen

Die Bestimmung der Rényi–Dimensionen aus einer Zeitreihe (3.24) ist direkt nach ihrer Definition (3.41) i. allg. sehr aufwendig, müssen doch dazu die Wahrscheinlichkeiten p_i der Boxen einer Partitionierung von A mit Würfeln der Kantenlänge ε für $\varepsilon \to 0$ bestimmt werden, wobei die Anzahl der besetzten Boxen wie $\varepsilon^{-D_K(A)}$ wächst. Nach Ideen von GRASSBERGER (1983), HENTSCHEL und PROCACCIA (1983) sowie TAKENS (1983) kann man jedoch wie folgt verfahren: Die in (3.40) enthaltene Summe interpretieren wir zunächst als Scharmittel, indem wir schreiben

$$\sum_{i=1}^{M} p_i^q = \sum_{i=1}^{M} p_i\, p_i^{q-1}. \tag{3.43}$$

Bei vorausgesetzter Ergodizität ist dieses Scharmittel gleich dem Zeitmittel, also

$$\sum_{i=1}^{M} p_i\, p_i^{q-1} = \lim_{T\to\infty} \frac{1}{T} \sum_{t=1}^{T} p_{i(t)}^{q-1}. \tag{3.44}$$

Für „feine“ Partitionierungen $\beta(\varepsilon)$, d. h. für $\varepsilon \to 0$, kann nun unter Verwendung von (3.33) wie folgt geschrieben werden,

$$\lim_{T\to\infty} \frac{1}{T} \sum_{t=1}^{T} p_{i(t)}^{q-1} \simeq \lim_{T\to\infty} \frac{1}{T} \sum_{t=1}^{T} c_{n,\varepsilon}^{q-1}(t). \tag{3.45}$$

GRASSBERGER et al. (1983) führten das sogenannte *Korrelationsintegral*

$$C^{(q)}_{n,\varepsilon,T} \equiv \frac{1}{T} \sum_{t=1}^{T} c^{q-1}_{n,\varepsilon,T}(t) \tag{3.46}$$

ein, worin $c_{n,\varepsilon,T}(t)$ durch (3.34) gegeben ist. Somit können die Beziehungen (3.43) bis (3.45) wie folgt zusammengefaßt werden,

$$\sum_{i=1}^{M(\varepsilon)} p_i^q \simeq \lim_{T\to\infty} C^{(q)}_{n,\varepsilon,T}, \quad \text{für } \varepsilon \to 0. \tag{3.47}$$

Bei ganzzahligen Ordnungen $q = 2, 3, 4, \ldots$ kann das Korrelationsintegral (3.46) durch simples Zählen von q–Tupeln von Punkten $\boldsymbol{x}(t)$ der Zeitreihe (3.24) bestimmt werden,

$$C^{(q)}_{n,\varepsilon,T} = T^{-q} \; \#\{(t_1, t_2, \ldots, t_q) \mid \\ \|\boldsymbol{x}(t_k) - \boldsymbol{x}(t_l)\| < \varepsilon/2 \quad \forall \quad k, l = 1, 2, \ldots, q\}. \tag{3.48}$$

Hierbei ist # wiederum die Kardinalzahl der Menge und $t_k, t_l = 1, 2, \ldots, T$.

Aus (3.40) und (3.47) folgt nun für $\varepsilon \to 0$

$$H^{(q)}(\beta(\varepsilon), \mu) \simeq H^{(q)}_n(\varepsilon) \equiv \lim_{T\to\infty} \frac{1}{1-q} \operatorname{ld} C^{(q)}_{n,\varepsilon,T}, \tag{3.49}$$

bzw. mit (3.41)

$$D_q(\mu) = \lim_{\varepsilon\to 0} \lim_{T\to\infty} \frac{1}{q-1} \frac{\operatorname{ld} C^{(q)}_{n,\varepsilon,T}}{\operatorname{ld} \varepsilon}. \tag{3.50}$$

Für $q = 2$ ist die Prozedur besonders einfach, denn $C^{(2)}_{n,\varepsilon,T}$ ist die Anzahl von Punktpaaren $(\boldsymbol{x}(t_k), \boldsymbol{x}(t_l))$, deren Abstand kleiner $\varepsilon/2$ ist. [5)]

Zur Abstandsbildung kann die euklidische Norm $\|\cdot\|$ verwendet werden. Aus rechentechnischen Gründen sowie weiteren Interpretationen im Abschn. 3.3 ist aber die Maximumnorm zu bevorzugen. Werden die Punkte $\boldsymbol{x}(t)$ wieder durch n–dimensionale Einbettung mit Verzögerungskoordinaten aus einer original skalaren

---

5) Eine Computer–Implementierung zur Bestimmung der Korrelationsintegrale (3.48) sollte selbstverständlich doppelte Abstandtests vermeiden, die sich aus der Symmetrie $\|x(t_k) - x(t_l)\| = \|x(t_l) - x(t_k)\|$ ergeben.

Zeitreihe $\{x(t)\}_{t=1}^{T}$ gebildet (s. Gl. (2.13) u. Gl. (2.17)), dann lautet die Maximumnorm

$$\|\boldsymbol{x}(t_1)-\boldsymbol{x}(t_2)\|_{max} \equiv \max_{i=0,1,\ldots,n-1}\{|x(t_1+\tau_i)-x(t_2+\tau_i)|\}. \quad (3.51)$$

Das skizzierte Verfahren läßt sich auch zur Schätzung der Shannon–Information (3.36) und somit der Informationsdimension (3.37) anwenden, indem man über den Logarithmus der nach (3.34) geschätzten Häufigkeiten $c_{n,\varepsilon,T}(t)$ mittelt. Für $\varepsilon \to 0$ erhält man dann

$$H(\beta(\varepsilon),\mu) \simeq H_n(\varepsilon) \equiv -\lim_{T\to\infty}\frac{1}{T}\sum_{t=1}^{T} \mathrm{ld}\; c_{n,\varepsilon,T}(t). \quad (3.52)$$

Wie bei der oben beschriebenen direkten Schätzung der Kapazität erhält man die gesuchten Dimensionen $D_q(\mu)$ als Anstieg einer entsprechenden Darstellung $-H_n^{(q)}(\varepsilon)$ über $\mathrm{ld}\,\varepsilon$.

Weitere Details bzw. Methoden zur Bestimmung verschiedener Dimensionen aus Zeitreihen können z. B. dem von MAYER–KRESS (1986) herausgegebenen Buch bzw. den folgenden Originalarbeiten entnommen werden: TAKENS (1981, 1983), GRASSBERGER und PROCACCIA (1984), GRASSBERGER (1985), BADII und POLITI (1984a, b, c, 1985). Viele nützliche Hinweise zur Anwendung des Algorithmus finden sich bei BINGHAM und KOT (1989), THEILER (1987, 1990b), GRASSBERGER (1988, 1990) sowie GRASSBERGER et al. (1991).

Zur Illustration des Verfahrens zeigt Abb. 3.12 die Abhängigkeit der nach (3.52) geschätzten Shannon–Information $H_n(\varepsilon)$ für den Hénon–Attraktor aus Abb. 1.5. Hierbei wurden 10 000 Punkte $\{x_t\}_t$ gemäß (1.4) mit den Standardparameterwerten $a = 1,4$ und $b = 0,3$ erzeugt und dann n–dimensional mit Verzögerungskoordinaten eingebettet (s. Gl. (2.13) u. Gl. (2.17)). Die Verzögerungszeiten betragen $\tau_i = i$ Iterationsschritte. Die obere Kurve gehört zu $n = 2$. Sie hat bereits für $\varepsilon \lesssim 2^{-3}$ einen annähernd konstanten Anstieg, der eine Schätzung für die Informationsdimension $D_I = D_1$ darstellt. Für die Kapazität D_0 erhält man einen ähnlichen Wert. Somit kann die zu Beginn dieses Abschnittes aufgeworfene Frage nach einer Dimension des Hénon–Attraktors, die zwischen eins und zwei liegt, beantwortet werden: der Hénon–Attraktor hat eine Hausdorff–Dimension von $\approx 1,26$. Alle anderen Kurven für höhere Einbettungsdimensionen ($n > 2$) liefern für hinreichend kleine

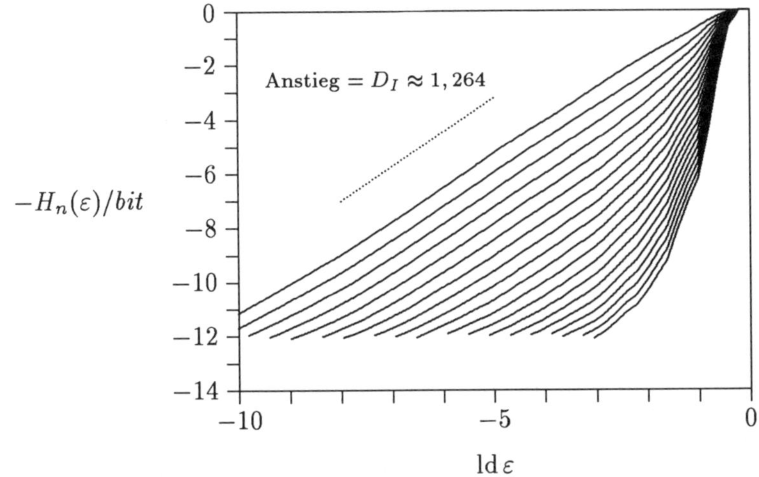

Abb. 3.12: Abhängigkeit der nach (3.52) und (3.34) bestimmten Shannon–Entropie $H_n(\varepsilon)$ von der „Meßgenauigkeit" ε für die Einbettungsdimensionen $n = 2$ (oben) bis $n = 20$ (unten) bei der Hénon–Abbildung (1.4)

Werte von ε ebenso etwa diesen Anstieg. Dies ist verständlich, ist doch der Hénon–Attraktor durch das zweidimensionale System (1.4) generiert worden. Die vollständige Information über die Koordinaten $(x_{t+2}, \ldots, x_{t+n-1})$ ist bereits in (x_t, x_{t+1}) enthalten.

Beim Hénon–Attraktor ist die Argumentation besonders einfach, weil die Gleichungen zur Erzeugung der Zeitreihe explizit bekannt sind und der Phasenfluß schon nach Gl. (1.4) aus Verzögerungskoordinaten gebildet wird. Kennt man die Bewegungsgleichungen nicht, so kann man dennoch aus einer skalaren Meßreihe verschiedene fraktale Dimensionen schätzen. Grundlage hierfür sind verschiedene *Einbettungstheoreme*, wie sie vor allem durch Sauer et al. (1991) bewiesen wurden: Sei $A \subset \mathbb{R}^n$ eine kompakte (d. h. beschränkte und abgeschlossene) invariante Menge (z. B. ein Attraktor) zum Fluß $\boldsymbol{f}^t$ mit der Kapazität $D_0(A)$, und sei $U(A)$ eine Umgebung von A. Dann ist „fast jede" [6] stetig dif-

[6] Grob gesprochen bedeutet „fast jede" in diesem Zusammenhang, daß es i. allg. auch Abbildungen gibt, für die die folgende Aussage nicht zutrifft. Allerdings sind dies Ausnahmen, von denen angenommen wird, daß sie für die Praxis untypisch sind. Für genauere Erläuterungen zum Gebrauch von „fast jede" s. Sauer et al., 1991.

ferenzierbare Abbildung $\boldsymbol{h} : U(A) \to \mathbb{R}^{n^*}$ *eindeutig umkehrbar*, falls

$$n^* > 2\,D_0(A). \tag{3.53}$$

Für den Fall der Verwendung von Verzögerungskoordinaten

$$\boldsymbol{y}_t \equiv (y_t, y_{t-\tau}, \ldots, y_{t-(n^*-1)\tau}), \tag{3.54}$$

die aus einer experimentell zugänglichen skalaren Meßreihe $\{y_t\}$ gebildet werden können (vgl. Abschn. 2.2), zeigten sie folgendes: Sei $\boldsymbol{f}^t$ ein Phasenfluß auf einer offenen Menge $U \subseteq \mathbb{R}^n$ und gelte $A \subset U$, wobei A wiederum kompakt mit der Kapazität $D_0(A)$ sei. A möge höchstens endlich viele Fixpunkte von $\boldsymbol{f}^t$, keine periodischen Orbits der Periode τ oder 2τ sowie höchstens endlich viele periodische Orbits der Periode $p\tau$, mit $p = 3, 4, \ldots, n^*$, enthalten. Darüber hinaus habe die Funktionalmatrix $\mathrm{D}\boldsymbol{f}^{p\tau}$ für einen jeden dieser periodischen Orbits unterschiedliche Eigenwerte. Dann ist für „fast jede" stetig differenzierbare Abbildung $h : U \to \mathbb{R}$ die Abbildung $\boldsymbol{h} : U \to \mathbb{R}^{n^*}$, mit

$$\boldsymbol{y} \equiv \boldsymbol{h}(\boldsymbol{x}_t) = \big(h(\boldsymbol{x}_t), h(\boldsymbol{x}_{t-\tau}), \ldots, h(\boldsymbol{x}_{t-(n^*-1)\tau})\big)$$

eindeutig umkehrbar auf A, falls die Bedingung (3.53) erfüllt ist. (Im einfachsten Fall kann $y_t \equiv h(\boldsymbol{x}_t) = x_1(t)$ sein.)

Will man aus einem durch Einbettung mit Verzögerungskoordinaten erhaltenen Orbit $\{\boldsymbol{y}_t\}$ die Dimensionen D_q, $q \in \mathbb{R}$, schätzen, so genügt es, daß $D_q(A) = D_q(\boldsymbol{h}(A))$ gilt. Dies kann aber schon für ein gewisses $n^* \leq 2\,D_0(A)$ erfüllt sein. So zeigten z. B. DING et al. (1993), daß zur Bestimmung der Korrelationsdimension $D_2(\mu)$ aus einer genügend langen Zeitreihe bereits die Bedingung $n^* \leq D_2(\mu)$ hinreichend dafür ist, daß für „fast jedes" $\boldsymbol{h}$ die Gleichheit $D_2(A) = D_2(\boldsymbol{h}(A))$ erfüllt ist.

In der Praxis ist folgendes Verfahren verbreitet, um die „Anzahl der Freiheitsgrade" eines hypothetischen dynamischen Systems zu schätzen, von dem vermutet wird, daß es der experimentell beobachteten Zeitreihe $\{y_t\}_t$ zugrunde liegt: Aus dem skalaren Meßsignal wird eine Folge von n^*–dimensionalen Vektoren (3.54) gebildet, daraus die Information $H^{(q)}_{n^*}(\varepsilon)$ nach (3.49) bzw. (3.52) geschätzt und entsprechend Abb. 3.12 dargestellt. Haben dann für hinreichend große Einbettungsdimensionen n^* und genügend kleine Werte für ε die Kurven einen annähernd konstanten Anstieg, der sich bei weiterer Vergrößerung von n^* nicht mehr ändert, so

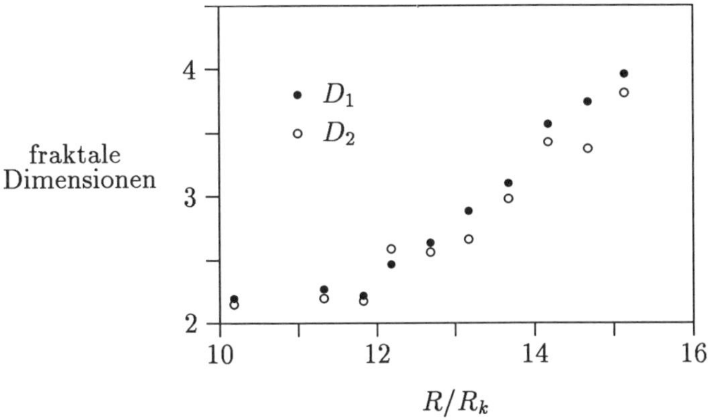

Abb. 3.13: Informations- und Korrelationsdimension D_1 bzw. D_2 aus Zeitreihen von Couette–Taylor–Strömungsexperimenten als Funktion der relativen Reynolds–Zahl R/R_k (nach BRANDSTÄTER et al., 1983)

schätzt dieser Anstieg die entsprechende Informationsdimension D_q. Hat man auf diese Weise die Kapazität $D_0(\boldsymbol{h}(A))$ geschätzt, so wird $D_0(A) = D_0(\boldsymbol{h}(A))$ angenommen und nach (3.53) kann die Anzahl n^* der Koordinaten geschätzt werden, die für eine vollständige Beschreibung der Bewegung auf dem Attraktor A ausreicht.

Tatsächlich sind jedoch reale Signale immer „verrauscht", was dazu führt, daß die Kurven bei Darstellungen wie in Abb. 3.12 für hinreichend kleine ε–Werte mit der Einbettungsdimension n^* wachsen. Typisches Rauschen bewirkt in allen Richtungen des Einbettungsraumes $\mathbb{R}^{n^*}$ eine Verbreiterung der Trajektorien. Anschaulich werden hier „dünne Fäden" zu „breiten Bändern", mit einem Volumen, das größer als null ist (also positivem Lebesgue–Maß μ_{L,n^*}), so daß deren fraktale Dimension gleich der Dimension n^* des Einbettungsraumes ist.

Im Falle der Couette–Taylor–Strömung (s. Abschn. 3.1) schätzten BRANDSTÄTER et al. (1983) sowohl $D_1(\mu)$ als auch $D_2(\mu)$ für verschiedene Werte der Reynolds–Zahl R. Die Ergebnisse illustriert die Abb. 3.13. (Die Fehler werden mit etwa $\pm 0,3$ bei $R/R_k = 10,1$ und $\pm 0,8$ bei $R/R_k = 15,2$ angegeben.) Turbulente Strömungen treten hier für $R/R_k \gtrsim 11,5$ ein, was in Abb. 3.9 durch positive Werte für den größten Ljapunov–Exponenten λ_1 (bzw. durch positive Werte für die Entropie h, s. Abschn. 3.3) zum Ausdruck kommt. Die Ergebnisse von Abb. 3.13 widerspiegeln, daß nach Eintritt turbulenter Strömungen die Dimension des chaotischen Attraktors (die Zahl der „aktiven" Freiheitsgrade) endlich und für $R/R_k < 16$ sicher kleiner als 5 ist. Dies ist bemerkenswert, weil das System zunächst unendlich viele Freiheitsgrade besitzt, kann es doch durch partielle Differentialgleichungen, die Navier–Stokes–Gleichungen, beschrieben werden.

3.2.5 Ljapunov–Dimension

Bei der Berechnung der Hausdorff–Dimension der Cantor–Menge in Abb. 3.11 ist die Kenntnis der Konstruktionsvorschrift nützlich gewesen. Es stellt sich nun die Frage, ob die Dimension von chaotischen Attraktoren ebenso aus einer entsprechenden Vorschrift bestimmt werden kann. Tatsächlich kann eine solche Vorschrift angegeben werden, wie die folgenden Darlegungen plausibel machen.

Blicken wir dazu auf das Beispiel der Hénon–Abbildung in Abb. 3.10. Denken wir uns nun anstelle der Kreisfläche K_0 eine andere „Startmenge" A_0, die den Hénon–Attraktor A in Abb. 1.5 beinhaltet, also $A_0 \supset A$, und im Inneren des Einzugsgebietes von A liege. Dann wird A_0 unter der Wirkung des Phasenflusses $\boldsymbol{f}$ asymptotisch auf A abgebildet, d. h., es gilt $\lim_{t\to\infty} \boldsymbol{f}^t A_0 = A$. Damit haben wir also eine iterative Konstruktionsvorschrift des Attraktors gefunden — jedem Konstruktionsschritt entspricht die Abbildung $\boldsymbol{f}^t A_0 \to \boldsymbol{f} \circ \boldsymbol{f}^t A_0$. Für hinreichend große Zeiten t liegen alle Punkte von $\boldsymbol{f}^t A_0$ sehr dicht bei A und bilden einen „langen gefalteten Faden", ähnlich wie es in der Abb. 3.10 für $t \gtrsim 4$ zu sehen ist. Die weitere Dynamik von $\boldsymbol{f}^t A_0$ für $t \to \infty$ wird nun wesentlich durch die Wirkung des Flusses $\boldsymbol{f}^t$ auf dem Attraktor A bestimmt ist. Stellen wir uns nun diesen „Faden" vor, wie es in der Abb. 3.14 skizziert ist. Hat der Faden die Breite ε und die Länge L, so sind

$$N(\varepsilon) \simeq \frac{L}{\varepsilon}$$

Boxen (Kugeln) der Kantenlänge ε zur Überdeckung nötig. Wird nun $\boldsymbol{f}^t A_0$ erneut iteriert, so erhalten wir die Menge $\boldsymbol{f}^{t+1} A_0$, die man sich wieder als „Faden" vorstellen kann. Dessen Länge ist nun aber infolge der chaotischen Dynamik um den Faktor $e^{\lambda_1} > 1$ gestreckt, wobei λ_1 der positive Ljapunov–Exponent sei. Hierbei ist es wichtig zu fordern, daß die Abbildung eindeutig umkehrbar

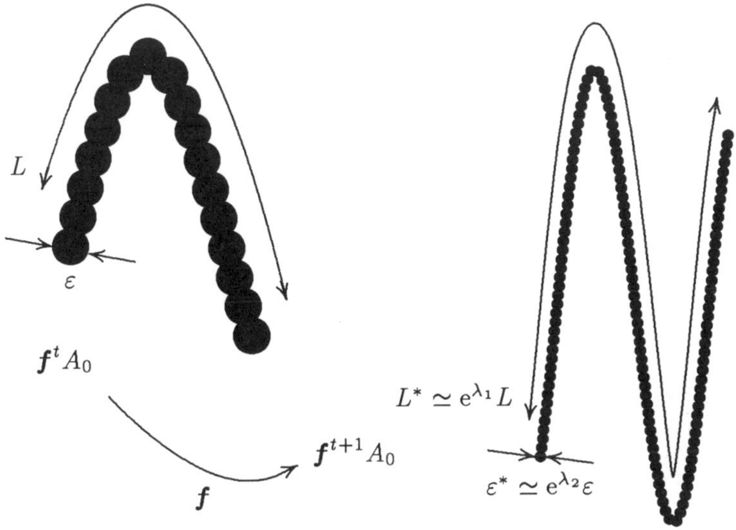

Abb. 3.14: Wirkung des Phasenflusses f auf einen „Faden" $f^t A_0$ der Länge L und Breite ε

ist. Andernfalls werden verschiedene Abschnitte von $\boldsymbol{f}^t A_0$ auf einen gleichen Abschnitt von $\boldsymbol{f}^{t+1} A_0$ abgebildet, so daß die „Länge" von $\boldsymbol{f}^{t+1} A_0$ kleiner als $e^{\lambda_1} L$ ist. Die „Breite" von $\boldsymbol{f}^{t+1} A_0$ ist im Mittel um den Faktor $e^{\lambda_2} < 1$ gestaucht, wobei λ_2 der negative Ljapunov–Exponent sei. Wird nun $\boldsymbol{f}^{t+1} A_0$ mit Boxen der Kantenlänge $\varepsilon^* \simeq e^{\lambda_2} \varepsilon$ überdeckt, so sind

$$N(\varepsilon^*) \simeq \frac{L^*}{\varepsilon^*} \simeq \frac{e^{\lambda_1} L}{e^{\lambda_2} \varepsilon}$$

Boxen zur Überdeckung nötig. Mit Hinblick auf (3.28) finden wir also unter der Annahme eines konstanten Anstiegs

$$\begin{aligned} -\frac{\ln N(\varepsilon)}{\ln \varepsilon} &= -\frac{\ln N(\varepsilon) - \ln N(\varepsilon^*)}{\ln \varepsilon - \ln \varepsilon^*} \\ &\simeq -\frac{\lambda_1 - \lambda_2}{\lambda_2} \\ &= 1 + \frac{\lambda_1}{|\lambda_2|} \equiv D_L . \end{aligned} \qquad (3.55)$$

$D_L(A)$ wird *Ljapunov–Dimension* des Attraktors A genannt.

Im höherdimensionalen Fall können wir ähnliche Überlegungen durchführen. Gibt es zumindest einen positiven Ljapunov–Exponenten λ_1 und ist die Summe aller Ljapunov–Exponenten $\sum_{i=1}^{n} \lambda_i$ infolge der (exponentiellen) Dissipation negativ, so gibt es eine Zahl $k < n$, mit

$$\sum_{i=1}^{k} \lambda_i > 0 \quad \text{und} \quad \sum_{i=1}^{k+1} \lambda_i < 0. \tag{3.56}$$

Für unsere Betrachtungen schließen wir den Fall $\sum_{i=1}^{k} \lambda_i = 0$ aus. Darüber hinaus seien die Ljapunov–Exponenten wieder der Größe nach geordnet, also $\lambda_1 \geq \lambda_2 \geq \ldots \geq \lambda_n$. Entsprechend dem Kontext von Gl. (3.23) wird der Inhalt $V^{(k)}$ eines k–dimensionalen Volumenelementes in der Nähe des Attraktors A unter der Wirkung des Phasenflusses $\boldsymbol{f}$ im Mittel exponentiell gestreckt. Der Streckungsfaktor ist durch $\exp(\sum_{i=1}^{k} \lambda_i) > 1$ gegeben. Hingegen werden k^*–dimensionale Volumenelemente, mit $k < k^* \leq n$, gestaucht, falls $\sum_{i=1}^{k^*} \lambda_i < 0$.

Sei nun $A_0 \subset \mathbb{R}^n$ wiederum die „Startmenge“ aus dem Einzugsgebiet des Attraktors A, mit entsprechenden Eigenschaften wie im obigen 2–dimensionalen Fall. Man kann sich nun die Menge $\boldsymbol{f}^t A_0$ für große Zeiten t als ein Gebiet vorstellen, das im wesentlichen in k Richtungen ausgedehnt, in einer Richtung, die dem Ljapunov–Exponenten λ_{k+1} zuzuordnen ist, eine mittlere Dicke ε hat und in allen weiteren Richtungen vernachlässigbar dünn ist, falls $\lambda_{k+1} > \lambda_{k+2}$. Anschaulich möge man sich $\boldsymbol{f}^t A_0$ bei $k = 2$ etwa als einen „Blätterteig“ vorstellen, dessen Blätter eine Fläche F haben und die Dicke ε. $\boldsymbol{f}^t A_0$ kann nun durch

$$N(\varepsilon) = \frac{F}{\varepsilon^k}$$

n–dimensionale Boxen der Kantenlänge ε überdeckt werden. Nach einem weiteren Iterationsschritt erhalten wir die Menge $\boldsymbol{f}^{t+1} A_0$, die ebenso im wesentlichen eine k–dimensionale Hyperfläche ist, nun aber mit der Fläche $F^* \simeq \exp(\sum_{i=1}^{k} \lambda_i) F$ und der Dicke $\varepsilon^* \simeq \exp(\lambda_{k+1}) \varepsilon$. Wird $\boldsymbol{f}^{t+1} A_0$ mit n–dimensionalen Boxen der

Kantenlänge ε^* überdeckt, so sind

$$N(\varepsilon^*) \simeq \frac{F^*}{\varepsilon^{*k}} \simeq \frac{\exp\left(\sum_{i=1}^k \lambda_i\right) F}{[\exp(\lambda_{k+1})\,\varepsilon]^k}$$

Boxen zur Überdeckung nötig. In Analogie zu (3.55) erhalten wir

$$\begin{aligned} -\frac{\ln N(\varepsilon) - \ln N(\varepsilon^*)}{\ln \varepsilon - \ln \varepsilon^*} &\simeq -\frac{-\sum_{i=1}^k \lambda_i + k\lambda_{k+1}}{-\lambda_{k+1}} \\ &= k + \frac{\sum_{i=1}^k \lambda_i}{|\lambda_{k+1}|} \equiv D_L. \qquad (3.57) \end{aligned}$$

Ähnliche Überlegungen wurden erstmals von Kaplan und Yorke (1978, 1979) (s. auch Frederickson et al., 1983) vorgestellt. Bei ihnen ergibt sich allerdings k in (3.56) aus den Beziehungen $\sum_{i=1}^k \lambda_i \geq 0$ und $\sum_{i=1}^{k+1} \lambda_i < 0$. Quasiperiodische Bewegungen auf k–Tori haben folglich die Ljapunov–Dimension k. In „typischen" Fällen vermuteten sie, daß

$$D_H(\mu) = D_L \qquad (3.58)$$

gilt. D_L wird deshalb auch *Kaplan–Yorke–Dimension* genannt.

Die Beziehung (3.58) hat besonders für Computer–Experimente große Bedeutung, in denen die Bewegungsgleichung explizit bekannt ist, sind hier doch Ljapunov–Exponenten in der Regel bedeutend leichter zu bestimmen als Dimensionen. Gibt es auch viele Hinweise für die Gültigkeit der Vermutung (3.58) (s. z. B. Russel et al., 1980, und Young, 1982), so ist sie doch in bestimmten Fällen nicht erfüllt (s. z. B. Farmer et al., 1983, Grassberger und Procaccia, 1983a, b). Der allgemeine Gültigkeitsbereich von (3.58) ist heute noch nicht vollständig geklärt. Ist der Fluß $\boldsymbol{f}^t$ jedoch ein C^2–Diffeomorphismus und μ ein zugehöriges ergodisches invariantes Maß (mit kompaktem Träger supp μ), dann gilt (Ledrappier, 1981)

$$D_H(\mu) \leq D_L. \qquad (3.59)$$

Weitere Zusammenhänge zwischen den Ljapunov–Exponenten und Dimensionen haben u. a. Grassberger und Procaccia (1984) untersucht. Sowohl Ljapunov–Exponenten wie auch verschiedene Dimensionen stehen mit einer weiteren interessanten charakteristischen Größe in Verbindung, die Aussagen über die Zustandsvoraussagbarkeit für ein dynamisches System macht und im folgenden Abschnitt vorgestellt wird.

3.3 Entropien

In diesem Buch werden dynamische Modellsysteme betrachtet, die *deterministisch* sind, so daß aus einem Anfangszustand $\boldsymbol{x}_0$ eindeutig jeder zukünftige Zustand $\boldsymbol{x}(\boldsymbol{x}_0, t)$ folgt (s. Abschn. 2.1). Sei nun ein reales System deterministisch modelliert. Um reale Systemzustände vorherzusagen, kann man dann wie folgt vorgehen: Zunächst mißt man den aktuellen Zustand $\boldsymbol{x}_{0,real}$ des realen Systems. Mit dem erhaltenen speziellen Anfangszustand geht man in die Modellrechnungen ein, d. h., man löst das entsprechende System (2.1) bzw. (2.2). Aus der erhaltenen Lösungskurve $\boldsymbol{x}_{modell}(\boldsymbol{x}_{0,real}, t)$ können dann alle zukünftigen Zustände des realen Systems vorhergesagt werden. In vielen Fällen hat dieses Vorgehen zu beeindruckenden Erfolgen geführt, denkt man z. B. an HALLEYS Vorhersage der Bahnkurve des nach ihm benannten Kometen für das Jahr 1758 (16 Jahre nach HALLEYS Tod). Heutzutage haben wir uns an ein derartiges Vorgehen so sehr gewöhnt, daß uns solche Vorhersagen kaum noch verwundern. Tatsächlich ist unsere gesamte Technik ohne diese Methode undenkbar.

Im allgemeinen ist es allerdings äußerst schwierig, zum einen die relevanten Modellgleichungen zu finden und zum anderen diese zur Anfangsbedingung $\boldsymbol{x}_0$ zu lösen. Hier wird jedoch vorausgesetzt, daß dies ausgeführt ist und das dynamische Modellsystem in der Form (2.32) vorliegt. Wir setzen also den Phasenfluß $\boldsymbol{f}^t$ als bekannt voraus sowie das zugehörige natürliche Maß μ, das uns sagt, daß wir mit der Wahrscheinlichkeit $\mu(B)$ das System zu einem beliebigen Zeitpunkt t in der Zustandsmenge $B \subseteq \mathbb{R}^n$ antreffen. Dann steht jedoch noch das Problem der Messung des Anfangszustandes $\boldsymbol{x}_{0,real}$. Wird hier auch die prinzipielle Möglichkeit einer beliebig genauen Messung von $\boldsymbol{x}_{0,real}$ vorausgesetzt, so ist doch deren Realisierung mit einem unendlich hohen Aufwand an Meßtechnik bzw. Meßzeit verbunden, so daß von einer exakten Messung praktisch nicht ausgegangen werden kann. [7)]

Ungenauigkeiten in der Messung von $\boldsymbol{x}_{0,real}$ haben bei stabilen Bewegungen i. allg. keine wesentlichen Konsequenzen auf die Zustandsvorhersagen, denn ähnliche Anfangsbedingungen führen hier zu ähnlichen Lösungskurven, wie es die obere Kurvenschar der

---

7) Aus quantenphysikalischer Sicht ist die gleichzeitige, beliebig genaue Messung eines vollständigen Zustandsvektors prinzipiell unmöglich. Allerdings liegen die Meßungenauigkeiten bei dynamischen Systemen meist weit oberhalb entsprechender grundsätzlicher quantenphysikalischer Schranken, wie sie etwa aus der Heisenbergschen Unschärferelation folgen.

Abb. 3.15 für das parametrisch erregte Pendel illustriert. Dabei wurde zu drei verschiedenen Anfangsbedingungen $\boldsymbol{x}_0 = (x_0, \dot{x}_0, t_0)$ die Winkelgeschwindigkeit $\dot{x}(t)$ aufgetragen, wobei sich die Anfangsbedingungen allein in der Winkelgeschwindigkeit $\dot{x}_0$ geringfügig unterscheiden. Man stelle sich nun die stärker gezeichnete Kurve als die Zeitentwicklung $\boldsymbol{x}_{t,real}$ des realen Systems vor, und die beiden dünn gezeichneten seien berechnete Prognosen $\boldsymbol{x}_{modell}(\boldsymbol{x}_{0,real} \pm \varepsilon/2, t)$ auf der Grundlage einer Modellierung des Systems zu zwei verschiedenen Anfangsbedingungen, die sich um den Betrag $\varepsilon/2$, mit $\varepsilon = 0,1$, von den tatsächlichen Anfangsbedingungen unterscheiden. Nach etwa 10 Zeitschritten (ein Zeitschritt entspricht der Erregungsperiode $T \equiv 2\pi/\Omega$) fallen im Rahmen der Zeichengenauigkeit $\varepsilon_z \approx 0,02$ alle Kurven zusammen. Langzeitprognosen mit der Genauigkeit ε_z sind hier offenbar möglich, wenngleich die Abweichungen zwischen realer und prognostizierten Kurven *kurzfristig* auch anwachsen können, wie es im dargestellten Beispiel nach etwa ein bis drei Zeitschritten zutrifft. Die Stabilität der Bewegung gewährleistet auch, daß praktisch immer vorhandene Störungen, die in der Modellgleichung noch nicht berücksichtigt werden bzw. nur in der Form eines numerischen Rauschens auftreten, keinen wesentlichen Einfluß auf die Bewegung des Systems haben, sofern sie nur hinreichend klein sind.

Anders sind die Verhältnisse jedoch bei chaotischen Systemen, bei denen kleine Meßungenauigkeiten bzw. Störungen im Mittel exponentiell anwachsen und somit die Möglichkeit der Zustandsvoraussage i. allg. stark eingeschränkt wird. Die mittlere und untere Kurvenschar der Abb. 3.15 illustriert diese Situation. Für die mittlere Kurvenschar unterscheiden sich die Anfangsbedingungen wiederum allein in der Winkelgeschwindigkeit $\dot{x}_0$, nun aber um den noch geringeren Betrag von $\varepsilon = 6 \times 2^{-10}$, was etwa dem Quantisierungsrauschen bei einer digitalen Messung mit einem 10–Bit–Analog–Digital–Wandler entspricht. In der Auflösung der Abbildung sind bereits nach etwa 6 Zeitschritten deutliche Unterschiede in der Winkelgeschwindigkeit auszumachen, und nach weiteren wenigen Zeitschritten ($t \gtrsim 10T$) ist die zeitliche Entwicklung der Trajektorien nahezu vollständig unabhängig voneinander. Zustandsvoraussagen über mehr als etwa 10 Zeitschritte sind hier offenbar nicht möglich — es sei denn, die Anfangsbedingungen wurden genauer gemessen, wie es für die unten gezeigte Kurvenschar zutrifft. Hier wurde die ursprüngliche Meßgenauigkeit ε^{-1} *quadriert.* Praktisch entspricht dies der Arbeit mit einem 20–Bit–Analog–Digital–Wandler, was technisch nur sehr schwierig

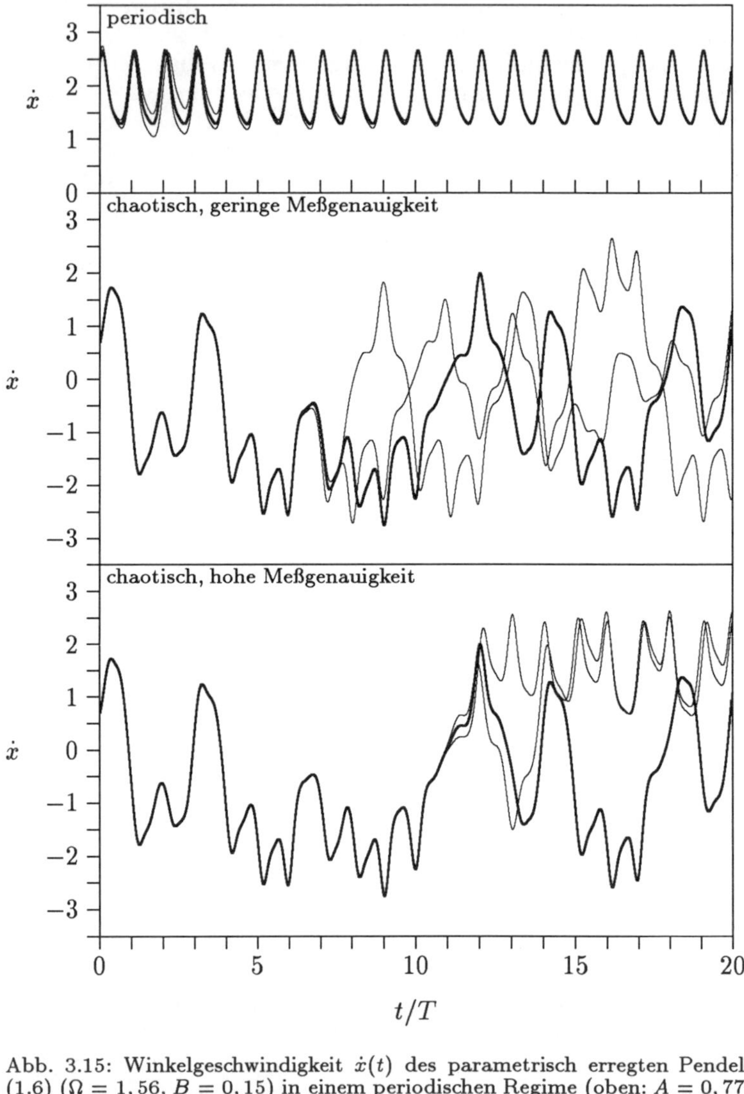

Abb. 3.15: Winkelgeschwindigkeit $\dot{x}(t)$ des parametrisch erregten Pendels (1.6) ($\Omega = 1,56$, $B = 0,15$) in einem periodischen Regime (oben: $A = 0,77$) und für chaotische Bewegungen (Mitte, unten: $A = 0,94$) für Anfangsbedingungen mit dem Abstand $\varepsilon \ll 1$ (Mitte) und für Anfangsbedingungen mit dem Abstand $\varepsilon^2 \ll \varepsilon$ (unten)

zu realisieren ist. Tatsächlich laufen nun die Kurven erst nach etwa 11 Zeitschritten deutlich auseinander. Bemerkenswert ist, daß die geringfügige Vergrößerung der Voraussagezeit um etwa 5 Zeitschritte mit einer *enormen* Erhöhung des Meßaufwandes „bezahlt" werden mußte. Ein ähnliches Resultat erhält man auch für andere „typische" Anfangsbedingungen. Folglich ist eine Quadrierung der Meßgenauigkeit nötig, um die Voraussagezeit nur zu verdoppeln! Dieses Verhalten ist für chaotische Systeme typisch. Bei ihnen wächst die Voraussagezeit im Mittel nur logarithmisch mit der Meßgenauigkeit ε^{-1}. Von den Wetterprognosen her ist dies ein gut bekanntes Phänomen — Kurzzeitprognosen über ein bis zwei Tage sind recht präzise, mittelfristige Vorhersagen sind möglich, wenngleich sie schon deutlich ungenauer sind, und schließlich sind Langzeitprognosen über mehr als eine Woche häufig wertlos, da sie nur Aussagen über das in der entsprechenden Jahreszeit im Mittel zu erwartende Wetter machen.

Im folgenden werden diese Betrachtungen unter Verwendung verschiedener Informations- bzw. Entropiebegriffe präzisiert.

3.3.1 Transinformation

Sei β wiederum eine Überdeckung des Attraktors A mit Boxen B_i, $i = 1, 2, ..., M$, welche die Eigenschaften (2.39) erfüllen. Jede dieser Boxen wird nun als Makrozustand (kurz auch Zustand genannt) interpretiert, der mit einer Meßapparatur zu den Zeitpunkten $t = \ldots, -2, -1, 0, 1, 2, \ldots$ bestimmt werden kann. Eine Trajektorie wird dann von der Meßapparatur als *Symbolsequenz* registiert:

$$\{\boldsymbol{f}^t\boldsymbol{x}_0\}_{t=-\infty}^{\infty} \xrightarrow{\quad \boldsymbol{f}^t\boldsymbol{x}_0 \in B_{i_t} \quad} \{i_t\}_{t=-\infty}^{\infty}. \quad ^{8)} \qquad (3.60)$$

Dann ist $p_i \equiv \mu(B_i)$ die Wahrscheinlichkeit, mit der das Symbol i aus dem Alphabet $\{i\}_{i=1}^{M}$ in der Symbolsequenz auftritt, falls $\boldsymbol{x}_0$ eine „typische" Anfangsbedingung ist. Bei einer Messung zu einem *beliebigen* Zeitpunkt t wird (im Mittel) die *Information* $H(\beta, \mu) = -\sum_i p_i \,\mathrm{ld}\, p_i$ erhalten (vgl. Gl.(3.36) und die Fußnote auf S. 98). Solange diese Messung noch nicht ausgeführt ist, nennen wir $H(\beta, \mu)$ *Unsicherheit* über den Zustand. Mit einer Messung zur Zeit 0 erhält man also die Information $H(\beta, \mu)$, und die

[8] Falls $\boldsymbol{f}^t$ nicht eindeutig umkehrbar ist, läuft die Zeit von 0 bis ∞.

Unsicherheit über einen zukünftigen Zustand hat denselben Betrag $H(\beta, \mu)$.

Mit einer Messung des Anfangszustandes $B_i \equiv B_{i_0}$ erhält man i. allg. auch Information $I(t)$ über einen zukünftigen Zustand $B_j \equiv B_{i_t}$: Bezeichne $p_{j|i}(t)$ die bedingte Wahrscheinlichkeit, das System zur Zeit t im Zustand B_j anzutreffen, unter der Bedingung, daß es zur Anfangszeit 0 im Zustand B_i war,

$$p_{j|i}(t) \equiv \begin{cases} \dfrac{\mu(\boldsymbol{f}^{-t} B_j \cap B_i)}{\mu(B_i)} & : \quad \mu(B_i) \neq 0 \\ 0 & : \quad \text{sonst.} \end{cases} \tag{3.61}$$

Dann ist

$$H_c(\beta, \mu, \boldsymbol{f}; t) \equiv \sum_{i=1}^{M} p_i \sum_{j=1}^{M} p_{j|i}(t) \operatorname{ld} \frac{1}{p_{j|i}(t)} \tag{3.62}$$

die (mittlere) Unsicherheit über einen zukünftigen Zustand B_j, die verbleibt, wenn ein gegenwärtiger Zustand B_i bekannt ist. Die ursprüngliche Unsicherheit $H(\beta, \mu)$ über B_j wird also um die Differenz

$$I(t) \equiv H(\beta, \mu) - H_c(\beta, \mu, \boldsymbol{f}; t) \tag{3.63}$$

verringert. $I(t)$ heißt *Transinformation*. Sie ist also die Information über den zukünftigen Zustand, die aus der Messung des Anfangszustandes erhalten wird. Es gilt immer (s. z. B. RÉNYI, 1977)

$$0 \leq I(t) \leq H(\beta, \mu). \tag{3.64}$$

Zukünftige Zustände sind auf der Grundlage der Messung eines Anfangszustandes im Rahmen der Meßungenauigkeit ε

voraussagbar, falls $I(t) = H(\beta, \mu) \iff$
$p_{j|i}(t) = 1$ oder 0 für alle $i, j = 1, 2, ..., M$,

eingeschränkt voraussagbar, falls $0 < I(t) < H(\beta, \mu) \iff$
von zumindest einem Zustand wird nach der Zeit t mit von null verschiedener Wahrscheinlichkeit in mehr als einen Zustand übergangen werden, wobei aber für mindestens einen der Übergänge $p_{j|i}(t) \neq p_j$ gilt,

nicht voraussagbar, falls $I(t) = 0 \iff$
$p_{j|i}(t) = p_j$ für alle $i, j = 1, 2, ..., M$.

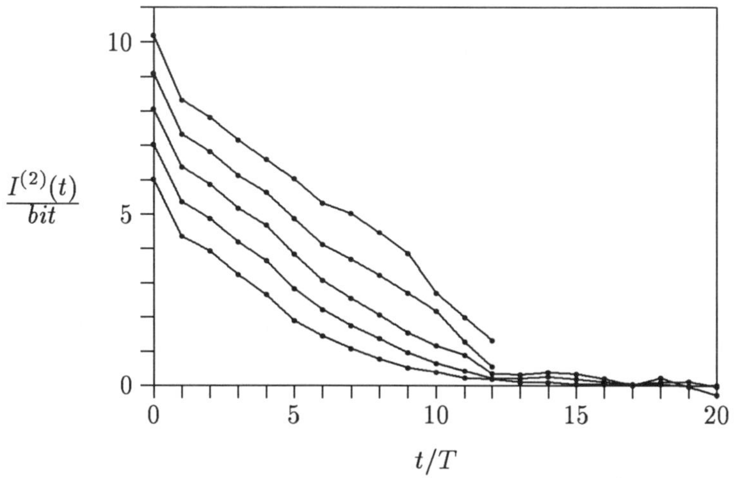

Abb. 3.16: Verallgemeinerte Transinformation für die Winkelgeschwindigkeit $\dot{x}(t)$ des parametrisch erregten Pendels (1.6) ($\Omega = 1,56$, $B = 0,15$, $A = 0,94$). Parameter: Meßgenauigkeit $\varepsilon^{-1} = 6 \times 2^b$, mit $b \approx 6$ (untere Kurve) bis $b \approx 10$ (obere Kurve)

Die Transinformation $I(t)$ kann auch umgekehrt als die Information über einen vergangenen Zustand B_i interpretiert werden, die aus einer Messung des gegenwärtigen Zustandes B_j erhalten wird. Gilt also $I(t) = 0$, so hat das System nach der Zeit t, im Rahmen der durch β charakterisierten Ungenauigkeit, seinen Anfangszustand „vergessen“.

Wird z. B. bei einem zeitdiskreten Orbit der Periode m mit hinreichender Genauigkeit gemessen, so daß in jeder Box von β höchstens ein Punkt einer Periode des Orbits liegt, dann gilt $H(\beta, \mu) = \operatorname{ld} m = I(t)$ für alle $t = 0, 1, 2, \ldots$ Alle zukünftigen Zustände B_j sind hier voraussagbar, wenn B_i bekannt ist. Bei chaotischen Systemen fällt jedoch die Transinformation für beliebig „feine“ Partitionierungen. Die Abb. 3.16 illustriert dies für das parametrisch erregte Pendel (1.6). (Hier ist allerdings eine verallgemeinerte Transinformation $I^{(2)}(t)$ aufgetragen, die zum Ende dieses Abschnittes eingeführt wird. Ihre Interpretation gleicht der in Gl. (3.63) definierten.) Die obere Kurve entspricht etwa der Situation in der Mitte der Abb. 3.15. Die Transinformation fällt für alle Meßgenauigkeiten ε^{-1} nahezu linear um etwa $0,6\,bit/T$, so daß gewisse Voraussagen über etwa $I^{(2)}(0)/0,6$ Erregerperioden gemacht werden können. Danach erreichen alle Kurven nahezu null, was Ausdruck der mischenden Wirkung des Phasenflusses ist.

Ein dynamisches System (2.32) ist genau dann mischend, wenn für alle (μ-meßbaren) Partitionierungen $\lim_{t\to\infty} I(t) = 0$ gilt. Anschaulich bedeutet dies, daß mischende Systeme ihren Anfangszustand vergessen bzw. zukünftige Zustände mit wachsender Zeit immer ungenauer vorausgesagt werden, bis schließlich für hinreichend weit in der Zukunft liegende Zeitpunkte *praktisch* keine Zustandsvoraussagen gemacht werden können. Die Abb. 3.17 zeigt dies für das parametrisch erregte Pendel (1.6). Hier wurden der Winkel x und die Winkelgeschwindigkeit $\dot{x}$ stroboskopisch aufgetragen für 101×101 Trajektorien vom Anfangszeitpunkt 0 bis zur Evolutionszeit $10T$. (Die Phasenlage entspricht dem unteren Totpunkt der periodischen Erregung des Pendels.) Sie gehören zu Anfangsbedingungen $(x_0, \dot{x}_0)$, die über dem Quadrat

$$\left[x^* - \frac{\varepsilon_{x,m}}{2}, \quad x^* + \frac{\varepsilon_{x,m}}{2}\right] \times \left[\dot{x}^* - \frac{\varepsilon_{y,m}}{2}, \quad \dot{x}^* + \frac{\varepsilon_{y,m}}{2}\right]$$

gleichverteilt sind, wobei $x^* \approx -2\pi \times 0,440\,14$, $\dot{x}^* \approx 0,630\,09$, $\varepsilon_{x,m} = 2\pi \times 2^{-10}$ und $\varepsilon_{y,m} = 6 \times 2^{-10}$. Das entspricht der Kurvenschar in der Mitte der Abb. 3.15 bzw. etwa der oberen Kurve von Abb. 3.16. In den ersten 3 Zeitschritten sind die Trajektorien im Rahmen der Zeichenungenauigkeit $(\varepsilon_{x,z}, \varepsilon_{y,z}) \approx (2^{-6}, 2^{-6})$ nicht unterscheidbar. Will man also zukünftige Zustände $(x_t, \dot{x}_t)$ des Pendels zumindest mit der Zeichengenauigkeit vorhersagen, so gelingt das bei der obigen Meßgenauigkeit $(\varepsilon_{x,m}, \varepsilon_{y,m})$ nur über etwa 3 Zeitschritte. Danach laufen die Trajektorien deutlich sichtbar auseinander, und bereits nach 10 Zeitschritten verteilt sich die Trajektorienschar über nahezu den ganzen Attraktor — ebenso, wie sich ein Tintentropfen im Wasserglas beim Umrühren mit einem Löffel verteilt. Ein kleiner Meßfehler in den Anfangsbedingungen macht also weiterreichende Prognosen unmöglich. Bereits nach wenig mehr als 10 Zeitschritten kann man hier nur noch vorhersagen, daß sich das System in der Nähe bzw. auf dem Attraktor befinden wird, mit der Wahrscheinlichkeitsverteilung, die durch das natürliche Maß μ gegeben ist. Der genaue Ort ist jedoch nicht angebbar.

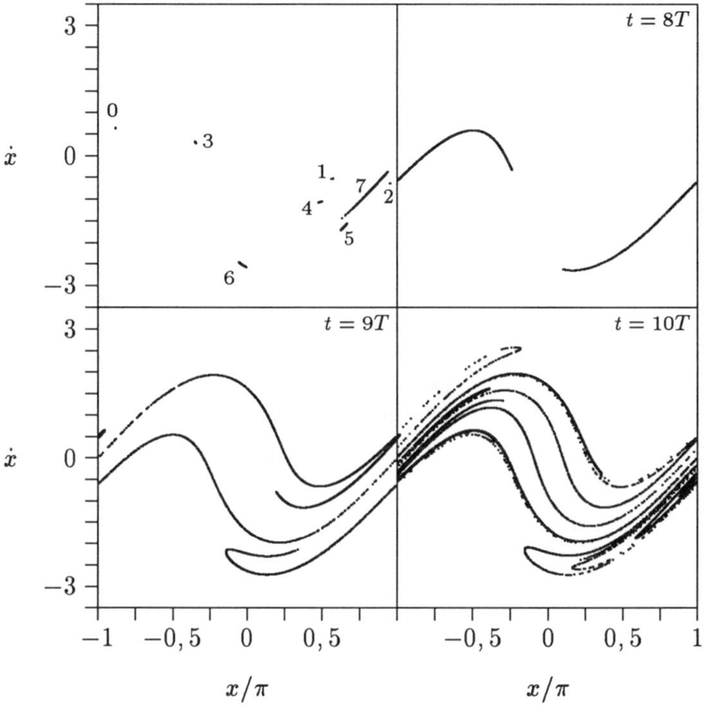

Abb. 3.17: Mischende Wirkung des Phasenflusses des parametrisch erregten Pendels (1.6) für $\Omega = 1,56$, $B = 0,15$, $A = 0,94$ (t in Einheiten der Erregerperiode $T \equiv 2\pi/\Omega$)

Starten die Trajektorien in einem anderen Quadrat als dem in Abb. 3.17 gewählten (aber einem Quadrat gleicher Größe), so bleiben die Trajektorien möglicherweise über einen etwas längeren oder auch kürzeren Zeitraum eng beieinander. Darüber hinaus sind gewisse Prognosen selbst dann noch möglich, wenn die Punktwolke in der Abb. 3.17 zwar schon nahezu vollständig die Konturen des Attraktors zeigt (vgl. Abb. 1.8), aber noch nicht die Verteilungsdichte entsprechend dem natürlichen Maß μ auf dem Attraktor widerspiegelt. Die Transinformation berücksichtigt beide Aspekte. Sie macht Aussagen über die Information, die in einer Anfangsmessung mit einer bestimmten Ungenauigkeit ε über zukünftige Zustände im Rahmen *eben dieser* Ungenauigkeit *im*

Mittel enthalten ist. Diese Mittelung wird deutlich, wenn (3.63) unter Verwendung von (3.36) und (3.62) wie folgt umgeschrieben wird:

$$I(t) = \sum_i p_i \sum_j p_{j|i}(t) \operatorname{ld} \frac{p_{j|i}(t)}{p_j}. \tag{3.65}$$

Hierin verschwindet die Summe über j zu festem i dann und nur dann, wenn $p_{j|i}(t) = p_j$ für alle j gilt. Das bedeutet, zwischen dem Systemzustand B_i zur Anfangszeit 0 und den möglichen zukünftigen Zuständen $\{B_j\}$ besteht nach t Zeitschritten ***keine statistische Abhängigkeit.*** In Abb. 3.17 ist also für eine spezielle Box B_i, die an der mit 0 gekennzeichneten Stelle im Phasenraum liegt, die Annäherung $p_{j|i}(t) \to p_j$ für wachsendes t illustriert. [9)] Die Gleichheit $p_{j|i}(t) = p_j$, für alle $j = 1, 2, \ldots, M$, bedeutet, daß die Trajektorienschar zur Zeit t über dem chaotischen Attraktor auf dem durch β gegebenen Quantisierungsniveau entsprechend dem natürlichen Maß verteilt ist. Schließlich stellt die Summation über i in (3.65) eine Mittelung über alle möglichen Anfangszustände B_i dar, deren Wahrscheinlichkeit durch p_i gegeben ist.

3.3.2 Kolmogorov–Sinaj–Entropie

Kennt man nicht nur den gegenwärtigen Zustand B_{i_0} des Systems, sondern auch vergangene Zustände B_{i_t}, $t = -1, -2, -3, \ldots$, so erhöht sich dadurch i. allg. die Information über einen zukünftigen Zustand, oder sie bleibt konstant, eine Verringerung ist jedoch ausgeschlossen. Ist die Symbolsequenz in (3.60) z. B. eine Markov–Kette der Ordnung k, so liefern genau die Zustände $B_{i_t}, t = -1, -2, \ldots, -k+1$, zusätzlich zu B_{i_0} Information über den Zustand B_{i_1}. Aber selbst wenn alle vergangenen Zustände bekannt sind, verbleibt i. allg. noch eine gewisse Unsicherheit. Im folgenden wird dies genauer betrachtet.

---

9) Präziser ausgedrückt, illustriert die Abb. 3.17 die zeitliche Entwicklung des Trägers des bedingten Wahrscheinlichkeitsmaßes $\mu_{t|B_i}$, das uns beschreibt, mit welcher Wahrscheinlichkeit eine „typische" Trajektorie zur Zeit t in B_j ist, wenn sie zur Anfangszeitzeit 0 in B_i war, d. h., $\mu_{t|B_i}(B_j) \equiv p_{j|i}(t)$.

Sei $\boldsymbol{f}^{-t}B$ die Menge aller Punkte $\boldsymbol{x} \in \mathbb{R}^n$, die durch $\boldsymbol{f}^t$ auf B abgebildet wird. Dann ist

$$B_{\mathcal{W}} \equiv B_{i_0 \ldots i_{w-1}} = \bigcap_{t=0}^{w-1} \boldsymbol{f}^{-t} B_{i_t} \tag{3.66}$$

die Menge aller Anfangsbedingungen $\boldsymbol{x}_0$, welche in den ersten w Zeitschritten die gleiche Zustandsfolge $i_0, \ldots, i_{w-1}$ liefern und nach weiteren Zeitschritten unterschiedliche Zustände i_t, $t \geq w$, annehmen können. Wenn wir eine Partitionierung mit M Boxen B_i verwenden, so sind aus kombinatorischer Sicht genau M^w verschiedene Worte

$$\mathcal{W} \equiv i_0 \ldots i_{w-1}$$

der Länge w möglich. Tatsächlich wird aber infolge statistischer Abhängigkeiten in der Regel nur ein Bruchteil dieser Worte mit von null verschiedener Wahrscheinlichkeit

$$p_{\mathcal{W}} \equiv \mu(B_{\mathcal{W}}) \tag{3.67}$$

beobachtet. Unter Verwendung des Shannonschen Informationsmaßes (3.36) ist dann

$$H_w(\beta, \mu, \boldsymbol{f}) \equiv -\sum_{\mathcal{W}} p_{\mathcal{W}} \operatorname{ld} p_{\mathcal{W}} \tag{3.68}$$

die Information, welche man (im Mittel) erhält, wenn ein Wort $\mathcal{W}$ gemessen wird. Hierin ist über alle Worte $\mathcal{W}$ zu summieren. Es gilt immer $H_w(\beta, \mu, \boldsymbol{f}) \leq H_{w+1}(\beta, \mu, \boldsymbol{f})$.

Kennt man ein Wort $\mathcal{W}$, so hat man damit über einen zukünftigen Zustand B_j noch die (mittlere) Unsicherheit

$$H_{c,w}(\beta, \mu, \boldsymbol{f}; t) \equiv -\sum_{\mathcal{W}} p_{\mathcal{W}} \sum_{j} p_{j|\mathcal{W}}(t) \operatorname{ld} p_{j|\mathcal{W}}(t). \tag{3.69}$$

Hierin ist

$$p_{j|\mathcal{W}}(t) \equiv \begin{cases} \dfrac{p_{\mathcal{W}j}(t)}{p_{\mathcal{W}}} & : \quad p_{\mathcal{W}} \neq 0 \\ 0 & : \quad \text{sonst} \end{cases}$$

die bedingte Wahrscheinlichkeit dafür, daß nach $t \geq 0$ Zeitschritten das Symbol j auftritt, unter der Bedingung, daß vorher das

Wort $\mathcal{W}$ registriert wurde. Die zugehörige Verbundwahrscheinlichkeit ist

$$p_{\mathcal{W}j}(t) \equiv \mu(B_{\mathcal{W}j}) \tag{3.70}$$

mit

$$B_{\mathcal{W}j}(t) \equiv \left(\bigcap_{\tau=0}^{w-1} \boldsymbol{f}^{-\tau} B_{i_\tau} \right) \bigcap \boldsymbol{f}^{-(w-1+t)} B_j,$$

woraus die Verbundentropie gebildet wird,

$$H_{w+1}(\beta, \mu, \boldsymbol{f}; t) \equiv -\sum_{\mathcal{W},j} p_{\mathcal{W}j}(t) \operatorname{ld} p_{\mathcal{W}j}(t). \tag{3.71}$$

Schließlich ist die Transinformation in $\mathcal{W}$ über j gegeben durch

$$\begin{aligned} I_w(t) &\equiv H_1(\beta, \mu) - H_{c,w}(\beta, \mu, \boldsymbol{f}; t) \\ &= H_1(\beta, \mu) - [H_{w+1}(\beta, \mu, \boldsymbol{f}; t) - H_w(\beta, \mu, \boldsymbol{f})]. \end{aligned} \tag{3.72}$$

Hier wird $H_1(\beta, \mu) \equiv H_1(\beta, \mu, \boldsymbol{f})$ geschrieben, denn H_1 hängt nicht vom Fluß $\boldsymbol{f}$ ab. Allgemein gilt

$$0 \leq I_w(t) \leq H_1(\beta, \mu).$$

Für $w = 1$ geht (3.69) und (3.72) in (3.62) bzw. (3.63) über. $H_{c,w}(\beta, \mu, \boldsymbol{f}; t)$ fällt mit wachsender Wortlänge w monoton, d. h., die Unsicherheit über j kann nicht zunehmen, wenn immer mehr vergangene Zustände bekannt werden. Andererseits ist die Folge $\{H_{c,w}\}_w$ nach unten durch null beschränkt, so daß der Grenzwert

$$h(\beta, \mu, \boldsymbol{f}, t) \equiv \lim_{w \to \infty} H_{c,w}(\beta, \mu, \boldsymbol{f}; t) \tag{3.73}$$

existiert. Er gibt die Unsicherheit über den zukünftigen Zustand B_j an, welche verbleibt, wenn alle vergangenen Zustände bekannt sind. Für $t = 1$ erhält man

$$h(\beta, \mu, \boldsymbol{f}) \equiv h(\beta, \mu, \boldsymbol{f}; 1), \tag{3.74}$$

welche *Kolmogorov–Sinaj–Entropie* oder *metrische Entropie* des *symbolischen Systems* genannt wird, das aus dem ursprünglichen dynamischen System (2.32) durch die Einführung der Partitionierung β entsteht. $h(\beta, \mu, \boldsymbol{f})$ ist also die Unsicherheit über den unmittelbar zukünftigen Zustand B_{i_w}, die verbleibt, wenn alle vergangenen Zustände $B_{i_0} \dots B_{i_{w-1}}$ bekannt sind. Anstelle von (3.73) kann man für $t = 1$ auch schreiben

$$\begin{aligned} h(\beta, \mu, \boldsymbol{f}) &= \lim_{w \to \infty} w^{-1} H_w(\beta, \mu, \boldsymbol{f}) \\ &= \lim_{w \to \infty} H_{w+1}(\beta, \mu, \boldsymbol{f}) - H_w(\beta, \mu, \boldsymbol{f}). \end{aligned} \tag{3.75}$$

Die *Kolmogorov–Sinaj–Entropie* des *dynamischen Systems* (2.32) wird durch

$$h_\mu(\boldsymbol{f}) \equiv \sup_\beta h(\beta, \mu, \boldsymbol{f}) \tag{3.76}$$

definiert, wobei das Supremum über alle μ–meßbaren Partitionierungen β zu bilden ist (KOLMOGOROV, 1958, 1959, SINAJ, 1959; s. auch BILLINGSLEY, 1965, ARNOL'D und AVEZ, 1968, oder WALTERS, 1982). $h_\mu(\boldsymbol{f})$ ist also die höchstmögliche Unsicherheit über einen zukünftigen Zustand eines symbolischen Systems, das aus (2.32) durch eine Partitionierung β entsteht. Allgemein gilt

$$h_\mu(\boldsymbol{f}^t) = |t| \times h_\mu(\boldsymbol{f}). \tag{3.77}$$

In der Meßpraxis bedeutet dies folgendes: An einem dynamischen System mögen in regelmäßigen Zeitabständen Messungen durchgeführt werden, wobei die Meßapparatur (der Analog–Digital–Wandler) durch die Partitionierung $\beta = \{B_i\}$ beschrieben sei. Die Meßergebnisse B_{i_t} seien nun schon „sehr lange" aufgezeichnet. Dann erhält man mit jeder weiteren Einzelmessung „neue" Information, die in den schon bekannten Meßdaten nicht enthalten ist. Deren Mittelwert pro Einzelmessung ist durch die metrische Entropie (3.76) nach oben hin beschränkt.

Sind zwei dynamische Systeme $(A, \mu, \boldsymbol{f}^t)$ und $(A^*, \mu^*, \boldsymbol{f}^{*t})$ einander *isomorph* [10], so haben beide Systeme die gleiche metrische Entropie, $h_\mu(f) = h_{\mu*}(f^*)$. (Die Umkehrung dieser Aussage gilt i. allg. nicht, s. z. B. WALTERS, 1982, S. 108.) In diesem Sinne ist die metrische Entropie eine *Invariante* des dynamischen Systems, was ihre hervorragende Bedeutung in der Ergodentheorie begründet. Praktisch bedeutet das z. B., daß die maximal mögliche Information, die wir mit unserem Meßsignal x_t erhalten, nicht

[10] Zwei Systeme sind isomorph, wenn eine eindeutig umkehrbare Abbildung h: $A \to A^*$ existiert, so daß ein zu (2.36) analoges Diagramm kommutativ ist und h maßerhaltend ist, d. h., $\mu^*(h(B)) = \mu(B)$ für alle μ–meßbaren Mengen $B \subseteq A$.

von beliebigen, möglicherweise nichtlinearen aber eindeutig umkehrbaren Verzerrungen bei der Signalvorverarbeitung abhängt.

Eine zu (3.76) alternative Darstellung ist

$$h_\mu(\boldsymbol{f}) = \lim_{\varepsilon \to 0} h(\beta_\varepsilon, \mu, \boldsymbol{f}), \tag{3.78}$$

wobei $\varepsilon \equiv \varnothing(\beta)$ wiederum den größten Durchmesser der Boxen aus $\beta \equiv \beta_\varepsilon$ bezeichnet (s. Gl. (3.38)). Wird also in der Praxis mit immer geringeren Meßungenauigkeiten ε gemessen, so ist die Unsicherheit über einen zukünftigen Zustand im Mittel durch $h_\mu(\boldsymbol{f})$ gegeben. Es gibt aber i. allg. auch Partitionierungen β^*, die möglicherweise „grob" sind und für die $h_\mu(\boldsymbol{f}) = h(\beta^*, \mu, \boldsymbol{f})$ gilt. Das sind die sogenannten *generierenden Partitionierungen*, für welche der Durchmesser einer jeden Menge $B_{\mathcal{W}}$ in (3.66) für wachsende Wortlängen w gegen null strebt. In diesem Falle codiert die Symbolsequenz in (3.60) den Anfangszustand $\boldsymbol{x}_0$ ein–ein–deutig.

In Abb. 3.18 ist dies illustriert: Wurde das System zur Anfangszeit 0 im Zustand B_{i_0} angetroffen und zur Zeit 1 im Zustand B_{i_1}, so muß es offenbar anfänglich in $\boldsymbol{f}^{-1}B_{i_1} \cap B_{i_0}$ gewesen sein. Kennt man den Attraktor A, so kann man die Position sogar noch genauer in $\boldsymbol{x}_0 \in \boldsymbol{f}^{-1}B_{i_1} \cap B_{i_0} \cap A$ angeben. Bei chaotischen Systemen bildet $\boldsymbol{f}^{-1}B_{i_1}$ eine Menge, die den Attraktor „transversal schneidet". Das gleiche trifft für $\boldsymbol{f}^{-t}B_{i_t}$ mit $t = 2, 3, \ldots$ zu. Dies hat seine Ursache darin, daß der inverse Fluß $\boldsymbol{f}^{-1}$ die streckende und stauchende Wirkung von $\boldsymbol{f}$ gerade ins Gegenteil verkehrt — entlang der instabilen Mannigfaltigkeit von A „schrumpft"

$$\boldsymbol{f}^{-t}B_{i_t} \cap \ldots \cap \boldsymbol{f}^{-1}B_{i_1} \cap B_{i_0} \cap A \tag{3.79}$$

wie $\exp(-\lambda_1 t)$, wobei λ_1 der positive Ljapunov–Exponent von $\boldsymbol{f}$ ist. Für generierende Partitionierungen wird somit die Position des Anfangswertes $\boldsymbol{x}_0$ für $t \to \infty$ immer genauer bestimmt. Die gemessene Sequenz $\{B_{i_t}\}_{t=0}^{\infty}$ enthält dann alle Informationen über die Anfangsbedingung $\boldsymbol{x}_0$, und der Phasenfluß $\boldsymbol{f}$ liefert via (3.79) die Decodiervorschrift, um aus der Symbolsequenz $i_0 i_1 i_2 \ldots$ den Anfangs–Mikrozustand $\boldsymbol{x}_0$ zu erhalten. Die Information $h_\mu(\boldsymbol{f})$, welche wir mit einer Messung im Mittel erhalten, ist also Information über den Anfangszustand $\boldsymbol{x}_0$, die infolge der mittleren expandierenden Wirkung des Phasenflusses $\boldsymbol{f}^t$ in bestimmten Richtungen im Phasenraum von „Mikro– zu Makroskalen" transportiert wird und somit in Messungen mit einer bestimmten Ungenauigkeit ε, welche die Makroskale definiert, erhalten wird. Kennt man

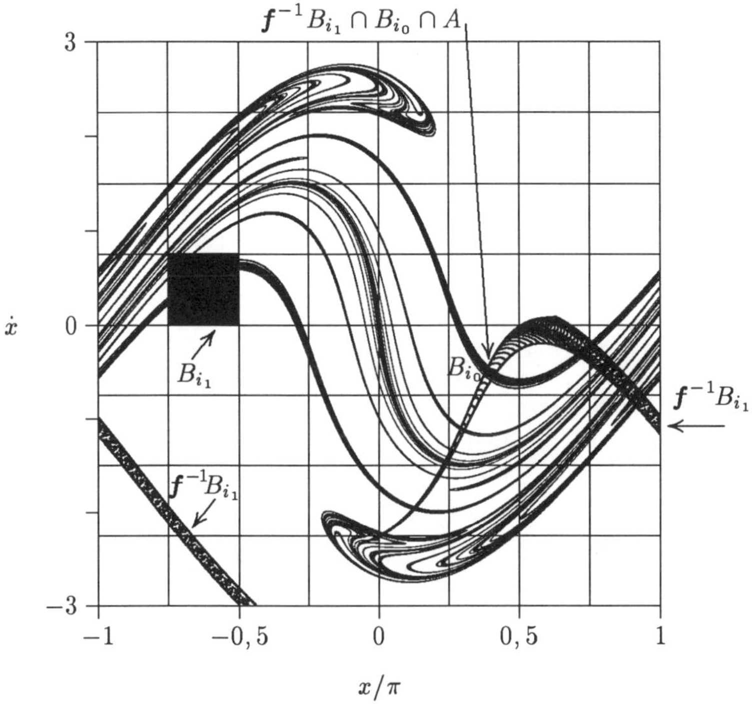

Abb. 3.18: Wirkung des inversen Flusses f^{-1} auf eine Meßbox B_{i_1} beim parametrisch erregten Pendel (1.6) für $\Omega = 1,56$, $B = 0,15$, $A = 0,94$

den Fluß f mit dem zugehörigen natürlichen Maß μ jedoch *nicht*, so liefern die Messungen i. allg. mehr Information, welche z. B. zur Modellierung des Systems verwendet werden kann. Dies wird aber nicht durch die metrische Entropie beschrieben!

Für periodische und quasiperiodische Bewegungen ist die metrische Entropie null, während sie für stochastische („verrauschte“) Systeme unendlich ist. *Chaotische Systeme* zeichnen sich hingegen durch einen von null verschiedenen und endlichen Wert von $h_\mu(f)$ aus. Sie transportieren also im Vergleich zu regulären (nicht chaotischen) deterministischen Systemen besonders effektiv Information von Mikro– zu Makroskalen.

Für hinreichend große Wortlängen w und generierende (oder sehr „feine") Partitionierungen β fällt die Transinformation (3.72) bei chaotischen Systemen etwa linear wie

$$I_w(t) \approx H_1(\beta, \mu) - t \times h_\mu(\boldsymbol{f}),$$

solange $t \times h_\mu(\boldsymbol{f}) \ll H(\beta_\varepsilon, \mu)$ gilt. Kommt für wachsende Zeit t der Term $t \times h_\mu(\boldsymbol{f})$ in die Nähe von $H(\beta_\varepsilon, \mu) = I_w(0)$, so verlangsamt sich i. allg. der (mittlere) Abfall von $I_w(t)$ infolge von „Faltungen" und strebt dann asymptotisch gegen null.

Je kleiner die Meßungenauigkeit ε, desto größer wird $I_w(0)$ und umso wesentlicher wird der Abfall mit $-h_\mu(\boldsymbol{f})$. Deshalb argumentierte SHAW (1981), daß über zukünftige Zustände $B_{i_{w-1+t}}$ aus der Kenntnis vergangener Zustände $B_{i_0} \ldots B_{i_{w-1}}$ i. allg. nur solange „wesentliche" Vorhersagen gemacht werden können, wie die „neu produzierte" Information $t \times h_\mu(\boldsymbol{f})$ nicht die „alte" Information $H_1(\beta, \mu)$ übersteigt. Für die Vorhersagezeit ergibt sich somit die Formel

$$t_V \approx \frac{H_1(\beta, \mu)}{h_\mu(\boldsymbol{f})}. \tag{3.80}$$

Zustände, die das System nach Verstreichen der Zeit t_V annimmt, sind praktisch nicht voraussagbar. Setzt man hierbei noch nach (3.37) $H_1(\beta, \mu) \approx -D_I(\mu)$ ld ε, so erhält man eine simple Beziehung zwischen der Voraussagezeit t_V und der Meßgenauigkeit $1/\varepsilon \gg 1$ (FARMER, 1982):

$$t_V \approx \frac{D_I(\mu)}{h_\mu(\boldsymbol{f})} \operatorname{ld} \frac{1}{\varepsilon}. \tag{3.81}$$

Die Voraussagezeit vergrößert sich also im wesentlichen nur logarithmisch mit der Meßgenauigkeit $1/\varepsilon$, was unsere Erwartungen aufgrund der Abbildung 3.15 bestätigt. Die Proportionalitätskonstante ist der Quotient aus Informationsdimension $D_I(\mu)$ und metrischer Entropie $h_\mu(\boldsymbol{f})$. Er ist eine charakteristische Invariante des dynamischen Systems. Es sei jedoch betont, daß die Beziehung nur als „Faustregel" betrachtet werden kann. Tatsächlich lassen sich leicht Beispiele finden, wo sie verletzt ist. So hat man z. B. im Falle der chaotischen Mehrbandattraktoren von Abb. 1.7 c) bzw. 1.8 e) – g) $\lim_{t\to\infty} I_w(t) = \operatorname{ld} b$. Hier ist b die Anzahl der Bänder, und die Partitionierung wird als genügend fein vorausgesetzt, so daß eine jede Box Punkte höchstens eines Bandes enthält.

Zur Illustration sei wiederum die Zeltabbildung (1.3) betrachtet, mit dem Lebesgue–Maß auf $[0, 1]$ als zugehörigem natürlichen Maß μ (s. Abschn. 3.1.1) und mit den Partitionierungen

$$\beta_{M,\varepsilon} \equiv \left\{ B_i \equiv \left[\frac{(i-1+\varepsilon)}{M}, \frac{(i+\varepsilon)}{M} \right] \right\}_{i=0}^{M}, \tag{3.82}$$

wobei $0 \leq \varepsilon < 1$. Für „natürliche" Partitionierungen $\beta_{M,0}$, mit $M = 2^k$ und $k = 1, 2, 3, \ldots$, gilt $H_{c;w}(\beta_{M,0}, \mu, f, 1) = 1\, bit$ für $w = 1, 2, 3, \ldots$ Die gesamte mögliche Information über $B_{i_{t+1}}$ wird also mit der Messung von B_{i_t} erhalten. Die Kenntnis der vergangenen Zustände $\ldots B_{i_{t-2}}, B_{i_{t-1}}$ liefert in diesem Fall keine zusätzliche Information über $B_{i_{t+1}}$. Die entsprechende Symbolfrequenz in (3.60) ist hier eine Markov–Kette erster Ordnung. Wird die Messung jedoch dahingehend verändert, daß die Partitionierung verschoben wird, so daß $\varepsilon = 1/2$ gilt, dann erhält man

$$H_{c;w}(\beta_{M,1/2}, \mu, f; 1) = 1 + \frac{(2^k - 1)}{2^{k+w}}.$$

Jeder vergangene Zustand liefert nun eine gewisse Information über $B_{i_{t+1}}$. In jedem Falle gilt aber für die verwendeten Partitionierungen $h(\beta_{M,\varepsilon}, \mu, f) = h_\mu(f) = 1\, bit$ (Pompe und Leven, 1986).

In ihren Strömungsexperimenten haben Brandstäter et al. (1983) die metrische Entropie für spezielle Partitionierungen β direkt nach Definition bestimmt, indem sie die Verbundwahrscheinlichkeiten (3.67) für große Wortlängen schätzten und nach (3.69) für $t = 1$ die Differenz $H_{w+1} - H_w \approx h(\beta, \mu, \boldsymbol{f})$, allerdings nur für Wortlängen $w + 1 = 2$, bestimmten. Die Ergebnisse sind in Abb. 3.9 dargestellt. Wie zu erwarten war, vergrößert sich die Rate der Informationsproduktion, wenn die Bewegung mit Vergrößerung der Reynolds–Zahl turbulenter (chaotischer) wird.

Das zeitliche lineare Anwachsen (3.77) von $h_\mu(\boldsymbol{f}^t)$ im chaotischen Fall widerspiegelt die exponentielle Divergenz benachbarter Trajektorien, was wir im Abschn. 3.1 durch positive Ljapunov–Exponenten charakterisiert haben. Dort wurde ein positiver, aber endlicher Wert des größten Ljapunov–Exponenten als Definition eines *chaotischen Systems* (2.32) angegeben. Eine dazu alternative Forderung ist: $0 < h_\mu(\boldsymbol{f}) < \infty$. Beide Charakterisierungen für chaotische Systeme sind im gewissen Sinne verträglich, wie die im folgenden dargelegten Zusammenhänge zwischen Kolmogorov–Sinaj–Entropie und Ljapunov–Exponenten zeigen.

3.3.3 Beziehungen zwischen Entropie, Ljapunov-Exponenten und Informationsdimensionen

Die Bestimmung der metrischen Entropie eines dynamischen Systems (2.32) direkt nach ihrer Definition (3.76) ist vor allem wegen der notwendigen Bildung des Supremums zumeist nicht ausführbar. Darüber hinaus ist es i. allg. schwierig, generierende Paritionierungen zu finden. Sehr feine Partitionierungen schaffen andererseits numerische Probleme, da hier sehr lange Zeitreihen ausgewertet werden müssen. Diese Schwierigkeiten machen Beziehungen zwischen der metrischen Entropie und anderen charakteristischen Größen besonders interessant. Ljapunov–Exponenten werden im folgenden ebenso wie die metrische Entropie in *bit/Zeiteinheit* gemessen, d. h., in (3.13) und (3.16) ist jetzt der duale Logarithmus statt des natürlichen zu verwenden.

Denken wir uns nun eine „sehr feine" Partitionierung β_ε des Phasenraumes mit Boxen der Kantenlänge ε. Die i–te Box schneidet aus dem Attraktor A die Menge $B_i \cap A$ aus, wie es in Abb. 3.19 a) (links oben) schematisch dargestellt ist. Wir nehmen zunächst an, daß nur ein Ljapunov–Exponent positiv ist, also $\lambda_1 > 0$. Ist ε klein genug, so können wir uns $B_i \cap A$ als eine Vielzahl nahezu

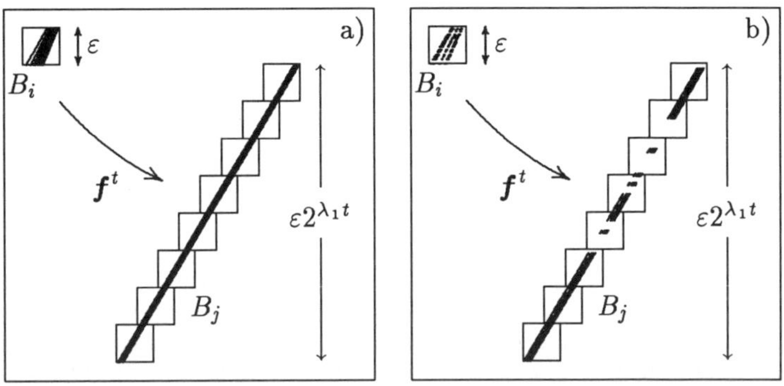

Abb. 3.19: Wirkung des Phasenflusses f^t auf Punkte einer invarianten Menge in einer Box B_i der Kantenlänge ε bei (a) glatter bzw. (b) fraktaler Struktur in instabiler Richtung

parallel liegender „Fäden“ der Länge ε vorstellen. Der Phasenfluß $\boldsymbol{f}^t$ streckt dann diese Fäden auf die Länge $L^* \approx 2^{\lambda_1 t}\varepsilon$. Für unsere Betrachtung ist es wichtig zu fordern, daß $\varepsilon \to 0$ und $t \to \infty$. Andernfalls würde nicht λ_1 das Streckungsverhalten beschreiben.

Wenn $\boldsymbol{f}^t$ ein Diffeomorphismus ist, so werden für $\varepsilon \to 0$ die Fäden gleichmäßig entlang der instabilen Richtung gestreckt und senkrecht dazu gestaucht. Die Bildmenge $\boldsymbol{f}^t(B_i \cap A)$ kann dann mit $M^* \approx L^*/\varepsilon = 2^{\lambda_1 t}$ Boxen B_j überdeckt werden, und $\mu(\boldsymbol{f}^{-t}B_j \cap B_i)$ ist die Wahrscheinlichkeit für den Übergang $B_i \to B_j$. Ist das natürliche Maß μ entlang der instabilen Richtung „glatt“, so haben alle Übergänge für $j = 1, 2, \ldots, M^*$ die gleiche Wahrscheinlichkeit. Kennen wir also den Anfangszustand mit der Meßungenauigkeit ε, so haben wir unter Verwendung des Shannonschen Informationsmaßes pro Zeitschritt die mittlere Ungewißheit $\operatorname{ld} M^* = \lambda_1$, die gleich der metrischen Entropie $h_\mu(\boldsymbol{f})$ ist. Im Falle mehrerer positiver Ljapunov–Exponenten führen ähnliche heuristische Betrachtungen auf die Beziehung

$$h_\mu(\boldsymbol{f}) = \sum_{\lambda_i > 0} \lambda_i. \tag{3.83}$$

Hier erstreckt sich die Summation über alle positiven Ljapunov–Exponenten. Tatsächlich wurde die Identität (3.83) von PESIN (1977) für den Fall, daß μ in den instabilen Richtungen absolut stetig ist, streng bewiesen. μ heißt dann *Sinaj–Ruelle–Bowen–Maß*. Im allgemeinen Fall fand RUELLE (1978) die Relation

$$h_\mu(\boldsymbol{f}) \leq \sum_{\lambda_i > 0} \lambda_i. \tag{3.84}$$

Die Summe der positiven Ljapunov–Exponenten überschätzt also i. allg. die metrische Entropie. Um dies zu veranschaulichen, zeigt die Abbildung 3.19 b) eine invariante Menge A, die entlang der instabilen Richtung fraktal ist, was durch die partielle Informationsdimension $D_I^{(1)} \leq 1$ beschrieben wird. Solche Mengen sind z. B. chaotische Sättel (s. Abb. 5.12). Wir messen nun $\boldsymbol{f}^t(B_i \cap A)$ mit der Meßungenauigkeit ε und erhalten die Information $H(\beta_\varepsilon, \mu_{t|B_i})$, worin $\mu_{t|B_i}(B)$ das entsprechende bedingte Wahrscheinlichkeitsmaß ist (s. Fußnote auf S. 120). Dieselbe Information erhalten wir durch eine Messung zur Zeit 0 innerhalb von B_i mit der Meßungenauigkeit

$$\varepsilon^* \equiv 2^{-\lambda_1 t}\,\varepsilon$$

in instabiler Richtung (entlang der „Fäden") und gleicher Auflösung ε in den stabilen Richtungen (senkrecht zu den „Fäden"). Die Zunahme der Information mit Verfeinerung der Auflösung wird aber gerade durch die partielle Informationsdimension $D_I^{(1)}$ beschrieben, welche wir der instabilen Richtung zuordnen. Mit einem Ansatz wie in (3.37) erhalten wir also

$$D_I^{(1)} = -\frac{H(\beta_{\varepsilon^*}, \mu_i) - H(\beta_\varepsilon, \mu_i)}{\operatorname{ld}\varepsilon^* - \operatorname{ld}\varepsilon}, \tag{3.85}$$

worin μ_i das bedingte Wahrscheinlichkeitsmaß auf Teilmengen B^* von B_i ist, d. h.,

$$\mu_i(B^*) \equiv \frac{\mu(B^*)}{\mu(B_i)},$$

vorausgesetzt, $\mu(B_i) > 0$. Ersetzen wir in (3.85) ε^*, so folgt

$$H(\beta_{\varepsilon^*}, \mu_i) - H(\beta_\varepsilon, \mu_i) = D_I^{(1)}\lambda_1 t.$$

Pro Zeitschritt wird also die Unsicherheit $D_I^{(1)}\lambda_1$ über einen zukünftigen Zustand im Rahmen der Meßungenauigkeit ε entstehen, wiederum für „fast alle" Boxen B_i, so daß also $h_\mu(\boldsymbol{f}) = D_I^{(1)}\lambda_1$.

Im Fall mehrerer positiver Ljapunov–Exponenten führen ähnliche Überlegungen zur Beziehung

$$h_\mu(\boldsymbol{f}) = \sum_{\lambda_i>0} D_I^{(i)}\lambda_i. \tag{3.86}$$

Hierin sind $D_I^{(i)}$ *partielle Informationsdimensionen*, welche die „Informationsdichte" auf jenen Teilmengen des Attraktors charakterisieren, die durch die Wirkung des Flusses $\boldsymbol{f}$ im Mittel mit dem Faktor 2^{λ_i} gestreckt werden. Ein jeder der Summanden $D_I^{(i)}\lambda_i$ in (3.86) kann auch als *partielle Kolmogorov–Sinaj–Entropie* interpretiert werden (s. z. B. ECKMANN und RUELLE, 1985).

Die Beziehung (3.86) haben zunächst GRASSBERGER und PROCACCIA (1984) angegeben. Unter den Voraussetzungen, daß $\boldsymbol{f}$ ein C^2–Diffeomorphismus ist und μ ein zugehöriges $\boldsymbol{f}$–invariantes ergodisches Borel–Wahrscheinlichkeitsmaß, konnten LEDRAPPIER und YOUNG (1985) die Gültigkeit der interessanten Beziehung (3.86) aber auch streng beweisen. Darüber hinaus haben sie die Maße, für welche (3.83) gilt, genauer charakterisiert.

YOUNG (1982) hat eine weitere interessante Beziehung angegeben,

$$D_H(\mu) = h_\mu(\boldsymbol{f}) \left(\frac{1}{\lambda_1} - \frac{1}{\lambda_2} \right). \tag{3.87}$$

Sie gilt für zweidimensionale chaotische Systeme (2.32) ($\lambda_1 > 0$ und $\lambda_2 < 0$), wobei $\boldsymbol{f}$ ein C^2–Diffeomorphismus ist und das zugehörige (natürliche) Maß μ einen beschränkten und abgeschlossenen Träger hat. Gilt hierbei PENSINS Identität (3.83), so geht die rechte Seite von (3.87) in die Formel (3.55) für die Ljapunov–Dimension über, und folglich wird (3.58) erhalten. Jedoch gilt allgemein $h_\mu(\boldsymbol{f}) \leq \lambda_1$ und deshalb in Übereinstimmung mit LEDRAPPIERS Relation (3.59)

$$D_H(\mu) \leq 1 + \frac{\lambda_1}{|\lambda_2|}.$$

Ist es auch in der Regel schwierig, die partiellen Dimensionen im Computerexperiment oder aus experimentellen Daten zu schätzen, so kann doch zumindest nach (3.84) aus den positiven Ljapunov–Exponenten eine obere Schranke für die metrische Entropie angegeben werden. Im folgenden geben wir aber Verfahren für eine direkte Schätzung der metrischen Entropie an.

3.3.4 Experimentelle Bestimmung der Entropien

Wie bei den verallgemeinerten Dimensionen im Abschn. 3.2.3 können auch hier verallgemeinerte Entropien eingeführt werden, indem anstelle des Shannonschen Informationsmaßes (3.68) die Rényi–Informationen q–ter Ordnung (3.40) verwendet werden,

$$H_w^{(q)}(\beta, \mu, \boldsymbol{f}) \equiv \frac{1}{1-q} \mathrm{ld} \sum_{\mathcal{W}} p_{\mathcal{W}}^q. \tag{3.88}$$

Analog zu (3.75) und (3.78) wird nun die *metrische Entropie q ter Ordnung* eines dynamischen Systems (2.32) definiert (GRASSBER-

GER und PROCACCIA, 1983c):

$$h_{\mu}^{(q)}(\boldsymbol{f}) \equiv \lim_{\varepsilon \to 0} \lim_{w \to \infty} w^{-1} H_{w}^{(q)}(\beta_{\varepsilon}, \mu, \boldsymbol{f}). \tag{3.89}$$

Aus dem monotonen Abfall der Rényi–Informationen mit wachsendem q folgt analog zu (3.42)

$$h_{\mu}^{(q_1)}(\boldsymbol{f}) \geq h_{\mu}^{(q_2)}(\boldsymbol{f}), \quad \text{falls}\, q_1 < q_2. \tag{3.90}$$

Für $q \to 1$ geht (3.89) in (3.78) über und für $q \to 0$ in die sogenannte *topologische Entropie* $h^{(0)}(\boldsymbol{f})$ des Flusses $\boldsymbol{f}$ auf dem Attraktor A. Sie hat folgende Bedeutung: Bezeichne $N(w)$ die Anzahl der Worte $\mathcal{W}$ der Länge w einer Symbolsequenz (3.60), welche mit einer von null verschiedenen Wahrscheinlichkeit auftreten. Wegen $p_{\mathcal{W}}^{0} = 1$ für $p_{\mathcal{W}} > 0$ und mit $0^0 \equiv 0$ ist diese Anzahl durch $\sum_{\mathcal{W}} p_{\mathcal{W}}^{0}$ gegeben. Aus (3.88) und (3.89) folgt dann für große Wortlängen ($w \to \infty$) und genügend „feine" ($\varepsilon \to 0$) Partitionierungen

$$N(w) \simeq 2^{w\, h^{(0)}(\boldsymbol{f})}.$$

Für chaotische Bewegungen gilt $0 < h^{(0)}(\boldsymbol{f}) < \infty$. Die Anzahl der wirklich beobachtbaren Worte der Länge w wächst hier also im Mittel exponentiell mit der Wortlänge!

Hat man eine Zeitreihe $\{x(t)\}_{t=1}^{T}$ aus einem Experiment erhalten, so kann man nach Ideen von TAKENS (1983) sowie GRASSBERGER und PROCACCIA (1983c) ähnlich wie bei der Bestimmung der Rényi–Dimensionen (s. Abschn. 3.2.4) verfahren, um die Entropie (3.88) zu schätzen. Dazu betten wir die Zeitreihe wieder höherdimensional mittels Verzögerungskoordinaten ein (s. Abschn. 2.2),

$$\{x(t)\}_t \quad \longrightarrow \quad \{\boldsymbol{x}_{n,\tau}(t)\}_t, \tag{3.91}$$

mit $\boldsymbol{x}_{n,\tau}(t) = \big(x(t), x(t+\tau), \ldots, x(t+(n-1)\tau)\big)$. Wir nehmen nun an, daß bei einem bestimmten Wert der Dimension n die Einbettung vollständige Zustandsvektoren liefert. Folglich kann $\boldsymbol{x}_{w+n-1,\tau}(t)$ als eine Folge von w *vollständigen* (n–dimensionalen) Zustandsvektoren $\{\boldsymbol{x}_{n,\tau}(t+i\tau)\}_{i=0}^{w-1}$ aufgefaßt werden. Analog zu (3.34) entspricht dann

$$c_{w+n-1,\varepsilon,T,\tau}(t) \equiv \frac{1}{T} \sum_{t^*=1}^{T} \Theta(\varepsilon/2 - \|\boldsymbol{x}_{w+n-1,\tau}(t) - \boldsymbol{x}_{w+n-1,\tau}(t^*)\|)$$

den Verbundwahrscheinlichkeiten (3.67), worin Θ wiederum die Heaviside–Funktion (3.35) ist. Mit denselben Argumenten wie in (3.43) bis (3.47) erhalten wir für $\varepsilon \to 0$

$$H_w^{(q)}(\beta_\varepsilon, \mu, \boldsymbol{f}) \simeq \tau^{-1} \lim_{T\to\infty} \frac{1}{1-q} \operatorname{ld} C^{(q)}_{w+n-1,\varepsilon,T,\tau}, \tag{3.92}$$

mit

$$C^{(q)}_{w+n-1,\varepsilon,T,\tau} \equiv \frac{1}{T}\sum_{t=1}^{T} c^{q-1}_{w+n-1,\varepsilon,T,\tau}(t). \tag{3.93}$$

Für die verallgemeinerte metrische Entropie (3.89) erhalten wir also

$$h_\mu^{(q)}(\boldsymbol{f}) \simeq \tau^{-1} \lim_{\varepsilon\to 0}\lim_{w\to\infty}\lim_{T\to\infty} \frac{1}{1-q} \operatorname{ld} \frac{C^{(q)}_{w+1,\varepsilon,T,\tau}}{C^{(q)}_{w,\varepsilon,T,\tau}}. \tag{3.94}$$

Im Falle des Shannonschen Informationsmaßes (für $q \to 1$) ergibt sich in Analogie zu (3.52)

$$H_w(\beta_\varepsilon, \mu, \boldsymbol{f}) \simeq -\tau^{-1} \lim_{T\to\infty} \frac{1}{T}\sum_{t=1}^{T} \operatorname{ld} c_{w+n-1,\varepsilon,T,\tau}(t). \tag{3.95}$$

Die metrische Entropie (3.74) kann somit wie folgt erhalten werden:

$$h_\mu(\boldsymbol{f}) \simeq \tau^{-1} \lim_{\varepsilon\to 0}\lim_{w\to\infty}\lim_{T\to\infty} \frac{1}{T}\sum_{t=1}^{T} \operatorname{ld} \frac{c_{w,\varepsilon,T,\tau}(t)}{c_{w+1,\varepsilon,T,\tau}(t)}. \tag{3.96}$$

Um nun $h_\mu^{(q)}(\boldsymbol{f})$ aus experimentellen Meßdaten zu schätzen, wird $(1-q)^{-1} \operatorname{ld} C^{(q)}_{n,\varepsilon,T,\tau}$ über $\operatorname{ld}\varepsilon$ für wachsende Einbettungsdimensionen n aufgetragen. Im Falle des Shannonschen Informationsmaßes ($q = 1$) wird $-1/T \sum_{t=1}^{T} \operatorname{ld} c_{n,\varepsilon,T,\tau}(t))$ verwendet, ebenso, wie es in Abb. 3.12 zu sehen ist. Stellt sich für wachsendes n und hinreichend kleine ε–Werte ein (annähernd) konstanter Anstieg ein, so kann dieser als Dimension D_q interpretiert werden (s. Abschn. 3.2.4). Folglich ist dann der Abstand benachbarter Kurven (für hinreichend kleine ε–Werte) unabhängig von ε. Für zunehmende Einbettungsdimensionen n verringert sich der Abstand und nähert sich asymptotisch der gesuchten Entropie $\tau h_{\mu}^{(q)}(\boldsymbol{f})$ (s. z. B. auch PAWELZIK und SCHUSTER, 1987). Nach (3.94) bzw. (3.96) wächst dieser asymptotische Abstand bei chaotischen Systemen linear mit dem Einbettungsparameter (der Verzögerungszeit) τ, d. h., im chaotischen Fall gilt

$$m \times \mathrm{ld}\frac{C^{(q)}_{n,\varepsilon,T,\tau}}{C^{(q)}_{n+1,\varepsilon,T,\tau}} \simeq \mathrm{ld}\frac{C^{(q)}_{n,\varepsilon,T,m\tau}}{C^{(q)}_{n+1,\varepsilon,T,m\tau}}, \tag{3.97}$$

bzw. für $q = 1$

$$m \times \frac{1}{T}\sum_{t=1}^{T}\mathrm{ld}\frac{c_{n,\varepsilon,T,\tau}}{c_{n+1,\varepsilon,T,\tau}} \simeq \frac{1}{T}\sum_{t=1}^{T}\mathrm{ld}\frac{c_{n,\varepsilon,T,m\tau}}{c_{n+1,\varepsilon,T,m\tau}}. \tag{3.98}$$

Der Abstand der Kurven in einer Darstellung, wie sie beispielsweise in der Abbildung 3.12 zu sehen ist, muß also für einen festen (aber hinreichend kleinen) Wert von ε und für hinreichend große Einbettungsdimensionen n linear mit τ wachsen, wenn die Zeitreihe chaotisch ist.

Beim Sprachsignal in Abb. 2.5 trifft dies zu, wenn ε im Bereich von $3 \ldots 10\%$ des Attraktordurchmessers liegt. Wir finden hier $h^{(2)} \approx 450 bit\, s^{-1}$ und $h^{(1)} \approx 530 bit\, s^{-1}$. Für $\varepsilon \approx 1\%$ ergeben sich Werte von $h^{(1)} = (8 \pm 2)\, kbit\, s^{-1}$. Es sei erinnert, daß der größte Ljapunov–Exponent λ_1 zu etwa $3,8\, kbit\, s^{-1}$ für $\varepsilon = 1 \ldots 2\%$ geschätzt wurde (s. Abb. 3.7). Nach RUELLES Relation (3.84) kann λ_1 nicht kleiner als $h^{(1)}$ sein, was auf vergleichbaren Skalen ε für das untersuchte Sprachsignal zutrifft. Allerdings lassen sich auf diesen „feinen“ Skalen fraktale Dimensionen nicht zuverlässig schätzen. Andere Sprachsignale (isoliert gesprochene Laute) liefern für $\varepsilon \approx 3 \ldots 10\%$ der Varianz des Signals auch deutlich größere Werte (einige wenige $kbit\, s^{-1}$). Allerdings findet man recht selten ein deutliches lineares Anwachsen gemäß (3.97) bzw. (3.98). Insbesondere können reine Reibelaute in der Regel offenbar nicht als niedrigdimensional chaotisch aufgefaßt werden. Diese Laute werden durch turbulente Luftstömungen an verschiedenen Engstellen des Artikulationstraktes erregt. Die vorgestellten Methoden der Zeitreihenanalyse versagen hier zumindest bei starker Erregung. Die Dimensionen möglicher Attraktoren sind hier so groß, daß die zur Verfügung stehenden Datenlängen von etwa $1\, s$ (bei isoliert gesprochenen Lauten) nicht ausreichen, um hinreichend zuverlässige Schätzungen der verschiedenen charakteristischen Größen machen zu können. [11)]

Auf der Basis der Korrelationsintegrale können auch verschiedene Transinformationen geschätzt werden. Dazu fragen wir nun im Rahmen der Meßgenauigkeit ε^{-1} nach der Information $I^{(q)}(\tau)$ über einen zukünftigen Wert $x(t+\tau)$ in der (skalaren) Zeitreihe $\{x(t)\}_t$, unter der Bedingung, daß n vergangene Werte

$$\boldsymbol{x}_{\boldsymbol{\vartheta}}(t) \equiv \big(x(t-\vartheta_{n-1}), \ldots, x(t-\vartheta_1), x(t-\vartheta_0)\big) \tag{3.99}$$

bekannt sind. Hierbei möge der Zeitkamm $\boldsymbol{\vartheta} \equiv (\vartheta_0, \vartheta_1, \ldots, \vartheta_{n-1})$ (o. B. d. A.) die Bedingungen $0 = \vartheta_0 < \vartheta_1 < \ldots < \vartheta_{n-1}$ erfüllen. Mit dem Shannonschen Informationsmaß erhält man dann für $\varepsilon \to 0$ und $T \to \infty$

$$I^{(1)}(\tau) \simeq \frac{1}{T-\vartheta_{n-1}-\tau} \sum_{t=1+\vartheta_{n-1}}^{T-\tau} \operatorname{ld} \frac{c_{n+1,\varepsilon,T,\boldsymbol{\vartheta}}(\tau)}{c_{1,\varepsilon,T}\;\; c_{n,\varepsilon,T,\boldsymbol{\vartheta}}}. \tag{3.100}$$

Hierbei werden die Wahrscheinlichkeiten wie folgt bestimmt:

$$c_{n,\varepsilon,T,\boldsymbol{\vartheta}} \equiv \frac{1}{T-\vartheta_{n-1}} \sum_{t^*=1+\vartheta_{n-1}}^{T} \Theta(\varepsilon/2 - \|\boldsymbol{x}_{\boldsymbol{\vartheta}}(t) - \boldsymbol{x}_{\boldsymbol{\vartheta}}(t^*)\|). \tag{3.101}$$

[11)] Unabhängig von einer Suche nach verschiedenen Charakteristika chaotischer Systeme kann für $T \to \infty$ und $n \to \infty$ die Größe

$$\frac{1}{\tau}\frac{1}{q-1}\operatorname{ld}\frac{C^{(q)}_{n,\varepsilon,T,\tau}}{C^{(q)}_{n+1,\varepsilon,T,\tau}},$$

bzw. für $q = 1$

$$\frac{1}{\tau T}\sum_{t=1}^{T}\operatorname{ld}\frac{c_{n,\varepsilon,T,\tau}}{c_{n+1,\varepsilon,T,\tau}},$$

als *Distorsionsfunktion* $R^{(q)}(\varepsilon)$ des Signals $\{x(t)\}$ interpretiert werden (zur Distorsionstheorie s. z. B. BERGER, 1971, oder PÖTSCHKE und SOBIK, 1978). Sie gibt an, wieviel Information über einen Nachrichtenkanal pro Zeiteinheit im Mittel gesendet werden muß, damit das Signal am Empfänger mit der Genauigkeit ε rekonstruiert werden kann. Für chaotische Systeme ist dies bei hinreichend kleinen Werten von ε gerade die metrische Entropie. Im allgemeinen, d. h. bei „typischen", in der Praxis vorkommenden Signalen, die in der Amplitude kontinuierlich sind, strebt aber $R^{(q)}(\varepsilon)$ für $\varepsilon \to 0$ gegen unendlich.

Für $c_{n+1,\varepsilon,T,\boldsymbol{\vartheta}}(\tau)$ gilt eine entsprechende Formel, nur daß nun anstelle der Vektoren (3.99) die Vektoren

$$\boldsymbol{x}_{\boldsymbol{\vartheta}}(t,\tau) \equiv \big(x(t-\vartheta_{n-1}),\ldots,x(t-\vartheta_1),x(t-\vartheta_0),x(t+\tau)\big) \quad (3.102)$$

mit $\tau \geq 0$ verwendet werden. Für $\tau = 0$ erhält man

$$I^{(1)}(0) \simeq -\frac{1}{T}\sum_{t=1}^{T} \operatorname{ld} c_{1,\varepsilon,T}. \quad (3.103)$$

Verallgemeinerte Transinformationen können nicht sofort eingeführt werden. Verwendet man z. B. in (3.72) anstelle des Shannonschen Informationsmaßes $H \equiv H^{(1)}$ die Rényi–Information $H^{(q)}$, mit $q \neq 0$ und $q \neq 1$, so kann der Term

$$H_1^{(q)} - [H_{n+1}^{(q)} - H_n^{(q)}] \quad (3.104)$$

auch negativ werden. Dies wiederspricht unserer intuitiven Vorstellung von einer Größe, die wir als Transinformation ansehen wollen (vgl. Abschn. 3.3.1 und 3.3.2). Andererseits sind aber verallgemeinerte Rényi–Entropien mit dem im Abschn. 3.2.4 beschriebenen Algorithmus für $q = 2$ besonders leicht zu schätzen. Tatsächlich kann man jedoch verallgemeinerte Transinformationen einführen, wenn die eindimensionale Verteilung der Zeitreihe $\{x(t)\}_{t=1}^{T}$ die Gleichverteilung ist. Dann ist nämlich der Ausdruck (3.104) positiv semidefinit (Pompe, 1993). Deshalb transformieren wir nun die Zeitreihe auf Gleichverteilung, d. h., wir bilden zunächst die neue Reihe

$$\{\mathcal{V}(x(t))\}_{t=1}^{T} \equiv \{r(t)\}_{t=1}^{T},$$

worin $\mathcal{V}$ die eindimensionale Verteilungsfunktion der originalen Zeitreihe $\{x(t)\}_{t=1}^{T}$ sei. Hierbei wird $\mathcal{V}$ als echt monoton wachsend vorausgesetzt, so daß die Transformation nichts anderes als eine spezielle eindeutig umkehrbare Koordinatentransformation darstellt. $r(t)$ ist dann die relative Rangzahl von $x(t)$, die man leicht mit einem „Quicksort"–Algorithmus (oder „Rang"–Filter, s. z. B. Kar und Pradhan, 1993) bestimmen kann,

$$r(t) = \#\,\{t^* \mid x(t^*) \leq x(t),\ 1 \leq t^* \leq T\}.$$

Zur Folge $\{r(t)\}_t$ werden nun die Korrelationsintegrale (3.48) für $q = 2$ bestimmt,

$$C^{(2)}_{n,\varepsilon,T} = \frac{\#\{(t,t^*) \mid \|\boldsymbol{r}_{\boldsymbol{\vartheta}}(t) - \boldsymbol{r}_{\boldsymbol{\vartheta}}(t^*)\| < \varepsilon/2\}}{(T - \vartheta_{n-1})^2}, \tag{3.105}$$

worin $t, t^* = 1, 2, \ldots, T$, sowie

$$C^{(2)}_{n,\varepsilon,T}(\tau) = \frac{\#\{(t,t^*) \mid \|\boldsymbol{r}_{\boldsymbol{\vartheta}}(t,\tau) - \boldsymbol{r}_{\boldsymbol{\vartheta}}(t^*,\tau)\| < \varepsilon/2\}}{(T - \vartheta_{n-1} - \tau)^2}. \tag{3.106}$$

Die Vektoren $\boldsymbol{r}_{\boldsymbol{\vartheta}}(t)$ und $\boldsymbol{r}_{\boldsymbol{\vartheta}}(t,\tau)$ werden wie in (3.99) bzw. (3.102) gebildet. Für $T \to \infty$ und $\varepsilon \ll 1$ wird

$$I^{(2)}_{\varepsilon}(\tau) \equiv \mathrm{ld}\, \frac{C^{(2)}_{n+1,\varepsilon,T}(\tau)}{C^{(2)}_{1,\varepsilon,T}\, C^{(2)}_{n,\varepsilon,T}} \tag{3.107}$$

verallgemeinerte Transinformation auf dem Vergröberungsniveau ε genannt. Es gilt:

$$0 \leq I^{(2)}_{\varepsilon}(\tau) \leq I^{(2)}_{\varepsilon}(0).$$

$I^{(2)}_{\varepsilon}(\tau) = 0$ bedeutet, daß zwischen $\boldsymbol{r}_{\boldsymbol{\vartheta}}(t)$ und $r(t+\tau)$ auf dem Vergröberungsniveau ε keine statistischen Abhängigkeiten bestehen, und $I^{(2)}_{\varepsilon}(\tau) = I^{(2)}_{\varepsilon}(0)$ heißt, daß aus $\boldsymbol{r}_{\boldsymbol{\vartheta}}(t)$ der zukünftige Wert $r(t+\tau)$ im Rahmen der Genauigkeit ε eindeutig folgt. Aus der Gleichverteilung der relativen Rangzahlen folgt:

$$I^{(2)}_{\varepsilon}(0) = -\mathrm{ld}\, C^{(2)}_{1,\varepsilon,T} \approx -\mathrm{ld}\, \varepsilon.$$

(Für $\varepsilon > 0$ kann $I^{(2)}_{\varepsilon}(\tau)$ auch „schwach“ negativ werden.)

Wegen der vorausgesetzten strengen Monotonie der Verteilungsfunktion $\mathcal{V}$ widerspiegeln die Abhängigkeiten unter den Rangzahlen die statistischen Eigenschaften der ursprünglichen Zeitreihe $\{x(t)\}$. Infolge der Transformation auf Rangzahlen ist die verallgemeinerte Transinformation (3.107) *invariant* gegenüber eindeutig umkehrbaren Verzerrungen h des Signals, liefern doch die Zeitreihen $\{x(t)\}_{t=1}^{T}$ und $\{h(x(t))\}_{t=1}^{T}$ dieselben Folgen von relativen Rangzahlen $\{r(t)\} = \{r_h(t)\}$, falls h streng monoton wachsend ist. Ist h streng monoton fallend, so gilt $\{r(t)\} = \{1/T+1-r_h(t)\}$. Folglich liefern die $r(t)$ dieselben Korrelationsintegrale (3.105) und (3.106) wie die $r_h(t)$.

In der Abbildung 3.16 ist die verallgemeinerte Transinformation für die Winkelgeschwindigkeit $\dot{x}(t)$ des parametrisch erregten Pendels (1.6) dargestellt. Hier wurde die Anzahl der vergangenen Werte $n = 2$ gewählt, zum Zeitkamm $\vartheta_1 = 2\pi/\Omega$, $\vartheta_0 = 0$. Die Methode ist aber nicht nur auf chaotische Systeme anwendbar.

Für eine detaillierte Diskussion des beschriebenen Verfahrens verweisen wir auf POMPE (1993) sowie POMPE und HEILFORT (1994). Darüber hinaus haben BANDT und POMPE (1993a, 1993b) sogenannte Entropie–Profile eingeführt und auf verschiedene Zeitreihen angewandt. Entropie–Profile beschreiben statistische Abhängigkeiten von binären Symbolfolgen, die zu einer ausgezeichneten Familie von Partitionierungen aus einer Zeitreihe mit kontinuierliche Amplitude gebildet werden.

Kapitel 4

Universalität auf dem Wege zum Chaos

Im Abschn. 1.2 haben wir gesehen, daß ein parametrisch angeregtes Pendel mit Dämpfung bei Vergrößerung der Amplitude der äußeren Erregung immer kompliziertere Bewegungen ausführt. Es gibt heute viele experimentelle und theoretische Hinweise, daß der Übergang von einfachen zu komplizierteren und unregelmäßigen Bewegungsformen bei kontinuierlicher Veränderung eines Parameters durchaus typisch für nichtlineare Systeme ist, die durch Bewegungsgleichungen der Form (2.1) bzw. (2.2) beschrieben werden.

Bezeichnet man mit r einen Parameter, der bestimmend für den Charakter der Bewegung ist und im Experiment variiert werden kann (*Kontrollparameter*), so läßt sich die Lösung als Zeitfunktion $\boldsymbol{x}_t = \boldsymbol{f}_r^t(\boldsymbol{x}_0)$ schreiben, wobei r innerhalb eines experimentellen Laufes bzw. während der Berechnung der Phasentrajektorie $\boldsymbol{x}_t$ konstant zu halten ist. Gewöhnlich nimmt man an, daß es einen Parameterwert gibt, für den die asymptotische Bewegung des Systems auf einfachen Attraktoren (z. B. Fixpunkten oder Grenzkreisen) stattfindet. Wie schon in der Einführung gezeigt wurde, vollzieht sich der Übergang von einfacher zu komplizierter Bewegung, indem der Kontrollparameter eine Folge von Bifurkationsstellen durchläuft. Wir werden noch sehen, daß es sich dabei um Bifurkationen verschiedener Art handeln kann, so daß man heute von unterschiedlichen Wegen oder Routen zum Chaos spricht.

In diesem Zusammenhang sei darauf hingewiesen, daß man bei

Systemen mit zwei oder mehr Parametern auf beliebig vielen verschiedenen Wegen im Parameterraum zu chaotischen Bewegungsformen gelangen kann. Es ist jedoch nicht sinnvoll, jede beliebige Folge von Parameteränderungen, die am Ende zum Chaos führt, als Route zum Chaos zu bezeichnen. Wir verstehen daunter eine Bifurkationsfolge, die sich durch charakteristische Gesetzmäßigkeiten auszeichnet und in deren Ergebnis ein chaotischer Bewegungszustand erreicht wird. Man spricht in diesem Zusammenhang auch von einem „Szenario".

Der Erforschung der Gesetzmäßigkeiten, denen die verschiedenen Routen zum Chaos unterliegen, ist eine große Zahl von Arbeiten gewidmet (s. z. B. CVITANOVIĆ, 1984). Dabei konnten unter Verwendung sowohl numerischer als auch analytischer Methoden einige bemerkenswerte Ergebnisse erhalten werden, auf die wir im folgenden näher eingehen wollen. Es sei jedoch darauf hingewiesen, daß es sowohl im realen als auch im Computer–Experiment äußerst schwierig ist, diese Gesetzmäßigkeiten aufzufinden. Jede numerische Integration liefert ja genau wie das entsprechende Experiment für einen vorgegebenen Parametersatz und einen Anfangszustand $\boldsymbol{x}_0$ jeweils nur eine Lösungskurve $\boldsymbol{x}_t$. Um aber Gesetzmäßigkeiten der Änderung des Charakters der Bewegung zu erkennen, muß man sehr viele Rechnungen mit jeweils geringfügig veränderten Parameterwerten und unterschiedlichen Startwerten durchführen, wobei noch zu berücksichtigen ist, daß diese einzelnen Läufe sehr lang sein müssen, da ja nach dem Charakter der Lösung im asymptotischen Regime gefragt wird. Es ist daher wichtig, die mathematischen Systeme, welche den entsprechenden realen Vorgang modellieren, so einfach wie möglich zu halten, wobei gleichzeitig die wesentlichen Aspekte der Bewegung des realen Systems erhalten bleiben müssen.

Im Abschn. 1.1 haben wir mit der logistischen Abbildung bereits ein einfaches mathematisches Modell kennengelernt, mit dessen Hilfe man Aussagen über typisches Verhalten nichtlinearer dynamischer Systeme gewinnen kann. Wir werden sehen, daß viele Ergebnisse, die man am Beispiel dieser eindimensionalen Abbildung erhält, für einen großen Anwendungsbereich gelten, wobei sogar einige quantitative Resultate universelle Bedeutung haben.

4.1 Über Periodenverdopplungen zum Chaos

Im Abschn. 1.1 wurde bereits erläutert, daß die logistische Abbildung stabile periodische Lösungen besitzt und daß mit wachsendem Kontrollparameter r eine Folge von Periodenverdopplungen zu beobachten ist, wobei die Verdopplungen in immer kürzeren Abständen auf der r–Skala einsetzen. Diese periodenverdoppelnden Bifurkationen, die oft auch als *Heugabelbifurkationen* bezeichnet werden, sollen nun etwas genauer analysiert werden.

Wie schon gezeigt, besitzt (1.2) für $1 < r < 3$ einen stabilen Fixpunkt $\overline{x} = 1 - 1/r$, sowie den instabilen Fixpunkt Null. Für $r = 3$ wird $\overline{x}$ ebenso instabil, und es entstehen zwei stabile Fixpunkte $\overline{x}_1$ und $\overline{x}_2$ der zweiten Iterierten f_r^2 (s. Abb. 1.2). Daneben ist der „alte" Fixpunkt $\overline{x}$ von f_r auch Fixpunkt von f_r^2. Aus

$$f_r^{2\,\prime}(\overline{x}) = \left(f_r'(\overline{x})\right)^2$$

schließen wir, daß $\overline{x}$ auch bezüglich f_r^2 (und aller höherer Iterierten) instabil ist, falls er instabiler Fixpunkt von f_r ist ($|f_r'(\overline{x})| > 1$). Dasselbe trifft für den Nullpunkt zu.

Wir stellen weiterhin fest, daß die stabilen Fixpunkte $\overline{x}_1$ und $\overline{x}_2$ durch f_r aufeinander abgebildet werden. Es gilt nämlich wegen $\overline{x}_1 = f_r^2(\overline{x}_1)$

$$f_r^2\left(f_r(\overline{x}_1)\right) = f_r\left(f_r^2(\overline{x}_1)\right) = f_r(\overline{x}_1),$$

d. h., $f_r(\overline{x}_1)$ ist ebenso wie $\overline{x}_1$ Fixpunkt von f_r^2. Nun hat aber f_r^2 als weitere Fixpunkte neben $\overline{x}_2$ nur $\overline{x}$ und 0. Es kann aber weder $f_r(\overline{x}_1) = 0$ noch $f_r(\overline{x}_1) = \overline{x}$ sein, da beide Möglichkeiten nicht mit der Forderung $f_r\left(f_r(\overline{x}_1)\right) = \overline{x}_1$ in Einklang zu bringen sind. Es muß also $f_r(\overline{x}_1) = \overline{x}_2$ und umgekehrt $f_r(\overline{x}_2) = \overline{x}_1$ sein. Ein solches Fixpunktpaar zu f_r^2 ist ein Attraktor von f_r mit der Periode zwei oder ein stabiler *Zweierzyklus*.

Vergrößert man r über einen bestimmten Wert r_2 hinaus, so werden auch die Fixpunkte $\overline{x}_1, \overline{x}_2$ von f_r^2 instabil, wobei sie wegen

$$f_r^{2\,\prime}(\overline{x}_1) = f_r'\left(f_r(\overline{x}_1)\right) f_r'(\overline{x}_1) = f_r'(\overline{x}_2) f_r'(\overline{x}_1) = f_r^{2\,\prime}(\overline{x}_2)$$

gleichzeitig (d. h. für denselben Wert von r) instabil werden.

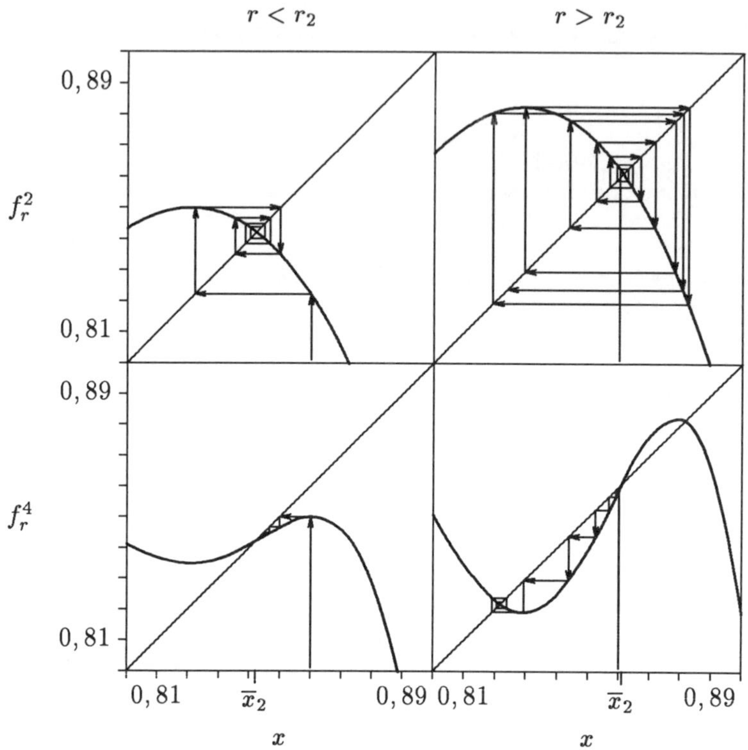

Abb. 4.1: Segmente der Graphen von f_r^2 und f_r^4 unmittelbar vor ($r < r_2$) und nach ($r > r_2$) einer periodenverdoppelnden Bifurkation

Abbildung 4.1 zeigt das Schema der nächsten Periodenverdopplung anhand einer Vergrößerung des quadratischen Bereiches um den Schnittpunkt des Graphen von f_r^2 mit der 45^0–Geraden bei $\overline{x}_2$. Es entsteht ein Attraktor der Periode 4 in Form von vier stabilen Fixpunkten der vierten Iterierten $f_r^4 = f_r^2 \circ f_r^2$. In verallgemeinerter Form können wir feststellen: Für $r_{n-1} < r < r_n$ hat f_r einen stabilen 2^{n-1}–Zyklus bestehend aus den Punkten $\overline{x}_i$ $(i = 1, 2, \cdots, 2^{n-1})$ mit

$$f_r(\overline{x}_i) = \overline{x}_{i+1}, \quad f_r^{2^{n-1}}(\overline{x}_i) = \overline{x}_i, \tag{4.1}$$

sowie

$$\left|\frac{\mathrm{d}}{\mathrm{d}x} f_r^{2^{n-1}}(\overline{x}_1)\right| = \left|\prod_i f_r'(\overline{x}_i)\right| < 1. \tag{4.2}$$

An der Stelle r_n werden alle Punkte dieses Zyklus gleichzeitig instabil, und es entsteht ein 2^n–Zyklus, der im Intervall $r_n < r < r_{n+1}$ stabil ist. Die Elemente dieses Zyklus sind die Fixpunkte von

$$f_r^{2^n} = f_r^{2^{n-1}} \circ f_r^{2^{n-1}}. \tag{4.3}$$

4.1.1 Einige numerische Resultate

Bevor wir in unseren Überlegungen fortfahren, führen wir zwei wesentliche Ergebnisse an, die zunächst auf numerischem Wege (Feigenbaum, 1978, Grossmann und Thomae, 1977) gefunden wurden. Abbildung 4.2 zeigt einen Ausschnitt aus dem Bifurkationsbaum von Abb. 1.4. Man erkennt leicht die Bifurkationsstellen $r_1, r_2, \ldots$. Die Werte $R_1, R_2, \ldots$ charakterisieren die Stellen, wo der jeweilige Zyklus den Punkt $\overline{x}_1 = 1/2$ enthält. d_n ist der Abstand zwischen $\overline{x}_1$ und dem nächstgelegenen Punkt des 2^n–Zyklus. Wegen $f_r'(1/2) = 0$ gilt offensichtlich

$$\frac{\mathrm{d}}{\mathrm{d}x} f_{R_n}^{2^n}(\overline{x}_1) = \prod_i f_{R_n}'(\overline{x}_i) = 0. \tag{4.4}$$

Einen solchen Zyklus bezeichnet man als *superstabil* (der Ljapunov–Exponent ist an diesen Stellen $-\infty$), bzw. man spricht von einem Superzyklus.

Die angekündigten Resultate sind nun

$$\lim_{n\to\infty} \frac{d_n}{d_{n+1}} = -\alpha \tag{4.5}$$

sowie

$$\lim_{n\to\infty} \frac{r_n - r_{n-1}}{r_{n+1} - r_n} = \lim_{n\to\infty} \frac{R_n - R_{n-1}}{R_{n+1} - R_n} = \delta \tag{4.6}$$

mit den *Feigenbaum–Konstanten*

$$\alpha = 2,502\,907\,8\ldots, \qquad \delta = 4,669\,201\,6\ldots \tag{4.7}$$

Die Abstände d_n verringern sich also mit wachsendem n in geometrischer Progression. Gleichzeitig werden die Intervalle (r_{n-1}, r_n),

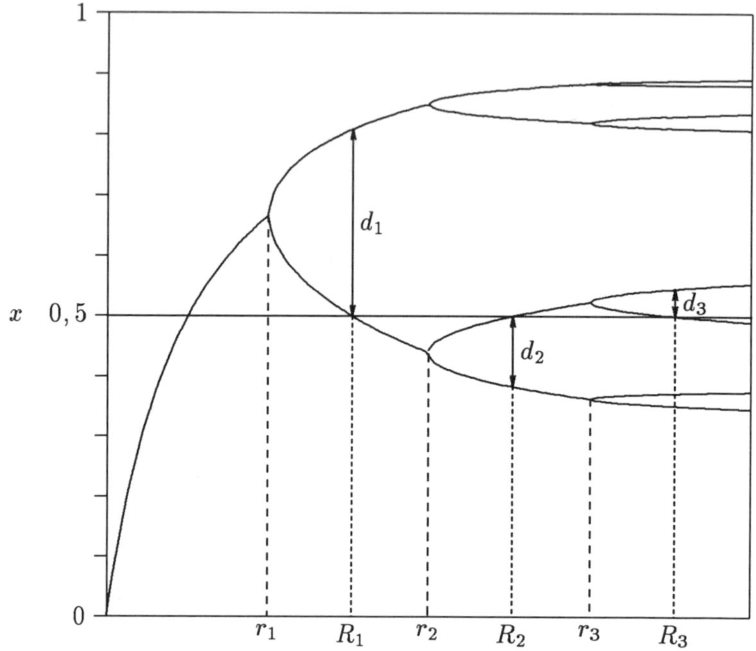

Abb. 4.2: Bifurkationsschema der logistischen Abbildung (nichtlineare r–Skala). Die r_n geben die Bifurkationsstellen an, die R_n charakterisieren die superstabilen Zyklen, die d_n sind die Abstände des Fixpunktes $\overline{x}_1 = 1/2$ von $f_{R_n}^{2^n}$ zum jeweils am nächsten gelegenen Fixpunkt (vgl. Abb. 1.4).

innerhalb derer ein Zyklus mit der Periode 2^{n-1} stabil ist, jeweils um den Faktor $1/\delta$ kleiner. Die r_n (wie auch die R_n) streben gemäß

$$r_n = r_\infty - \text{const.}\, \delta^{-n}$$

gegen einen festen Wert $r_\infty = R_\infty = 3,569\,945\,6\ldots$ Für diesen Wert von r ist also die Bewegung nichtperiodisch: Das System kehrt für beliebig lange endliche Zeiten nicht wieder in den Ausgangspunkt zurück. Wir werden noch sehen, daß damit die Schwelle zur chaotischen Bewegung erreicht ist.

4.1.2 Selbstähnlichkeit und Renormierung

Aus Abb. 4.2 ist ersichtlich, daß die d_n gerade die Abstände zwischen den Elementen $\overline{x}_1 = 1/2$ und $\overline{x}_{2^{n-1}+1}$ sind, d. h., es gilt

$$d_n = f_{R_n}^{2^{n-1}}(1/2) - 1/2. \tag{4.8}$$

Durch eine einfache Koordinatentransformation $x \to x - 1/2$ können wir den Punkt $x = 1/2$ in den Punkt $x = 0$ verschieben, so daß (4.8) zu

$$d_n = f_{R_n}^{2^{n-1}}(0) \tag{4.9}$$

wird. (Zur Vereinfachung der Schreibweise wird in (4.9) und den folgenden Ausführungen die transformierte Abbildung ebenfalls mit f_r bezeichnet.) Aus der Beziehung (4.5) folgt unmittelbar, daß die „renormierten“ Abstände

$$(-\alpha)^n d_{n+1}$$

gegen einen endlichen Wert konvergieren, d. h.,

$$\lim_{n\to\infty} (-\alpha)^n f_{R_{n+1}}^{2^n}(0)$$

muß existieren, wenn (4.5) gilt.

Dieses Ergebnis soll nun auf eine ganze Umgebung von $x = 0$ erweitert werden. Abbildung 4.3 zeigt Ausschnitte superstabiler Zyklen für $r = R_1$ und $r = R_2$. Das Kurvenstück im Quadrat mit der Seitenlänge d_2 in Abb. 4.3 c) ist annähernd ein um den Faktor $1/\alpha$ verkleinertes Abbild der im Quadrat mit der Seitenlänge d_1 einbeschriebenen Kurve in Abb. 4.3 a), d. h., nimmt man f_r^2 für den Parameterwert R_2 als Funktion von $x/(-\alpha)$ und vergrößert um den Faktor $-\alpha$, so erhält man ein Kurvenstück, das sich nur wenig von f_{R_1} unterscheidet. Man vermutet nun, daß die renormierten Funktionen $(-\alpha)^n f_{R_{n+1}}^{2^n}(x/(-\alpha)^n)$ gegen eine Funktion

$$g_1(x) \equiv \lim_{n\to\infty} (-\alpha)^n f_{R_{n+1}}^{2^n}[x/(-\alpha)^n] \tag{4.10}$$

konvergieren. g_1 ist demnach nur durch das Verhalten der $f_{R_{n+1}}^{2^n}(x)$ in unmittelbarer Nähe von $x = 0$ bestimmt, d. h. durch die Ordnung des Maximums der Funktion f_r. g_1 ist also universell in dem Sinne, daß es sich für alle Abbildungen f mit dem gleichen Maximum (z. B. quadratisch) um dieselbe Funktion handeln muß.

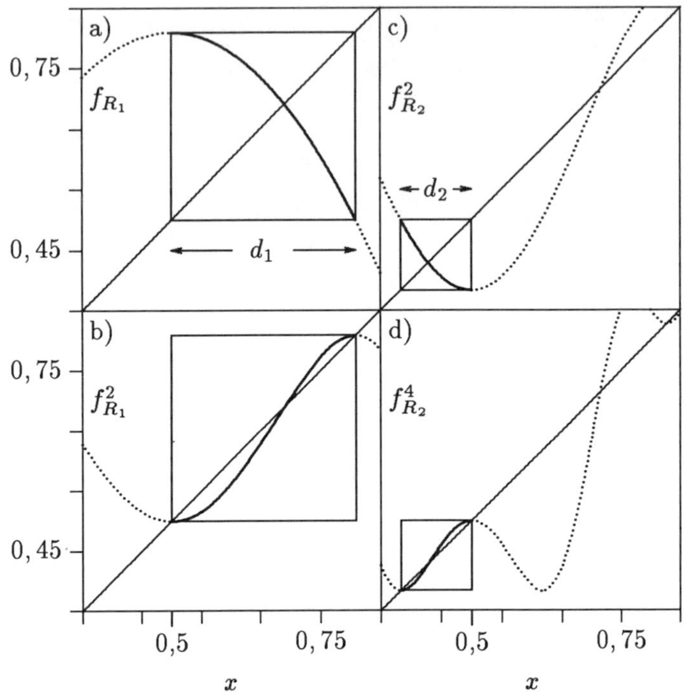

Abb. 4.3: Segmente von f_r und f_r^2 für $r = R_1$ sowie von f_r^2 und f_r^4 für $r = R_2$. Die Kurvenstücke innerhalb des Quadrates mit der Seitenlänge d_2 in c) und d) fallen nach Spiegelung und Vergrößerung um $\alpha \approx d_1/d_2$ mit denjenigen in a) bzw. b) zusammen

4.1.3 Bestimmung der Feigenbaum–Konstanten

Man kann (4.10) verallgemeinern, indem man eine ganze Familie von Funktionen

$$g_i(x) \equiv \lim_{n\to\infty} (-\alpha)^n f^{2^n}_{R_{n+i}}[x/(-\alpha)^n], \quad i = 0, 1, 2, \ldots, \tag{4.11}$$

einführt. Alle diese Funktionen hängen miteinander über die folgende Transformation zusammen:

$$g_{i-1}(x) = (-\alpha) g_i[g_i(-x/\alpha)] \equiv T g_i(x), \quad i = 1, 2, \ldots \tag{4.12}$$

Es gilt nämlich zunächst

$$\begin{aligned} g_{i-1}(x) &= \lim_{n\to\infty} (-\alpha)^n f_{R_{n+i-1}}^{2^n} [x/(-\alpha)^n] \\ &= \lim_{n\to\infty} (-\alpha)(-\alpha)^{n-1} f_{R_{n-1+i}}^{2^{n-1+1}} [(-\alpha)^{-1} x/(-\alpha)^{n-1}] \\ &= \lim_{m\to\infty} (-\alpha)(-\alpha)^m f_{R_{m+i}}^{2^{m+1}} [(-\alpha)^{-1} x/(-\alpha)^m]. \end{aligned}$$

Unter Berücksichtigung von $f^{2^{m+1}} = f^{2^m} \circ f^{2^m}$ und durch Erweitern mit $(-\alpha)^m$ erhält man

$$\begin{aligned} g_{i-1}(x) &= \lim_{m\to\infty} (-\alpha)(-\alpha)^m f_{R_{m+i}}^{2^m} \{(-\alpha)^{-m}(-\alpha)^m \times \\ &\qquad f_{R_{m+i}}^{2^m} [(-\alpha)^{-1} x/(-\alpha)^m]\} \\ &= -\alpha g_i[g_i(-x/\alpha)]. \end{aligned}$$

FEIGENBAUM (1978) vermutete, daß die g_i im Grenzfall $i \to \infty$ gegen eine Funktion

$$g(x) = \lim_{i\to\infty} g_i(x) \tag{4.13}$$

konvergieren. Der entsprechende Beweis wurde von COLLET et al. (1980) erbracht. $g(x)$ muß dann eine Fixpunktlösung der Funktionalgleichung

$$g(x) = Tg(x) = -\alpha g[g(-x/\alpha)] \tag{4.14}$$

sein, die zur Bestimmung von α benutzt werden kann. Diese universelle Gleichung wurde von CVITANOVIĆ in Zusammenarbeit mit FEIGENBAUM (1978) gefunden.

Die analytische Behandlung der Gl. (4.14) ist ein schwieriges mathematisches Problem. FEIGENBAUM (1979) begnügte sich daher zunächst mit einem „pragmatischen“ Vorgehen, indem er $g(x)$ durch ein Polynom endlicher Länge annäherte und die Koeffizienten sowie die Konstante α auf numerischem Wege berechnete. Unter Berücksichtigung des quadratischen Maximums von f_r, sowie des Umstandes, daß neben $g(x)$ auch $ag(x/a)$ ($a \in \mathbb{R}$) eine Lösung von (4.14) ist und somit insbesondere $g(0)$ nur bis auf einen konstanten Faktor bestimmbar ist und deshalb gleich eins gesetzt werden darf, gelangte er zu folgendem Lösungsansatz:

$$g(x) = 1 + bx^2 + \ldots \tag{4.15}$$

In der Tat liefert bereits eine solche erste Näherung (Einsetzen in (4.14) und Koeffizientenvergleich bei den verschiedenen Potenzen von x)

$$b \approx -1,366, \quad \alpha \approx 2,73,$$

was in Anbetracht der groben Näherung schon recht gut mit FEIGENBAUMS Wert (4.7) übereinstimmt.

Gleichung (4.14) beschreibt die *Selbstähnlichkeit* im Ortsraum unter Iteration und Renormierung durch α. Ein Blick auf Abb. 4.2 wie auch die Beziehung (4.6) weist aber darauf hin, daß die Periodenverdopplungskaskade selbstähnlich sowohl im x–Raum wie auch im Parameterraum ist: Jeder Zweig in Abb. 4.2 sieht wie der ganze Baum aus. Wie die folgenden Darlegungen zeigen, kann man diese Tasache ausnutzen, um eine universelle Gleichung zu konstruieren, die sowohl α wie auch δ bestimmt.

Möge T^* folgende Operation bezeichnen: Zweifache Iteration, Renormierung von x durch α, Verschiebung des Parameters r von R_n nach R_{n+1} und Renormierung durch δ, also

$$T^* f^{2^n}_{R_n+\Delta_n p}(x) \equiv -\alpha f^{2^{n+1}}_{R_n+\Delta_n(1+p/\delta_n)}(-x/\alpha). \tag{4.16}$$

Hier ist R_n wieder der Wert von r, für den ein superstabiler 2^n–Zyklus existiert, Δ_n ist der Abstand zwischen R_{n+1} und R_n und $\delta_n \equiv \Delta_n/\Delta_{n+1}$. p gewährleistet eine kontinuierliche Parametrisierung.

Wenden wir T^* unendlich oft an, so erwarten wir im Ergebnis eine universelle Funktion

$$g(x,p) = \lim_{i\to\infty} (T^*)^i f^{2^n}_{R_n+\Delta_n p}(x). \tag{4.17}$$

$g(x,p)$ ist invariant unter der Selbstähnlichkeitsoperation T^*,d. h., sie genügt der universellen Gleichung

$$g(x,p) = -\alpha g[g(-x/\alpha, 1+p/\delta), 1+p/\delta]. \tag{4.18}$$

Diese Gleichung lösten VUL und CHANIN (1982) sowie GOLDBERG et al. (1983), indem sie $g(x,p)$ durch eine zweifache Potenzreihe

$$g(x,p) = \sum_{j=0}^{N}\sum_{k=0}^{M} c_{jk} x^{2j} p^k$$

mit den Normierungsbedingungen

$$g(0,0) = 0, \quad g(0,1) = 1, \quad g(1,1) = 0$$

approximierten. Die erste Bedingung bedeutet, daß $p = 0$ dem superstabilen Fixpunkt entspricht. Die beiden anderen Bedingungen normieren x und p in bezug auf den superstabilen Zweierzyklus.

Man kann (4.18) auf iterativem Wege lösen, indem man mit einer einfachen Näherung (z. B. $g(x,p) = p - x^2$) beginnt, die Operation T^* anwendet und in den entstandenen Polynomen alle Terme von der Ordnung höher als M bzw. N wegläßt. Dann sucht man mit Hilfe des Newton–Verfahrens den Wert von δ, für welchen die Normierungsbedingung $g(1,1) = 0$ erfüllt wird. Dieses Verfahren liefert unmittelbar auch den zugehörigen Näherungswert von α. Auf diese Weise gelangt man zu einer verbesserten Näherung für g. Durch wiederholte Anwendung dieses Algorithmus kann man die Konstanten α und δ mit hoher Genauigkeit berechnen. Es sei darauf hingewiesen, daß die Zahlenwerte (4.7) für α und δ nur für Funktionen mit quadratischem Maximum gelten. Andernfalls erhält man andere Werte (s. Hu und Satija, 1983).

4.1.4 Periodenverdopplung und Universalität in höherdimensionalen Systemen

Da $1/\delta = 0{,}2141\ldots$ ziemlich klein gegen eins ist, konvergiert das Verfahren zur Lösung von (4.18) recht schnell. Diese für die numerische Berechnung der Feigenbaum–Konstanten angenehme Eigenschaft bringt auf der anderen Seite den Experimentator in große Schwierigkeiten, da die Messung jeder folgenden Bifurkation die fünffache Genauigkeit bei der Festsetzung des Kontrollparameters erforderlich macht. Auf ähnliche Schwierigkeiten stößt man bei der numerischen Bestimmung der Bifurkationsstellen in höherdimensionalen Systemen, für die bisher keine universellen Gleichungen vom Typ (4.14) bzw. (4.18) hergeleitet wurden.

Nichtsdestoweniger gibt es eine Reihe von Experimenten, bei denen Periodenverdopplungen beobachtet und die Konstanten α und δ bestimmt werden konnten. Tabelle 4.1 gibt eine kleine Auswahl. Eine umfangreichere Zusammenstellung findet man bei Cvitanović (1984). Darüber hinaus sind viele numerische Untersuchungen an den verschiedensten Systemen durchgeführt worden, welche die Feigenbaum–Konstanten bestätigen und von denen wir einige in die Tabelle aufgenommen haben. (Vgl. auch Hao und Zhang, 1982, sowie Gonzales und Piro, 1983.) Alle Experimente und die meisten numerischen Berechnungen wurden an Systemen mit einem höherdimensionalen Phasenraum durchgeführt. Dennoch tendieren die gefundenen Werte gegen die für den eindi-

Tab. 4.1: Experimente zur periodenverdoppelnden Route zum Chaos

Experiment	Autoren	Zahl der Perioden-verdoppl.	α	δ
Hydrodynamik				
Wasser	GOLLUB u. BENSON, 1980	2	—	—
Wasser	GIGLIO et al., 1981	4	—	4,3
Helium	LIBCHABER u. MAURER, 1981	4	—	4,4
Akustik				
Helium	LAUTERBORN u. CRAMER, 1981	3	—	—
Helium	SMITH et al., 1982	3	—	4,8
Mechanik				
Pendel	LEVEN et al., 1985	3	—	—
Elektronik				
Diode	LINSAY,1981	4	—	4,5
Diode	TESTA et al., 1982	5	2,4	4,3
Transistor	ARECCHI u. LIST, 1982	4	—	4,7
Laser				
Opt. Bist.	HOPF et al., 1982	3	—	4,3
Laser	WEISS et al., 1983	3	—	—
Computer				
Nav.–Stokes	FRANCESCHINI u. TEBALDI, 1979	5	2,5	4,6
Brüsselator	KAI, 1981	7	—	4,6
Pendel	LEVEN u. KOCH, 1981	7	—	4,7
Räub.–Beute–System	LEVEN et al., 1986	4	—	4,7

mensionalen Fall erhaltenen Zahlen. Dabei ist allerdings zu beachten, daß die Feigenbaum–Konstanten erst im Grenzfall unendlich vieler Periodenverdopplungen erreicht werden und bei den ersten zwei oder drei Bifurkationen noch deutliche Abweichungen zu erwarten sind.

Die Ursache dafür, daß man auch in Systemen mit zwei– oder höherdimensionalen Phasenräumen dieselben Zahlenwerte für α und δ erhält, ist durch die Dissipation gegeben. Bei dissipativen Systemen schrumpft das Phasenvolumen im Mittel zusammen, in der Regel aber unterschiedlich schnell in den verschiedenen Richtungen. Nach einer gewissen Zeit hat das Volumenelement im Phasenraum die Form eines sehr dünnen Fadens entlang der Richtung der langsamsten Kontraktion (größter Ljapunov–Exponent) angenommen, ist also faktisch eindimensional. Bezüglich einer ausführlicheren Darstellung dieser Problematik verweisen wir auf COLLET und ECKMANN (1980) sowie COLLET et al. (1981).

4.2 Übergang von Quasiperiodizität zum Chaos

In den vorigen Abschnitten dieses Kapitels haben wir gesehen, daß man durch Vergrößerung des Kontrollparameters von einer periodischen Bewegung über eine Kaskade von Periodenverdopplungen zu einer nichtperiodischen Bewegung gelangen kann und daß dieser Weg zum Chaos charakteristisch für viele Systeme ist. Es ergibt sich nun die Frage, ob man auch auf anderen Wegen zum Chaos gelangt. Da insbesondere quasiperiodische Bewegungen typisch für viele dynamische Systeme sind, stellt sich die Frage nach dem Übergang von einer solchen Bewegungsform zu chaotischem Verhalten.

4.2.1 Periodisch angestoßener Rotator und Standardabbildung

Quasiperiodische Bewegungen können in Systemen auftreten, die durch zumindest zwei voneinander verschiedene Frequenzen charakterisiert sind. Solange die beiden Frequenzen in einem rationalen Verhältnis zueinander stehen, ist die Bewegung periodisch, sie ist quasiperiodisch, wenn das Frequenzverhältnis irrational ist (vgl. Abschn. 2.3). Besonders übersichtlich sind die Verhältnisse bei periodisch angetriebenen Oszillatoren, deren Bewegung im ungestörten Fall auf einem Grenzkreis verläuft.

Als Beispiel wählen wir einen typischen Vertreter parametrisch angetriebener Oszillatoren, dessen Bewegungsgleichung stückweise integriert werden kann, den impulsartig angestoßenen gedämpften Rotator. Die Bewegungsgleichung lautet

$$\ddot{x} + \beta\dot{x} + \Omega_0^2 \sum_{n=0}^{\infty} \delta(t - nT) \sin x = 0. \tag{4.19}$$

β ist die Dämpfungskonstante und T die Periode zwischen zwei Stößen. Wie beim parametrisch erregten Pendel (1.6) haben wir es auch hier zunächst mit einem nichtautonomen System zweiter Ordnung zu tun, das mit der Substitution $y = \dot{x}, z = t$ in ein System von drei autonomen Differentialgleichungen erster Ordnung umgeformt werden kann:

$$\begin{aligned} \dot{x} &= y, \\ \dot{y} &= -\beta y - \Omega_0^2 \sum_{n=0}^{\infty} \delta(z - nT) \sin x, \\ \dot{z} &= 1. \end{aligned} \tag{4.20}$$

Da die äußere Kraft impulsartig einwirkt und der Rotator sich zwischen zwei Stößen nur unter dem Einfluß des Reibungsterms $-\beta y$ bewegt, läßt sich das System (4.20) stückweise integrieren und in die Form einer zweidimensionalen Differenzengleichung für die Variablen

$$(x_n, y_n) \equiv \lim_{\varepsilon \to 0} \big(x(nT - \varepsilon),\, y(nT - \varepsilon)\big)$$

bringen, wobei die x_n, y_n also die Werte von x und y unmittelbar vor dem n-ten Stoß sind.

Führt man anstelle von n wie in (2.2) die ganzzahlige Zeitvariable t ein (im vorliegenden Fall mißt t die Zeit in Perioden T der äußeren Erregung), so erhält man nach einfacher Rechnung die Beziehungen

$$\begin{aligned} x_{t+1} &= x_t + (\mathrm{e}^B - 1)(y_t - A \sin x_t)\mathrm{e}^{-B}/B, \\ y_{t+1} &= (y_t - A \sin x_t)\mathrm{e}^{-B} \end{aligned} \tag{4.21}$$

mit den Parametern $A = \Omega_0^2 T^2$ und $B = \beta T$. Sind diese Größen bekannt, so gestatten die Gln. (4.21) die iterative Berechnung der Punktfolge (x_t, y_t) und liefern damit eine stroboskopische Darstellung der Trajektorie des Oszillators. Durch eine einfache Koordinatentransformation $y \to y(\mathrm{e}^B - 1)/B$ gelangen wir zur *dissipativen Standardabbildung*

$$\begin{aligned} x_{t+1} &= x_t + y_{t+1}, \\ y_{t+1} &= b y_t - K \sin x_t, \end{aligned} \tag{4.22}$$

mit den neuen Parametern $b = \mathrm{e}^{-B}$ und $K = (1 - \mathrm{e}^{-B})A/B$. Die Funktionaldeterminante $\det \mathrm{D}\boldsymbol{f}$ dieser Abbildung ist gleich b. Sie ist kleiner eins für $B > 0$ (dissipativer Fall) und gleich eins für $B = 0$. Im letzteren Fall ist (4.22) die wohlbekannte *flächenerhaltende Standardabbildung* von CHIRIKOV (1979).

4.2.2 Die Kreisabbildung

Ähnlich wie beim Übergang von der Hénon– zur logistischen Abbildung kann man auch bei der Standardabbildung den Fall unendlich starker Dissipation, $B \to \infty$ bzw. $b \to 0$, untersuchen. Wird dabei gleichzeitig die Stärke der Impulse erhöht, so daß A/B endlich bleibt, dann fällt der Term by_t in der zweiten Gl. (4.22) fort, und man erhält eine einzige Gleichung

$$x_{t+1} = x_t - K \sin x_t . \tag{4.23}$$

Das ist eine eindimensionale einparametrige Abbildung, die allerdings in dieser Form noch keine quasiperiodische Bewegung liefert. Das kann jedoch ganz einfach erreicht werden, indem der Rotator bei jedem Stoß noch zusätzlich um einen endlichen (und immer gleichen) Winkel $2\pi\Omega$ gedreht wird. Markieren wir eine Stelle auf dem Rotator, so wird sofort klar, daß bei Verschwinden der periodischen Störung ($K = 0$) die Markierung genau dann nach einer endlichen Zahl von Umläufen wieder an den Ausgangspunkt gelangt, wenn Ω eine rationale Zahl ist. Die Bewegung ist dann also periodisch. Ist dagegen Ω irrational, so haben wir den gewünschten Fall der quasiperiodischen Bewegung, und die Fragestellung lautet: Wie ändert sich der Charakter der Bewegung, wenn K kontinuierlich vergrößert wird?

Im folgenden betrachten wir also anstelle von (4.23) die zweiparametrige Abbildung

$$f_{\Omega,K}: \quad x_{t+1} = x_t + \Omega - (K/2\pi)\sin(2\pi x_t), \tag{4.24}$$

wobei x nun in Einheiten von 2π gemessen wird. Wir wollen außerdem stets annehmen, daß K nicht negativ ist. (Der Fall $K < 0$ kann auf den betrachteten Fall zurückgeführt werden, indem die Koordinatentransformation $x \to x + 1/2$ angewandt wird.)

Die Differenzengleichung (4.24) ist unter dem Namen *Kreisabbildung* bekannt und seit vielen Jahren Gegenstand intensiver Untersuchungen (vgl. z. B. DENJOY, 1932, ARNOL'D, 1965, HERMAN, 1977). Abbildung 4.4 zeigt den Graphen der Kreisabbildung (mit anschließender Modulo–1–Transformation) für verschiedene

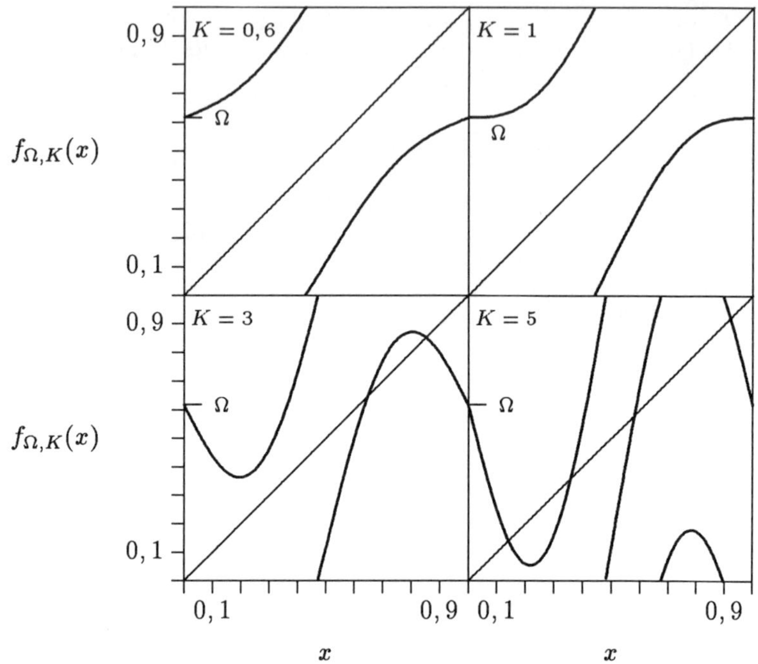

Abb. 4.4: Graphen der Kreisabbildung $f_{\Omega,K}$ für $\Omega = (\sqrt{5} - 1)/2$

Parameterwerte. Sie hat eine Reihe bemerkenswerter Eigenschaften. Zunächst gilt

$$f_{\Omega,K}(x + 1) = 1 + f_{\Omega,K}(x). \tag{4.25}$$

Für $K < 1$ ist f ein Diffeomorphismus. Bei $K = 1$ ist $f_{\Omega,K}^{-1}$ nicht differenzierbar und für $K > 1$ ist $f_{\Omega,K}$ nicht mehr eindeutig umkehrbar. Die Nichtumkehrbarkeit der Funktion f ist wegen der Eindimensionalität eine notwendige Voraussetzung für die Existenz chaotischer Bewegungsformen. Somit können wir also mit Chaos frühestens dann rechnen, wenn K den kritischen Wert 1 überschritten hat.

4.2.3 Periodische und quasiperiodische Lösungen

Wie sehen nun die Attraktoren von (4.24) im Bereich $K < 1$ aus? Oben wurde schon bemerkt, daß für $K = 0$ periodische Lösungen auftreten, wenn Ω rational ist, d. h. darstellbar in der Form $\Omega = p/q$, wo p und q teilerfremde ganze Zahlen sind. Schreibt man nun anstelle von (4.24)

$$x_{t+1} = f_{\Omega,0}(x_t) \bmod 1,$$

so bleibt x bei der Iteration immer im Einheitsintervall. Startet man bei $x_0 = 0$ und iteriert t mal, so erhält man

$$x_t = t\Omega \bmod 1.$$

x_t wird gleich null, wenn $t\Omega = tp/q$ ganzzahlig ist. Der kleinste Wert von t, für welchen das erreicht werden kann, ist q. Damit ist q die Periode des Zyklus, während p angibt, wie oft die Operation $\bmod 1$ angewendet wurde. (Ohne die Modulo–Bildung wäre x_t um den Betrag p nach rechts verschoben worden.) Man bezeichnet die Größe p/q als *Windungszahl* . Allgemeiner benutzt man die auch für $K > 0$ anwendbare Definition der Windungszahl

$$w_{\Omega,K} \equiv \lim_{n\to\infty} \frac{f^n_{\Omega,K}(x_0) - x_0}{n}. \tag{4.26}$$

w stellt also die mittlere Verschiebung von x per Iteration dar. Ein zu einer rationalen Windungszahl $w = p/q$ gehöriger q–Zyklus $x_1 ... x_q$ ist somit die Lösung von

$$f^q_{\Omega,K}(x_i) = p + x_i \tag{4.27}$$

mit der Stabilitätsbedingung

$$\left|\prod_{i=1}^{q} f'_{\Omega,K}(x_i)\right| = \left|\prod_{i=1}^{q}(1 - K\cos(2\pi x_i))\right| < 1. \tag{4.28}$$

Für $0 < K \leq 1$ existieren Intervalle $\Delta\Omega(p/q, K)$, innerhalb derer entsprechende stabile q–Zyklen mit Windungszahlen p/q auftreten (Herman, 1977). Man spricht in diesem Zusammenhang von *Frequenzeinfang*. Trägt man für ein festes vorgegebenes K die

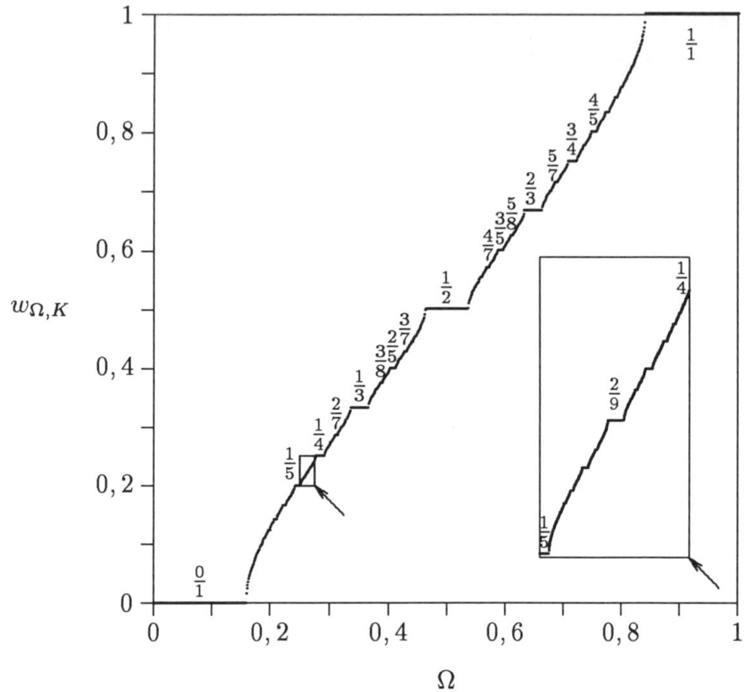

Abb. 4.5: Die Teufelstreppe der Kreisabbildung für $K = 1$. Die Plateaus charakterisieren periodische Bewegungen mit den entsprechenden durch echte Brüche angegebenen Windungszahlen. Die Ausschnittsvergrößerung zeigt eine analoge Struktur wie die gesamte Kurve

Windungszahl $w_{\Omega,K}$ über Ω auf, so erhält man eine sog. *Teufelstreppe*, eine monoton anwachsende stetige Funktion mit Plateaus endlicher Breite zu jedem rationalen w. In der Abb. 4.5 sind einige dieser Plateaus für $K = 1$ im Intervall $0 \leq \Omega \leq 1$ dargestellt. Es fällt auf, daß die Breite $\Delta(q)$ der Plateaus mit wachsendem q schnell abnimmt. Das ist auch notwendig, wenn die unendliche Anzahl von Plateaus endlicher Breite, die zu den rationalen Windungszahlen zwischen null und eins gehören, in dem Intervall der Breite eins Platz finden soll.

Eine Überschlagsrechnung zeigt folgendes: Die Anzahl $n(q)$ der rationalen Windungszahlen zu einem vorgegebenen q ist von der Ordnung q (genauer, es gilt $n(q) \to q$ für $q \to \infty$). Die Gesamt-

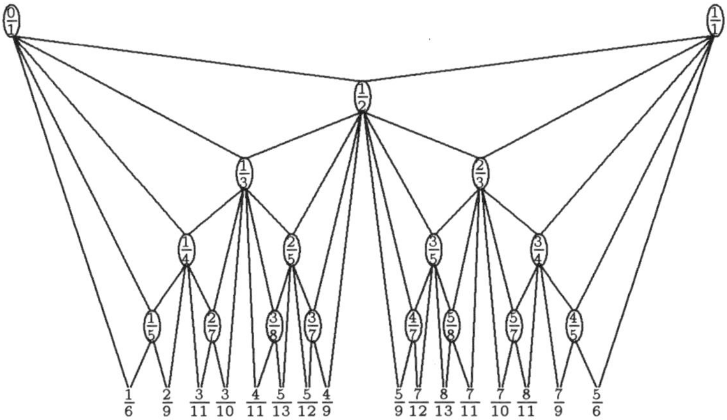

Abb. 4.6: Farey–Baum der rationalen Zahlen bis zur 6. Entwicklungsstufe

breite ist

$$\Delta \approx \sum_{q=1}^{\infty} q\Delta(q).$$

Damit Δ endlich bleibt, muß $\Delta(q) \sim q^{\beta}$ gelten mit $\beta < -2$. Genauere Berechnungen von Bohr et al. (1984) ergaben $\beta = -2,29$ für $K = 1$.

Bei weiterer Betrachtung der Teufelstreppe fällt die Farey–Ordnung der rationalen Windungszahlen auf. Bekanntlich kann man für jeweils zwei rationale Zahlen $p/q < p'/q'$ die Farey–Summe

$$\frac{\tilde{p}}{\tilde{q}} = \frac{p}{q} \oplus \frac{p'}{q'} \equiv \frac{p+p'}{q+q'}$$

bilden. Diese Summe hat drei Eigenschaften:

1. es gilt $p/q < \tilde{p}/\tilde{q} < p'/q'$,

2. $\tilde{p}/\tilde{q}$ ist die rationale Zahl mit dem kleinsten Nenner zwischen p/q und p'/q' und

3. wenn $|pq' - p'q| = 1$, dann sind $\tilde{p}$ und $\tilde{q}$ teilerfremd.

Die Abb. 4.6 zeigt den sog. Farey–*Baum*. Man beginnt die Konstruktion mit 0 und 1 und bildet die Farey–Summe von nächsten

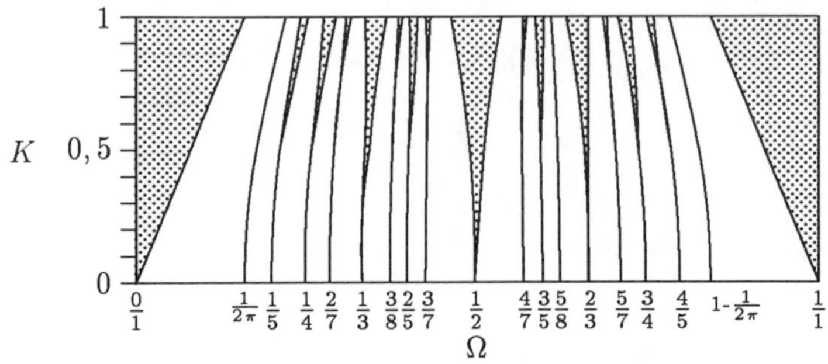

Abb. 4.7: Parameterebene der Kreisabbildung. Innerhalb der als Arnol'd–Zungen bezeichneten punktierten Gebiete existieren periodische Lösungen mit Windungszahlen p/q

Nachbarn auf dem gegebenen Niveau, so daß die dritte Eigenschaft stets erfüllt ist.

Die Intervalle $\Delta\Omega(p/q, K)$, innerhalb derer die entsprechenden periodischen Bewegungen auftreten, werden mit wachsendem K immer breiter. Die entsprechenden Gebiete in der Ω, K–Ebene haben die Form leicht gekrümmter Dreiecke und sind als Arnol'd–*Zungen* bekannt. Man überzeugt sich z. B. leicht davon, daß die Fixpunktlösung ($p = 0, q = 1$) oberhalb der Geraden $K = 2\pi\Omega$ existiert. Für $K < 1$ berühren die Arnol'd–Zungen einander nicht. Sie sind getrennt durch überabzählbar unendlich viele „Fäden", welche die Bewegungen mit irrationalen Windungszahlen charakterisieren. Ihre Gesamtbreite wächst stetig und monoton von null bei $K = 0$ auf eins bei $K = 1$. Abbildung 4.7 gibt einen Überblick über die Lage periodischer und quasiperiodischer Lösungen in der (Ω, K)–Parameterebene. Aufgrund der von null verschiedenen Breite der Arnol'd–Zungen für $K > 0$ findet man im (numerischen) Experiment für $0 < K < 1$ stets periodische Bewegungen.

4.2.4 Irrationale Windungszahlen

Wir kehren nun zu unserer ursprünglichen Fragestellung nach dem Übergang von einer quasiperiodischen zu einer chaotischen Bewegung zurück. Dabei ist gerade ein solcher Weg von Interesse, der zu einer konstanten irrationalen Windungszahl $\overline{w}$ gehört. Im Gegensatz zu den rationalen Windungszahlen ist die Menge der

Ω–Werte, für die zu einem vorgegebenen K eine bestimmte irrationale Windungszahl existiert, jeweils nur ein einzelner Punkt. Eine direkte Bestimmung der zu einer gewissen irrationalen Windungszahl gehörigen Kurve $\Omega(K)$ ist wegen des Grenzüberganges in (4.26) schwierig. Im folgenden stellen wir eine Methode von GREENE (1979) vor, mit deren Hilfe irrationale Windungszahlen auf wohldefinierte Weise durch eine Folge von rationalen Windungszahlen angenähert werden können, und bringen einige numerische Ergebnisse, die von SHENKER (1982) erhalten wurden.

Ausgangspunkt ist die Darstellung einer irrationalen Zahl $\sigma \in (0,1)$ durch einen Kettenbruch

$$\sigma = \cfrac{1}{n_1 + \cfrac{1}{n_2 + \cfrac{1}{n_3 + \cdots}}}$$

mit den natürlichen Zahlen n_i. Üblicherweise schreibt man

$$\sigma \equiv \langle n_1, n_2, n_3, \ldots \rangle$$

und kann dann die irrationale Zahl σ durch eine Folge von endlichen Kettenbrüchen $\sigma_i \equiv \langle n_1, \ldots, n_i \rangle = p_i/q_i$ annähern, wobei

$$\lim_{i \to \infty} \sigma_i = \sigma$$

gilt. Auf diese Weise kann eine quasiperiodische Bewegung mit irrationaler Windungszahl $\overline{w}$ durch eine Sequenz von periodischen Bewegungen mit rationalen Windungszahlen $w_i \equiv p_i/q_i$ steigender Ordnung dargestellt werden.

Als Beispiel wählen wir

$$\overline{w} = (\sqrt{5} - 1)/2.$$

Diese Zahl ergibt sich bekanntlich aus dem *Goldenen Schnitt* (eine Strecke der Länge L wird so geteilt, daß das Verhältnis der längeren Teilstrecke l zur Gesamtlänge gleich ist dem Verhältnis der kürzeren Teilstrecke $L - l$ zu l). Die zu $\overline{w}$ gehörige Kettenbruchdarstellung ist besonders einfach, nämlich $\overline{w} = \langle 1, 1, 1, \ldots \rangle$. Weiterhin gilt für die Partialsummen, d. h. die rationalen Zahlen w_i, welche $\overline{w}$ sukzessive annähern,

$$w_i \equiv p_i/q_i = F_i/F_{i+1},$$

wobei die F_i gerade die Fibonacci–Zahlen sind, welche sich bekanntlich nach der folgenden Rekursionsformel berechnen lassen:

$$F_{i+1} = F_i + F_{i-1}, \quad F_0 = 0,\, F_1 = 1,\, i = 1,2,3,\ldots$$

Wir definieren nun durch $-l^2$ die Konvergenzrate der Sequenz von Windungszahlen w_i

$$-\,l^2 \equiv \lim_{i\to\infty} \frac{w_{i+1} - w_i}{w_i - w_{i-1}}. \tag{4.29}$$

Für den speziellen Fall des goldenen Schnitts ist gerade $l = \overline{w}$. Man berechnet nun zu einem vorgegebenem K den Wert $\Omega_{p,q}(K)$, der zu einem q–Zyklus von $f_{\Omega,K}$ gehört, welcher $x = 0$ als Element enthält und eine Verschiebung p hervorbringt, d. h., man verlangt gemäß (4.27)

$$f^q_{\Omega,K}(0) = p.$$

Die entscheidende Annahme ist dann, daß für ein vorgegebenes $K \leq 1$ die zu den rationalen Windungszahlen w_i gehörenden $\Omega_i(K)$ gegen einen Wert $\Omega_\infty(K)$ konvergieren, welcher die irrationale Windungszahl $\overline{w}$ hervorbringt:

$$\begin{aligned} \lim_{i\to\infty} \Omega_i(K) &= \Omega_\infty(K), \\ w(\Omega_\infty(K), K) &= \overline{w}. \end{aligned} \tag{4.30}$$

Für die Größen

$$\delta_i(K) \equiv \frac{\Omega_{i-1}(K) - \Omega_i(K)}{\Omega_i(K) - \Omega_{i+1}(K)}$$

fand SHENKER folgendes Konvergenzverhalten:

$$\lim_{i\to\infty} \delta_i(K) = \begin{cases} -l^{-2} & : \; 0 \leq K < 1 \\ -l^{-\gamma} & : \; K = 1 \end{cases} \tag{4.31}$$

mit $\gamma = 2,164\,43\ldots$

Die Parameterwerte Ω_i nähern sich also tatsächlich in geometrischer Progression einem festen Wert, wobei jedoch der Zahlenwert der Konstanten, welchem die δ_i zustreben, für $K < 1$ ein anderer ist als für K=1.

Entsprechend den im Abschn. 4.1 vorgestellten Überlegungen zur logistischen Abbildung kann man auch für die Abstände

$$d_i \equiv f^{q_{i-1}}_{\Omega_i,K}(0) - p_{i-1}$$

von $x = 0$ zu dem nächstgelegenen Element des zu w_i gehörigen Zyklus ein Gesetz finden, welches die Skaleninvarianz zum Ausdruck bringt. Mit $\alpha_i(K) = d_{i-1}/d_i$ ergibt sich

$$\lim_{i\to\infty} \alpha_i(K) = \begin{cases} -l^{-1} & : \quad 0 \leq K < 1 \\ -l^{-\kappa} & : \quad K = 1 \end{cases} \tag{4.32}$$

mit $\kappa = 0,526\,87\ldots$. Auch in diesem Falle ist also das Konvergenzverhalten für $K = 1$ ein anderes als für $K < 1$.

Um die markante Änderung des Charakters der Bewegung bei $K = 1$ noch deutlicher zu machen, untersuchen wir das Verhalten der Koordinate x als Funktion der Zeit. Da letztere in (4.24) nur als diskrete Variable $t = 1, 2, 3\ldots$ auftritt, führen wir zunächst die zu einer rationalen Windungszahl $w_i = p_i/q_i$ gehörige Zeitvariable $\tau_t = tw_i \bmod 1$, $t = 0, 1, \ldots, q_i - 1$), ein. Dann konstruieren wir eine Funktion $x^{(i)}(\tau_t)$ mit den Eigenschaften

$$x^{(i)}(\tau_{t+1}) = f_{\Omega,K}(x^{(i)}(\tau_t)) \bmod 1, \qquad x_0^{(i)} = 0.$$

Damit wird eine periodische Abbildung

$$u^{(i)}(\tau_t) = x^{(i)}(\tau_t) - \tau_t$$

definiert, welche für $i \to \infty$ gegen eine periodische Funktion $u(\tau)$ geht, die für $0 \leq K < 1$ analytisch ist (Herman, 1979).

Abbildung 4.8 zeigt die Funktion $u^{(17)}(\tau_t)$, die sicher bereits als sehr gute Annäherung an $u(\tau)$ angesehen werden darf, für zwei K–Werte unterhalb von eins und für $K = 1$. Man erkennt, daß $u(\tau)$ für $K < 1$ offenbar eine glatte Kurve ist, wohingegen im Falle $K = 1$ die Funktion „holprig" aussieht und eine ausgeprägte Feinstruktur aufweist. Man spricht daher von der Geraden $K = 1$ als einer kritischen Linie, die ähnlich wie die Stelle r_∞ bei der logistischen Gleichung als Schwelle zum Chaos angesehen werden kann.

Interessant ist in diesem Zusammenhang das Verhalten der α_i und δ_i bei Annäherung von unten an die kritische Linie. Während die Grenzwerte für $i \to \infty$ gemäß (4.31) und (4.32) an der Stelle

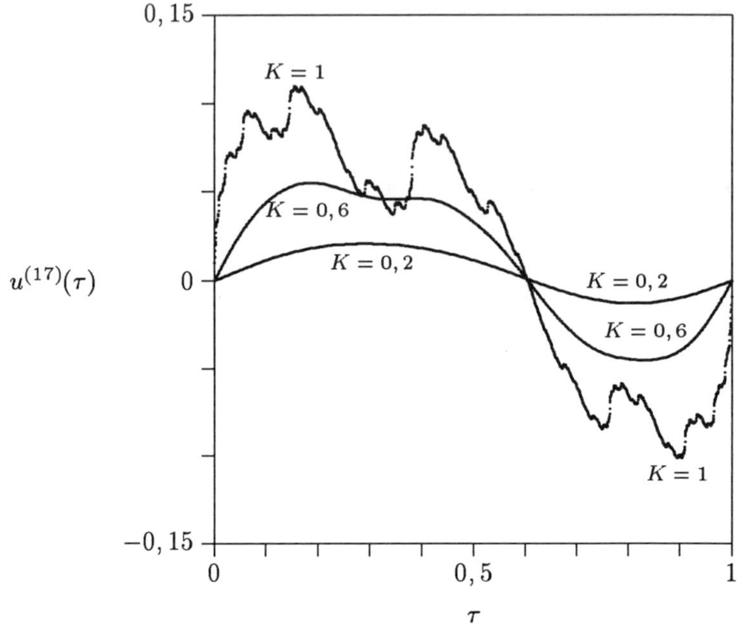

Abb. 4.8: Die Funktion $u^{(17)}(\tau)$ für verschiedene K–Werte (s. Text)

$K = 1$ einen Sprung aufweisen, existiert für die α_i, δ_i für endliches i ein kontinuierlicher Übergang bei Annäherung von K gegen eins. SHENKER konnte zeigen, daß sie Funktionen ein und derselben Variablen $(1 - K)q_i^{\nu}$ mit dem Übergangsexponenten $\nu = 1,053\,744 \approx 2\kappa$ sind.

Von JENSEN et al. (1984) wurde auf numerischem Wege gezeigt, daß die Frequenzintervalle $\Delta\Omega$, innerhalb derer stabile periodische Lösungen auftreten, für $K = 1$ das Intervall $[0, 1]$ vollständig ausfüllen. Die Menge der Ω–Werte, für welche quasiperiodische Orbits existieren, bildet auf der kritischen Linie eine Cantor–Menge mit einer Hausdorff–Dimension $D_H \approx 0,87$.

Für $K > 1$ überlappen sich die Arnol'd–Zungen, innerhalb derer die stabilen periodischen Lösungen existieren, so daß in Abhängigkeit von den Anfangswerten zwei stabile periodische Lösungen mit unterschiedlichen Windungszahlen gefunden werden können. Innerhalb der Arnol'd–Zungen beobachtet man mit wachsendem K Periodenverdopplungen bis zum Chaos, ähnlich wie bei der logistischen Abbildung. Die Werte K_i des Parameters K, für welche die erste Periodenverdopplung stattfindet, liegen in der Tendenz umso tiefer, je größer die Periode q_i ist. Für die Windungszahlen $w_i = F_i/F_{i+1}$, welche gegen die Windungszahl $\overline{w}$ des goldenen Schnitts konvergieren, gehen sie in geometrischer Progression gegen 1 (BOHR und GUNARATNE, 1985). Setzt man voraus, daß die Kaskade der Periodenverdopplungen innerhalb einer jeden Arnol'd–Zunge denselben Gesetzen gehorcht, wie diejenige bei der logistischen Abbildung (vgl. Gl. (4.6)), dann ist damit klar, daß die Einsatzgrenze für chaotische Lösungen ebenfalls mit wachsendem i gegen 1 strebt, so daß an dieser Stelle tatsächlich der Übergang von der Quasiperiodizität zum Chaos stattfindet.

Von KANEKO (1984) wurde gezeigt, daß die Abstände $K_i - 1$ mit wachsendem i proportional q_i^{-a} abnehmen. Dabei ist $a = 1,055 \approx \nu$. Der charakteristische Exponent ist also bei Annäherung an die kritische Linie von oben derselbe wie bei Annäherung von unten.

Eine Verallgemeinerung der hier skizzierten Ergebnisse für den zweidimensionalen Fall wurde von FEIGENBAUM et al. (1982) sowie RAND et al. (1982) am Beispiel der dissipativen Standardabbildung (4.22) vorgenommen, wobei ähnlich wie bei der Kreisabbildung auf der rechten Seite der ersten Gl. (4.22) ein Term Ω zu addieren ist. Die Autoren konnten zeigen, daß in Analogie zum eindimensionalen Fall die Punkte des periodischen i–Zyklus, welcher für $i \to \infty$ in die entsprechende quasiperiodische Lösung übergeht, sich auf einer invarianten Kurve anordnen, die glatt ist, solange K unterhalb eines kritischen Wertes $K_c < 1$ liegt, und die eine unendliche Zahl von „Zacken" aufweist, wenn $K = K_c$ ist. Der kritische Wert K_c ist umso kleiner, je geringer die Dissipation ist.

YAMAGUCHI (1986) berechnete die Abhängigkeit des kritischen Wertes K_c von der Dissipation für die irrationale Windungszahl $\overline{w}$ und zeigte, daß $K_c(\overline{w})$ monoton mit abnehmender Dissipation (mit wachsendem b in Gl. (4.22)) fällt. Die Berechnung des kritischen Wertes $K_c(w_s)$ für die Windungszahl des „silbernen Schnittes", $w_s = \sqrt{2} - 1$, ergab ebenfalls ein monotones Absinken mit wachsendem b. Die beiden Kurven fallen jedoch nicht zusammen, woraus hervorgeht, daß im zweidimensionalen Falle die kritische Linie keine Gerade mehr sein kann. Die Frage, ob es im Falle endlicher Dämpfung überhaupt ein direktes Analogon zur kritischen

Linie gibt, wurde von BOHR et al. (1984) dahingehend beantwortet, daß numerische Untersuchungen für die Existenz einer stetigen Funktion der Parameter sprechen, entlang derer das Maß der Intervalle mit rationalen Windungszahlen eins ist, während die Menge der Parameterwerte, für welche quasiperiodische Bewegungen existieren, wiederum eine Cantor–Menge mit derselben fraktalen Dimension $D_H \approx 0,87$ ist.

4.2.5 Der Übergang von Quasiperiodizität zum Chaos aus experimenteller Sicht

In den letzten Jahren sind verstärkte Anstrengungen unternommen worden, den Übergang von der quasiperiodischen Bewegung zur chaotischen durch geeignete Experimente zu verifizieren. Die Schwierigkeiten bestehen in erster Linie darin, daß immer zwei Parameter gleichzeitig so geändert werden müssen, daß für jedes K die Windungszahlen w_i auf definierte Weise stets gegen dieselbe irrationale Windungszahl $\overline{w}$ streben, da nur so das durch (4.31) und (4.32) beschriebene universelle Verhalten beobachtet werden kann. Dazu kommt noch, daß die Unterschiede in den universellen Konstanten für $K < 1$ und $K = 1$ relativ klein sind. STAVANS et al. (1985) gelang es, in einem Rayleigh–Bénard–Experiment mit Quecksilber den Übergang von der Quasiperiodizität zum Chaos für die dem goldenen Schnitt entsprechende Windungszahl wie auch für die Windungszahl w_s des silbernen Schnittes zu beobachten, wobei sie eine gute quantitative Übereinstimmung mit den theoretischen Ergebnissen feststellen konnten.

Interessante Ergebnisse wurden von BRYANT und JEFFRIES (1987) an einem periodisch erregten Oszillator und von HAUCKE und ECKE (1987) mit einem Rayleigh–Bénard–System durchgeführt. Die Ergebnisse zeigen unter anderem, daß die Kreisabbildung (4.24) wie auch deren zweidimensionale Verallgemeinerung gute Modellgleichungen zur Beschreibung des Verhaltens auch höherdimensionaler nichtlinearer Systeme sein können. Das wurde auch durch Experimente mit laufenden Schichten in Niederdruck–Gasentladungen bestätigt (vgl. z. B. WILKE et al., 1989, 1990, und ALBRECHT et al., 1993). So wurden die Arnol'd–Zungen im Experiment stets in der Reihenfolge entsprechend der Farey–Konstruktion gefunden, und auch die schnelle Abnahme der Zungenbreite mit wachsendem q bestätigte sich eindrucksvoll.

Darüber hinaus zeigte sich jedoch auch, daß in Systemen mit

mehreren Freiheitsgraden neben den durch die Kreisabbildung zu beschreibenden Effekten andere Phänomene auftreten, die sich nicht in eine eindimensionale Theorie einordnen lassen. So wurde in den Gasentladungs–Experimenten von WILKE et al. (1989) festgestellt, daß die Route von der periodischen zur chaotischen Bewegung innerhalb der Arnol'd–Zungen typischerweise nicht über Periodenverdopplungen, sondern über die Bildung von Sekundär–Tori durch Hopf–Bifurkationen verläuft. Dieser Effekt, wie auch die ebenfalls beobachteten Torus–Verdopplungen, die numerisch von ARNEODO et al. (1983) sowie KANEKO (1983) untersucht wurden, sind auf die Anregung eines weiteren Freiheitsgrades bei Verstärkung der äußeren periodischen Störung zurückzuführen, so daß die Bewegung letztlich auf einem „Dreier–Torus“ (drei inkommensurable Frequenzen) verläuft.

In diesem Zusammenhang weisen wir (in aller Kürze) auf die Voraussagen von RUELLE und TAKENS (1971) sowie NEWHOUSE et al. (1978) über den Übergang von quasiperiodischer zu chaotischer Bewegung hin. Diese Autoren sagten voraus, daß bei einem System nach dem Übergang von einer quasiperiodischen Bewegung mit zwei inkommensurablen Frequenzen in einen Bewegungszustand mit drei inkommensurablen Frequenzen der Phasenfluß instabil werden kann in dem Sinne, daß beliebige kleine Störungen existieren, welche die Bewegung chaotisch machen. Aufgrund der Experimente von GOLLUB und BENSON (1980), GORMAN et al. (1980), sowie LIBCHABER et al. (1983), in denen die Existenz stabiler quasistationärer Bewegungen mit drei inkommensurablen Frequenzen beobachtet wurde, kommt man zu dem Schluß, daß dieser Bewegungstyp nicht zwangsläufig in einen chaotischen Zustand übergeführt wird.

Experimente von CUMMING und LINSAY (1988) mit einem elektronischen Oszillator, sowie die oben erwähnten Untersuchungen von ALBRECHT et al. (1993) an Neon–Entladungen haben gezeigt, daß Dreifrequenz–Quasiperiodizität in unmittelbarer Nachbarschaft von chaotischen Bewegungen existiert, wenn die Amplitude der äußeren periodischen Störung nicht zu groß ist. In den Gasentladungs–Experimenten lagen die Amplituden um etwa eine Größenordnung unterhalb des kritischen Wertes, bei welchem die Überlappung der Arnol'd–Zungen erfolgte.

GREBOGI et al. (1983) haben anhand numerischer Untersuchungen gezeigt, daß chaotisches Verhalten nur durch hinreichend starke Störungen erzeugt wird, während im Fall kleiner Störamplituden die quasiperiodische Bewegung stabil bleibt. Sie weisen auch darauf hin, daß NEWHOUSE et al. in ihrem Beweis kleine Störungen zulassen, für welche nur die erste und die zweite Ableitung klein sind, während die höheren Ableitungen nicht als notwendigerweise klein vorausgesetzt werden, was aber für physikalische Anwendungen erwartet wird.

Kapitel 5

Übergangsphänomene im chaotischen Regime

5.1 Die logistische Abbildung für $r > r_\infty$

Wir wollen dieses Kapitel mit einer Diskussion des Lösungsverhaltens der logistischen Gleichung oberhalb des kritischen Wertes r_∞ beginnen. Im Abschnitt 4.1 wurde gezeigt, daß die Bifurkationskaskade hier mit einem Attraktor endet, der aus unendlich vielen Punkten besteht. Dieser sog. Feigenbaum–Attraktor ist noch nicht chaotisch, da der Ljapunov–Exponent λ an der Stelle r_∞ gerade gleich null ist und erst für $r > r_\infty$ positiv wird. Er stellt aber eine fraktale Menge mit der Dimension $D_H(\mu) = 0,538\ldots$ dar (Grassberger, 1981, Hu und Hao, 1983).

5.1.1 Verschmelzen chaotischer Bänder

Eine sorgfältige Untersuchung der Verteilung der Attraktorpunkte im aperiodischen Regime zeigt, daß der Orbit 2^k Teilintervalle (auch Bänder genannt) des Einheitsintervalls anläuft und zwar nach demselben „Fahrplan“ wie eine 2^k–periodische Lösung im Parameterbereich $r < r_\infty$. Das Chaotische an der Bewegung besteht lediglich darin, daß ein Punkt nach 2^k Iterationen nicht auf sich, sondern nur in dasselbe Band abgebildet wird, so daß nach einer sehr großen Zahl von Iterationen in jedem dieser Bänder eine Anzahl unregelmäßig verteilter Punkte zu finden ist.

Für bestimmte Parameterwerte $\tilde{r}_k$ verschmelzen 2^k chaotische Teilintervalle zu 2^{k-1} Bändern. Diese Sequenz von inversen „periodenhalbierenden" Bifurkationen sieht wie ein etwas verwaschenes Spiegelbild der periodenverdoppelnden Bifurkationen im nichtchaotischen Bereich aus (s. Abb. 1.4). Darüber hinaus wurde gefunden, daß diese Sequenz von Bandverschmelzungen durch dasselbe Selbstähnlichkeitsgesetz charakterisiert ist wie die Periodenverdopplungen, d. h., es gelten wiederum die Gleichungen (4.5), (4.6) mit denselben Konstanten α und δ (MISIUREWICZ, 1981).

Berechnet man den Ljapunov–Exponenten im Bereich $r > r_\infty$, so sieht man, daß er „im wesentlichen" positiv ist, wobei die Enveloppe $\bar{\lambda}$ von der Stelle $r = r_\infty$ an mit zunehmendem r kontinuierlich anwächst, wie Abb. 5.1 zeigt. HUBERMAN und RUDNICK (1980) konnten zeigen, daß dieses Anwachsen von $\bar{\lambda}$ in der Nähe von r_∞ nach einem *Potenzgesetz*

$$\bar{\lambda} \sim (r - r_\infty)^\tau \tag{5.1}$$

erfolgt mit $\tau = \ln 2 / \ln \delta = 0,4498\ldots$

Aufgrund des Vorzeichenwechsels von λ beim Durchgang des Kontrollparameters durch den kritischen Wert r_∞ sowie der Tatsache, daß $\bar{\lambda}$ oberhalb von r_∞ nach einem Potenzgesetz anwächst, wird diese Größe in Anlehnung an die Verhältnisse bei Phasenübergängen zweiter Art als *Ordnungsparameter* bezeichnet. Wir werden noch sehen, daß Potenzgesetze für das Verhalten der verschiedenen Chaos–Charakteristika in der Nähe von Bifurkationsstellen im chaotischen Bereich etwas Typisches darstellen. Bezüglich detaillierterer Darstellungen der Parallelen zu Phasenübergängen und der Anwendung von Renormierungsgruppentechniken verweisen wir auf HU (1982) wie auch auf die einführenden Darstellungen von SCHUSTER (1984, 1989) sowie BECK und SCHLÖGL (1993).

5.1.2 Periodische Fenster

Abbildung 5.1 zeigt neben dem generellen Anwachsen von λ mit zunehmendem r oberhalb von r_∞ eine Reihe von (meist sehr schmalen) Parameterintervallen, innerhalb derer λ negativ ist. Die

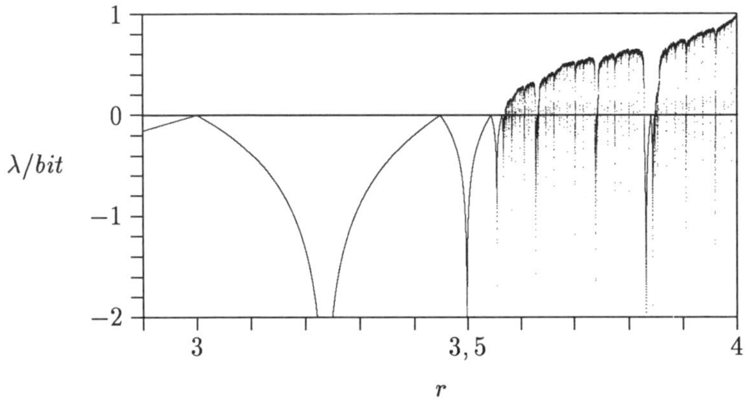

Abb. 5.1: Ljapunov–Exponent λ für die logistische Abbildung als Funktion der Kontrollparameters r (Auflösung $\Delta r = 10^{-5}$)

Bewegung wird mit anwachsendem Kontrollparameter nicht kontinuierlich chaotischer, sondern dieser Prozeß wird durch das Auftreten der schon im Abschn. 1.1 diskutierten periodischen Fenster unterbrochen. Umfangreiche Berechnungen des Ljapunov–Exponenten zeigen, daß bei Vergrößerung der Auflösung bezüglich r mehr und mehr solcher periodischer Fenster sichtbar werden (Crutchfield et al., 1982), wobei hier wiederum die Schwachstelle numerischer Berechnungen deutlich wird: Den Beweis, daß es wirklich unendlich viele Fenster sind, kann man auf numerischem Wege nicht erbringen.

Eine wichtige Frage ist nun, für welche Wertebereiche des Kontrollparameters r welche Perioden zu erwarten sind. Diese Frage konnte zunächst von Metropolis et al. (1973) dahingehend beantwortet werden, daß sie die Reihenfolge angaben, in welcher die periodischen Fenster bei Änderung von r auftreten. Bezüglich eines eingehenden Studiums der von ihnen aufgestellten U–Sequenz (universell) verweisen wir den Leser auf die Originalarbeit bzw. auf Collet und Eckmann (1980). Ein bemerkenswertes Resultat in diesem Zusammenhang ist der Beweis der Selbstähnlichkeit der U-Sequenz von Derrida et al. (1979) (jeder Teil der Sequenz ist der ganzen Sequenz ähnlich).

Daß die Reihenfolge des Auftretens der verschiedenen Perioden oberhalb von r_∞ nicht willkürlich sein kann, geht rein anschaulich schon daraus hervor, daß z. B. innerhalb eines Parameterintervalls, für welches ein aus 2^k Teilen bestehender chaotischer Attraktor existiert, nur solche periodischen Lösungen auftreten können, deren Periode p ein ganzes Vielfaches von 2^k ist, da ja alle 2^k Intervalle erst angelaufen werden müssen, bevor der Phasenpunkt wieder in das erste Intervall zurückkehrt. Damit wird auch klar, daß die ungeraden Perioden erst für $r > \tilde{r}_1$, d. h. oberhalb der Stelle auftreten können, wo die Verschmelzung der letzten beiden chaotischen Bänder zu einem einzigen stattfindet.

Geisel und Nierwetberg (1981) gelang es, für Sequenzen von periodischen Bewegungen mit Perioden $p = q2^k (q = 3, 4, \ldots)$ die Einsatzwerte $r_{k,q}$ des Kontrollparameters zu bestimmen. Sie stellten fest, daß die Abstände der $r_{k,q}$ zu den $\tilde{r}_k$ (die Stellen, an denen 2^k Bänder zu 2^{k-1} Bändern verschmelzen) ähnlich wie bei den Heugabelbifurkationen in geometrischer Progression abnehmen. Es gilt also

$$\tilde{r}_k - r_{k,q} \sim \gamma_k^{-q}, \tag{5.2}$$

wobei die γ_k mit wachsendem k einer weiteren universellen Konstanten $\gamma = 2,948\,05\ldots$ zustreben.

Da es unendlich viele periodische Fenster gibt und jedes dieser Fenster ein (offenes) Intervall auf der r–Achse einnimmt, ergibt sich die Frage, wieviel Platz noch für die chaotischen Bewegungen bleibt. Numeriert man alle rationalen Zahlen im Intervall [0,1] durch und ordnet der Zahl mit der Nummer n ein Intervall von der Länge $\varepsilon 2^{-n}$ zu, so wird die Gesamtlänge des „Restes“ $1 - \sum_{n=1}^{\infty} \varepsilon 2^{-n} = 1 - \varepsilon$, wobei allerdings dieser „Rest“ keine Intervalle mehr enthält. Collet und Eckmann (1980) vermuten daher: Die Menge der Parameterwerte, für welche kein stabiler periodischer Orbit existiert, hat positives Lebesgue–Maß und enthält keine Intervalle. Farmer (1985) benutzt für diese Situation den Begriff einer „fetten“ Cantor–Menge, einer Menge also, die von der topologischen Struktur her einer gewöhnlichen Cantor–Menge äquivalent ist, jedoch im Gegensatz zu dieser positives Lebesgue–Maß und folglich die Hausdorff–Dimension eins hat.

Benedicks und Carleson (1985, 1991) konnten streng zeigen, daß die Menge aller Parameterwerte $r \in (r_\infty, 4]$, für welche die logistische Abbildung (1.2) einen positiven Ljapunov–Exponenten besitzt, ein positives Lebesgue–Maß hat. Für jeden dieser Parameterwerte hat die Abbildung ein eindeutiges absolut–stetiges invariantes Maß (s. auch Pianigiani, 1979, Misiurewicz, 1981, Jakobson, 1981, sowie die Zusammenfassung der Resultate durch de Melo und van Strien, 1993). Bezeichnet Δ_∞ die Menge aller Parameterwerte r, für die keine attraktiven periodischen Orbits existieren, dann gibt es ein $r_0 < 4$, mit $4 - r_0$ hinreichend klein, so daß die Menge der Parameterwerte $r \in [r_0, 4]$, für welche attraktive periodische Orbits existieren, offen und dicht in $[r_0, 4] \cap \Delta_\infty$ ist. [1)]

Die mit dem Auftreten fraktaler Strukturen verbundene Eigenschaft der Selbstähnlichkeit gestattet es, auch auf numerischem Wege zu aussagekräftigen und allgemeingültigen Resultaten zu gelangen. So konnte FARMER in der eben erwähnten Arbeit die Menge der Parameterwerte, die für Abbildungen des Intervalls mit quadratischem Maximum chaotische Bewegungen hervorbringen, durch ein globales Skalengesetz beschreiben, wodurch es möglich ist, eine recht gute Schätzung für den Anteil der zu chaotischen Orbits gehörenden Parameterwerte zu finden. Sei nämlich $h(\varepsilon)$ die Gesamtlänge aller periodischen Intervalle, die größer oder gleich ε sind. Dann kann man ein „vergröbertes" Maß $\mu(\varepsilon) = 1 - h(\varepsilon)$ für die Menge der „chaotischen Parameter" definieren, welches nach FARMER entsprechend

$$\mu(\varepsilon) \approx \mu(0) + c\varepsilon^\beta \tag{5.3}$$

($c =$ const. $\in \mathbb{R}$) mit verschwindendem ε gegen einen Grenzwert $\mu(0)$ geht, der dann ein gewisses Maß für die Menge der chaotischen Parameter darstellt. Für zwei konkrete Abbildungen mit quadratischem Maximum findet FARMER $\mu(0) \approx 0,89$ mit einem Exponenten $\beta \approx 0,45$, wobei vermutet wird, daß β universell ist, d. h. denselben Wert für alle Abbildungen des Intervalls mit quadratischem Maximum besitzt.

5.2 Intermittenz

Nachdem wir im vorigen Abschnitt einiges über die Anordnung und Häufigkeit der periodischen Fenster in eindimensionalen Abbildungen erfahren haben, wollen wir uns jetzt den Details der Entstehung dieser Fenster zuwenden. Im Abschn. 1.1 wurde beschrieben, wie das Fenster mit der Periode drei durch Tangentialbifurkation entsteht. Betrachten wir noch einmal Abb. 1.3 und überlegen uns, wie die Verhältnisse sind, wenn r etwas kleiner ist

---

[1)] Eine Menge D eines metrischen Raumes M heißt *dicht* in der Menge $M_0 \subseteq M$, wenn zu jedem $\boldsymbol{x}_0 \in M_0$ und jeder reellen Zahl $\varepsilon > 0$ ein $\boldsymbol{x} \in D$ existiert mit $|\boldsymbol{x} - \boldsymbol{x}_0| < \varepsilon$.

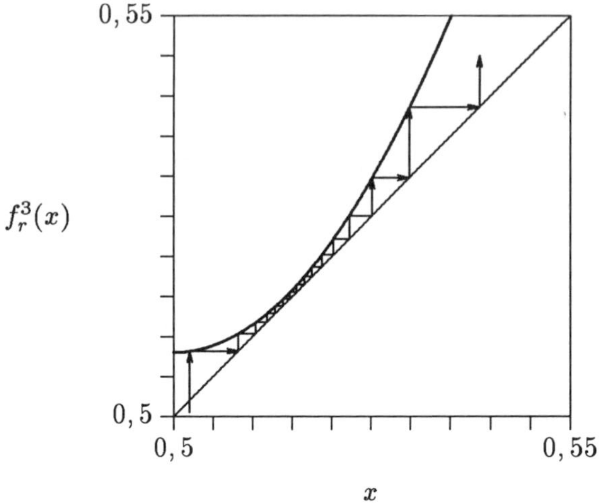

Abb. 5.2: Segment des Graphen von $f_r^3(x)$ für $\varepsilon = r_c - r \ll 1$. Der Phasenpunkt bewegt sich in kleinen Schritten durch den von f_r^3 und der 45°–Geraden gebildeten „Kanal“

als der kritische Wert $r_c = 1 + \sqrt{8}$, für welchen die dritte Iterierte f_r^3 die Winkelhalbierende berührt. Offenbar kommen die entsprechenden Teile von f_r^3 der Geraden sehr nahe, ohne sie jedoch zu berühren, wobei schmale Korridore oder Kanäle zwischen der Kurve f_r^3 und der 45°–Geraden entstehen. Jedesmal, wenn ein Iterationspunkt in die Nähe des „Eingangs“ zu einem solchen Kanal gelangt, wird er diesen im Verlaufe einer größeren Zahl von Iterationen passieren. Aus Abb. 5.2 ist gut zu erkennen, daß die Iterierte sich zunächst so verhält, als ob sie auf einen Fixpunkt zulaufe. Da dieser aber erst für $r = r_c$ entsteht, entfernt sich das System allmählich wieder aus diesem Bereich.

Diese relativ regelmäßige Bewegung entlang des Korridors wird laminare Phase genannt. Nach Verlassen des Kanals wird sie von einer „großräumigen“ unregelmäßigen Bewegung abgelöst, bis der Orbit erneut in den Kanal gelangt usf. Dieses als *Intermittenz* bezeichnete Verhalten wurde zuerst von MANNEVILLE und POMEAU (1979) diskutiert. Durch numerische Integration der Lorenz–Gleichungen (1.7) für einen Wert des Kontrollparameters r, der wenig über dem Wert $r_c = 166$ lag, wo eine stabile periodische Lösung existiert, erhielten sie für die Y–Komponente den in Abb. 5.3 dar-

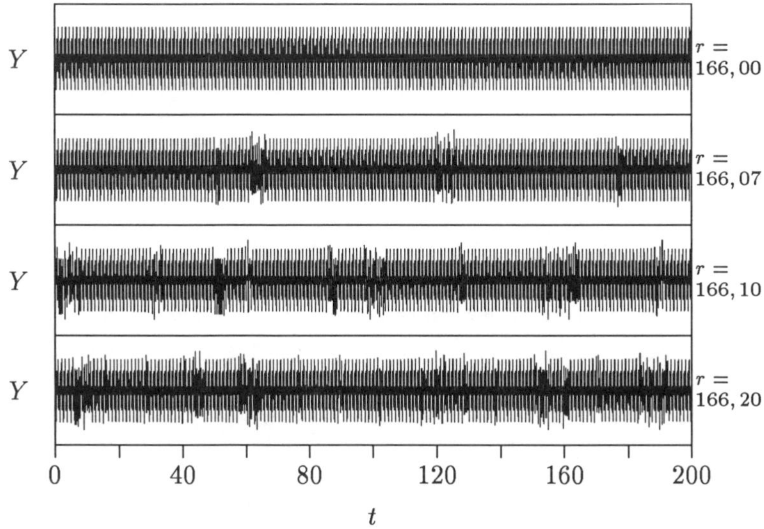

Abb. 5.3: Die Komponente $Y(t)$ der Lösung der Lorenz–Gleichungen ($\sigma = 10$, $b = 8/3$) kurz unterhalb bzw. oberhalb des kritischen Wertes $r_c \approx 166,06$

gestellten Verlauf. Dabei fällt auf, daß die Länge der laminaren Abschnitte mit Annäherung des Parameters r an den kritischen Wert r_c zunimmt. In der Tat konnten POMEAU und MANNEVILLE (1980) am Modell der logistischen Gleichung einen analytischen Zusammenhang zwischen der mittleren Dauer $\langle T \rangle$ der laminaren Phase und dem Kontrollparameter r herstellen, der diesen Sachverhalt widerspiegelt und der wiederum universellen Charakter hat.

5.2.1 Länge der laminaren Abschnitte

Um den gewünschten Zusammenhang zwischen $\langle T \rangle$ und der Differenz $\varepsilon = r - r_c$ herstellen zu können, entwickelt man die Funktion f_r^3 in der Nähe des Berührungspunktes x_c sowie des kritischen Parameterwertes r_c in eine Taylor–Reihe. Mit

$$f_{r_c}^3(x_c) = x_c, \qquad \frac{\mathrm{d}}{\mathrm{d}x} f_{r_c}^3(x_c) = 1$$

erhält man zunächst

$$\begin{aligned} f_r^3(x) &= f_{r_c+\varepsilon}^3[x_c + (x - x_c)] \\ &\approx x_c + (x - x_c) + a_c(x - x_c)^2 + b_c(\varepsilon). \end{aligned}$$

Hier bedeuten

$$a_c \equiv \frac{1}{2}\frac{\partial^2 f_{r_c}^3(x_c)}{\partial x^2}, \quad b_c \equiv \frac{\partial f_{r_c}^3(x_c)}{\partial r}.$$

Setzt man nun $y \equiv (x - x_c)/b_c$, so hat die Differenzengleichung $x(t+1) = f_r^3(x(t))$ in der Nähe von x_c mit $a \equiv a_c b_c$ die Form

$$y(t+1) = y(t) + ay^2(t) + \varepsilon. \tag{5.4}$$

Innerhalb des Korridors zwischen der Kurve f_r^3 und der 45°-Geraden unterscheidet sich $x(t)$ nur wenig von x_c, d. h., es ist $|y(t)| < c \ll 1$ (c = const.). Dieser Umstand gestattet es, die Differenzengleichung (5.4) in eine Differentialgleichung

$$\frac{\mathrm{d}y}{\mathrm{d}t} = ay^2 + \varepsilon \tag{5.5}$$

umzuschreiben. Die Integration von (5.5) liefert

$$t_2 - t_1 = \frac{1}{(a\varepsilon)^{1/2}}[\arctan(y/(\varepsilon/a)^{1/2})]_1^2.$$

Nimmt man an, daß y an den Stellen 1 und 2 des Einlaufens bzw. Auslaufens endlich (von der Größenordnung c) ist, so findet man für $\varepsilon \to 0$

$$T = t_2 - t_1 \sim \varepsilon^{-1/2}.$$

Natürlich hängt der aktuelle Wert von T davon ab, an welcher Stelle y_1 der Phasenpunkt in den Kanal hineingelangt. Da jedoch der arctan für große Argumente gegen $\pi/2$ geht, erkennt man, auch ohne eine Wahrscheinlichkeitsverteilung für das Einlaufen in den Kanal angeben zu müssen, daß für den Mittelwert $\langle T \rangle$ von T dasselbe Skalengesetz

$$\langle T \rangle \sim (r - r_c)^{-1/2} \tag{5.6}$$

gilt (immer vorausgesetzt, daß die Differenz $r - r_c$ genügend klein ist). Wir haben es also auch hier, wie schon bei Gl. (5.1) mit einem Potenzgesetz zu tun.

5.2.2 Selbstähnlichkeitsbeziehungen

Man kann das vorliegende Ergebnis, ähnlich wie im Fall der Periodenverdopplungen, durch Ausnutzung der Selbstähnlichkeitseigenschaften von f in der Nähe von (x_c, r_c) erhalten (HIRSCH et al., 1982b, HU und RUDNICK, 1982). Man geht davon aus, daß die zweite Iterierte f^2 bei „richtiger" Renormierung dasselbe Bild liefert wie f, und erhält auf diese Weise die zur Gl. (4.14) analoge Funktionalgleichung

$$g(x) = \alpha g(g(x/\alpha)). \tag{5.7}$$

Es ist bemerkenswert, daß man für Gl. (5.7) im Gegensatz zu (4.14) eine einfache analytische Lösung angeben kann. Man setzt $g(0) = 0$ (Verlegung des Koordinatenanfanges in den Berührungspunkt) und verlangt $g'(0) = 1$ (das entspricht dem Anstieg der Funktion an der Stelle der tangentiellen Berührung). Des weiteren vermutet man, daß $\alpha = 2$ ist. (Die Größe der Schritte innerhalb des Kanals verdoppelt sich, wenn man von f zu f^2 übergeht.) Durch Einsetzen kann man sich davon überzeugen, daß die Lösung von (5.7) unter diesen Bedingungen

$$g(x) = x/(1 - ax) \tag{5.8}$$

lautet, wobei a eine willkürliche Konstante ist.

Wie bei der Diskussion von Gl. (4.14) wurde hier zunächst keine Änderung des Parameters r in Betracht gezogen. Will man neben der Selbstähnlichkeit im Ortsraum auch diejenige im Parameterraum diskutieren, so muß man die zu (4.18) analoge Gleichung für die instabile Mannigfaltigkeit lösen. Man findet in diesem Falle $\delta = 4$. Der Zusammenhang zwischen den Konstanten α und δ ist im Falle der Intermittenz besonders anschaulich: Rücken wir auf der Parameterskala um den Faktor $1/\delta = 1/4$ näher an den kritischen Wert r_c heran, so wird die Iteration entlang des Kanals in der Nähe des Berührungspunktes um den Faktor $\alpha = 2$ länger. Man gelangt damit unmittelbar zu dem Skalengesetz (5.6).

Mit Zunahme der mittleren Dauer $\langle T \rangle$ der laminaren Phasen erwartet man ein Absinken des Ljapunov–Exponenten. POMEAU und MANNEVILLE konnten auf numerischem Wege zeigen, daß

$$\lambda \sim (r - r_c)^{1/2} \tag{5.9}$$

ist und daß sich dieser Abfall von λ im periodischen Bereich fortsetzt, wo

$$\lambda \sim -(r_c - r)^{1/2} \tag{5.10}$$

gilt, ein Ergebnis, das von HIRSCH et al. (1982a) bestätigt wurde.

Neben der hier diskutierten Intermittenz, die als Typ I bezeichnet wird, kommen noch zwei andere Arten von Intermittenz (Typ II und III) vor, wobei die einzelnen Typen sich durch den Charakter der Bifurkation bei Überschreiten des kritischen Wertes durch den Kontrollparameter unterscheiden (s. POMEAU und MANNEVILLE, 1980). Intermittenz wurde in einer Reihe von Experimenten beobachtet, so z. B. von BERGE et al. (1980) in einem Rayleigh–Bénard–Experiment, von JEFFRIES und PEREZ (1982) mit einem nichtlinearen RCL–Oszillator, von ROUX (1983) bei der Belousov–Žabotinskij–Reaktion, wie auch in einer Niederdruck–Gasentladung (CHEUNG et al., 1988).

5.3 Krisen

5.3.1 Krisen bei der logistischen Abbildung

Nachdem wir wissen, wie ein periodisches Fenster entsteht, wollen wir uns der Frage zuwenden, auf welche Weise sich das Fenster wieder schließt. Im ersten Kapitel wurde schon erwähnt, daß nach dem Einsetzen der periodischen Bewegung mit wachsendem Kontrollparameter r eine Kaskade von Periodenverdopplungen einsetzt, die der im Abschn. 4.1 diskutierten völlig analog ist. Statt der 2^k Attraktorpunkte treten jedoch jetzt bei einer Grundperiode q genau $q2^k$ Punkte auf, d. h., es existieren gewissermaßen q parallele Verdopplungskaskaden. Diese akkumulieren bei einem bestimmten Wert von r, und es entsteht ein aus $q2^k$ chaotischen Bändern zusammengesetzter Attraktor. Mit anwachsendem r verschmelzen diese sukzessive zu $q2^{k-1}$, $q2^{k-2}, \ldots$ Bändern, bis der Attraktor schließlich aus genau q zusammenhängenden Teilen besteht, die sich mit wachsendem r auf der x–Skala ausdehnen.

Dieser Prozeß wird in Abb. 5.4 am Beispiel des Fensters mit der Periode 3 veranschaulicht. Deutlich ist zu erkennen, wie mit anwachsendem r ein Dreiband-Attraktor entsteht. Bei einem bestimmten Parameterwert erfolgt ein schlagartiger Übergang in einen chaotischen Attraktor, der nur noch aus einem einzigen ausgedehnten Band besteht. Er entspricht dem Attraktor, wie er vor der Tangentialbifurkation existierte, durch welche das periodische Fenster entstand. Dieser Übergang wurde von GREBOGI et al. (1983a) als *innere Krise* bezeichnet.

Um den Mechanismus dieser Krise zu verstehen, erinnern wir

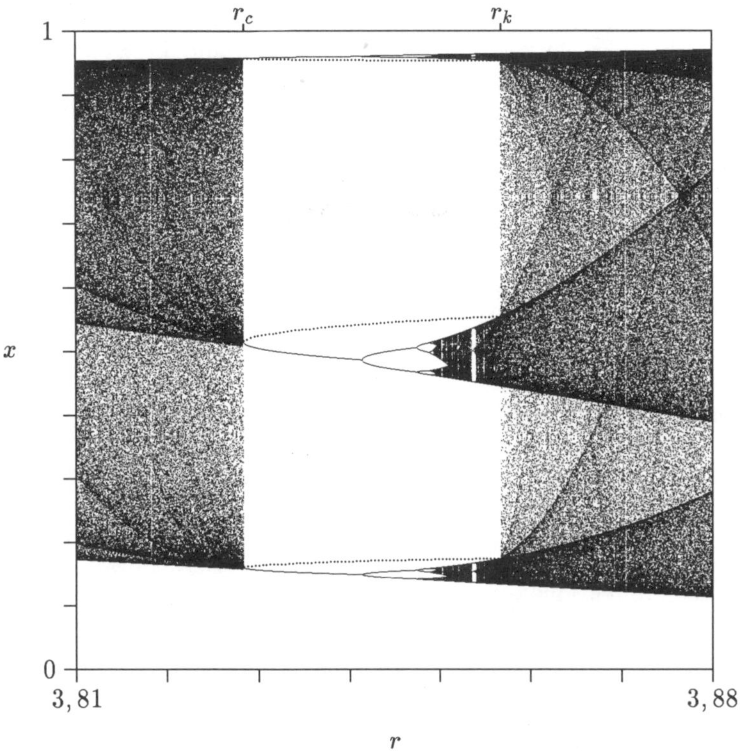

Abb. 5.4: Ausschnitt aus dem Bifurkationsdiagramm der logistischen Abbildung (1.2) im Existenzbereich des Fensters der Periode 3

uns, daß bei der Tangentialbifurkation an der Stelle r_c nicht nur drei sondern sechs Fixpunkte von f^3 entstehen, von denen allerdings nur die drei stabil sind, für welche die Ableitung von f^3 kleiner als 1 ist. Die punktierten Kurven in Abb. 5.4 zeigen die Lage der drei instabilen Fixpunkte bei Vergrößerung von r. An der Stelle $r = r_k$ „kollidieren" diese Kurven mit den drei Bändern des Attraktors. Während für $r < r_k$ jeder Punkt innerhalb eines Bandes jeweils auf einen Punkt innerhalb des nächsten Bandes abgebildet wird, wobei die Bänder stets auf derselben Seite der dazugehörigen instabilen Fixpunkte liegen, gibt es für $r > r_k$ in jedem Band ein (kleines) Intervall, das gewissermaßen auf der anderen Seite des instabilen Fixpunktes liegt und das von dort aus in die vorher leeren Bereiche abgebildet wird, wodurch die plötzliche Vergrößerung des Attraktors zustande kommt.

Innere Krisen sind ein typisches Beispiel sogenannter Chaos–Chaos–Übergänge. Man darf annehmen, daß alle periodischen Fenster in der logistischen Abbildung auf diese Weise „geschlossen" werden. Innere Krisen werden auch in mehrdimensionalen Systemen beobachtet. So beschreibt z. B. UEDA (1980) das explosionsartige Anwachsen eines kleinen chaotischen Attraktors bei der Duffing–Gleichung. Derselbe Effekt wurde von LEVEN und KOCH (1981) an numerischen Lösungen der Gl. (1.6) des parametrisch erregten Pendels beobachtet.

5.3.2 Attraktorentwicklung bei der Standardabbildung

Da Übergänge in Form von Krisen gerade bei mehrdimensionalen Systemen eine große Rolle spielen, wollen wir in diesem Abschnitt noch etwas näher darauf eingehen. Als Beispiel wählen wir die zweidimensionale Standardabbildung (4.22), wobei durch eine entsprechende Modulo–Transformation erreicht wird, daß die x–Werte immer im Intervall $[-\pi, \pi]$ bleiben.

Für kleine Werte von K hat (4.22) nur einen stabilen Fixpunkt, den Nullpunkt $(0,0)$, und den instabilen Fixpunkt $(-\pi, 0)$. Bei $K = 2(1+b)$ wird der Nullpunkt ebenfalls instabil, und es entsteht ein Attraktor mit der Periode 2, der symmetrisch unter der Transformation $S : (x,y) \to -(x,y)$ ist. An der Stelle $K = \pi(1+b)$ findet eine *symmetriebrechende Bifurkation* statt, in deren Ergebnis zwei Orbits mit der Periode 2 entstehen, die nicht mehr symmetrisch unter S sind und von denen je nach den Anfangsbedingungen entweder der eine oder der andere realisiert wird.

Derartige symmetriebrechende Bifurkationen sind typisch für Systeme, die wie (4.22) symmetrisch gegenüber Vorzeichenwechsel sind. Sie sind, wie SWIFT und WIESENFELD (1984) gezeigt haben, eine notwendige Etappe auf dem Wege zum Chaos. Sie wurden mehrfach im Experiment beobachtet, so z. B. in den schon im ersten Kapitel beschriebenen Pendelexperimenten sowie in einem Rayleigh–Bénard–Experiment von GLAZIER et al. (1986). Die Existenz zweier oder mehrerer Attraktoren für ein und denselben Parametersatz ist ebenfalls ein typisches Phänomen bei dynamischen

Systemen und wird heute als *Koexistenz* bezeichnet. Dabei hat jeder Attraktor sein eigenes Einzugsgebiet, d. h., es hängt von den Anfangsbedingungen ab, auf welchem der Attraktoren die Bewegung für $t \to \infty$ abläuft.

Kehren wir nun zu den beiden nichtsymmetrischen periodischen Orbits der Standardabbildung zurück. Vergrößert man K weiter, so macht jeder von ihnen eine Kaskade von periodenverdoppelnden Bifurkationen durch, die bei einem bestimmten Wert K_∞^L akkumulieren. Für $K > K_\infty^L$ findet man wie bei der logistischen Gleichung die inverse Kaskade von Bandverschmelzungen, bis jeweils ein chaotischer Zweiband–Attraktor beobachtet wird. Kurz darauf findet eine Vereinigung dieser beiden Attraktoren statt, die ebenfalls als eine Art von Krise angesehen werden kann. Der Unterschied zu den eben beschriebenen Bandverschmelzungen besteht darin, daß für Werte von K unterhalb eines bestimmten kritischen Wertes nur jeweils einer der beiden Attraktoren sichtbar wird, während man oberhalb dieses Wertes einen chaotischen Attraktor vorfindet, der offenbar die Vereinigung beider darstellt und der selber nun wieder symmetrisch unter S ist.

Abbildung 5.5 a) zeigt einen der Attraktoren vor und Abb. 5.5 b) den „Vereinigungsattraktor" A_L nach der Krise. (Bei den numerischen Rechnungen ist hier wie im folgenden b konstant gesetzt, $b = \mathrm{e}^{-2}$.) Mit weiter wachsendem K vergrößert sich A_L im Phasenraum und nimmt eine immer kompliziertere Form an (Abb.5.5 c) und d)).

Diese Attraktorentwicklung wird in Abb. 5.6 durch den größten Ljapunov–Exponenten λ_1 als Funktion von K widergespiegelt. (Es gilt $\lambda_1 + \lambda_2 = \det \mathrm{D}\boldsymbol{f} = \ln b = -2$.) Ähnlich wie bei der logistischen Gleichung erkennt man eine Reihe periodischer Fenster, für welche λ_1 negativ ist. Ein recht großes Fenster entsteht an der Stelle $K_u = 5,696\,92\ldots$ Es gehört zu jeweils einem von zwei stabilen Orbits $R_\pm^{\mathrm{s}}$ (Knoten) mit der Periode 1 und Windungszahlen $\pm 2\pi$ (Rotationen im Uhrzeiger- bzw. Gegenuhrzeigersinn), die gemeinsam mit den dazugehörigen instabilen Lösungen $R_\pm^{\mathrm{u}}$ (Sättel) bereits an der Stelle $K_R = 2\pi(1 - b) \approx 5,432\,85$ durch eine sog. *Sattel–Knoten–Bifurkation* erzeugt werden. Im Intervall $K_R \leq K \leq K_u$ beobachtet man demzufolge eine Koexistenz des chaotischen Attraktors A_L mit den periodischen Attraktoren $R_\pm^{\mathrm{s}}$.

Koexistenz ist in den meisten Fällen mit Hysterese verbunden. So findet man in dem Parameterintervall, wo sowohl A_L als auch $R_\pm^{\mathrm{s}}$ stabil sind, den chaotischen Attraktor, indem man von klei-

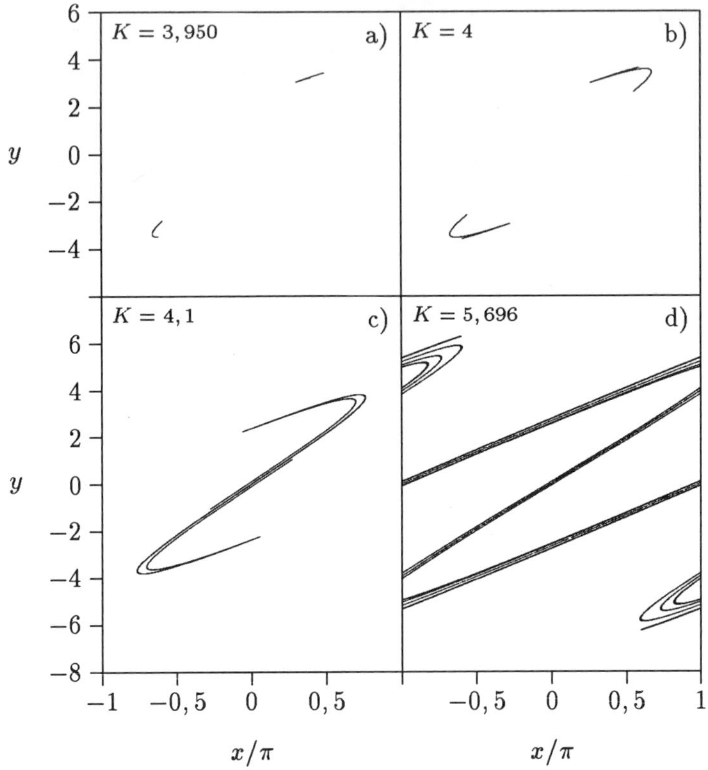

Abb. 5.5: Entwicklung des chaotischen Attraktors A_L der dissipativen Standardabbildung (4.22)

neren Werten für den Kontrollparameter K kommend, diesen von Lauf zu Lauf nur um einen kleinen Betrag ändert und als Startwerte für jeden neuen Lauf jeweils die Endwerte des vorhergehenden nimmt. Startet man dagegen bei einem $K > K_u$ auf einem der periodischen Orbits, so kann man diesen auf die entsprechende Weise bis zur Stelle der Sattel–Knoten–Bifurkation hin verfolgen. (Man nutzt dabei die Tatsache aus, daß sich bei einer geringen Parameteränderung die Lage der Attraktoren im Phasenraum ebenfalls nur geringfügig verschiebt, so daß die Startwerte in der Regel noch im Einzugsbereich des entsprechenden Attraktors liegen.)

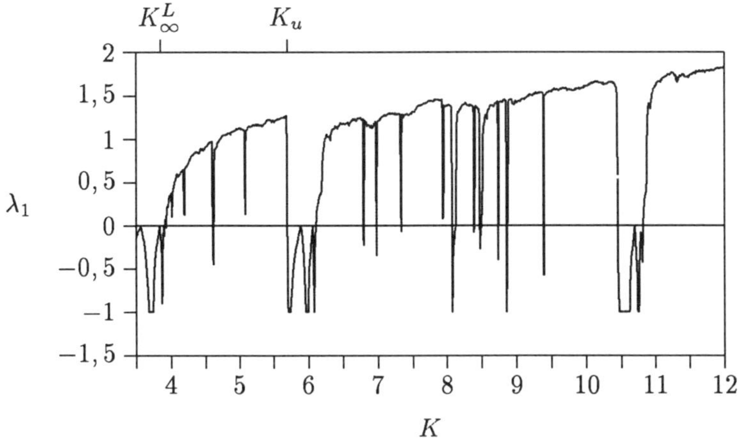

Abb. 5.6: Größter Ljapunov–Exponent λ_1 der dissipativen Standardabbildung als Funktion des Kontrollparameters K (Auflösung $\Delta K = 0,01$)

Hysterese–Effekte wurden in einer ganzen Reihe von Chaosexperimenten beobachtet, so z. B. von JEFFRIES und PEREZ (1983), IKEZI et al. (1983), BRUN et al. (1984), LEVEN et al. (1986), wie auch in den Plasma–Experimenten von WILKE et al. (1990) und ALBRECHT et al. (1993).

Abbildung 5.7 verdeutlicht die Situation an der Krisenstelle K_u. Im linken und unteren Teil der Abbildung erkennt man Teile des chaotischen Attraktors A_L. Diese sind vom stabilen Fixpunkt R_+^s durch die stabile Mannigfaltigkeit W^s des zu R_+^s gehörenden Sattels R_+^u getrennt. Solange A_L diese Mannigfaltigkeit nicht berührt (d. h. für $K < K_u$), gelangt man nach R_+^s, wenn man innerhalb des von der parabelförmigen stabilen Mannigfaltigkeit W^s eingegrenzten Gebietes G_+ der Phasenebene startet, und nach A_L, wenn die Startwerte außerhalb dieses Gebietes liegen. (Ein analoges Gebiet G_- gehört zum Fixpunktpaar R_-^s und R_-^u.)

Sobald K den kritischen Wert K_u überschreitet, schieben sich Teile von A_L (z. B. an der durch P bezeichneten Stelle) in das Gebiet G_+. Das bedeutet aber, daß auch bei einem Start außerhalb von G_+ der Phasenpunkt nach einer mehr oder weniger großen Zahl von Iterationen auf diese Teile von A_L abgebildet wird. Von dort wird er durch den rechten Zweig der instabilen Mannigfaltigkeit W^u von R_+^u angezogen und gelangt asymptotisch nach R_+^s.

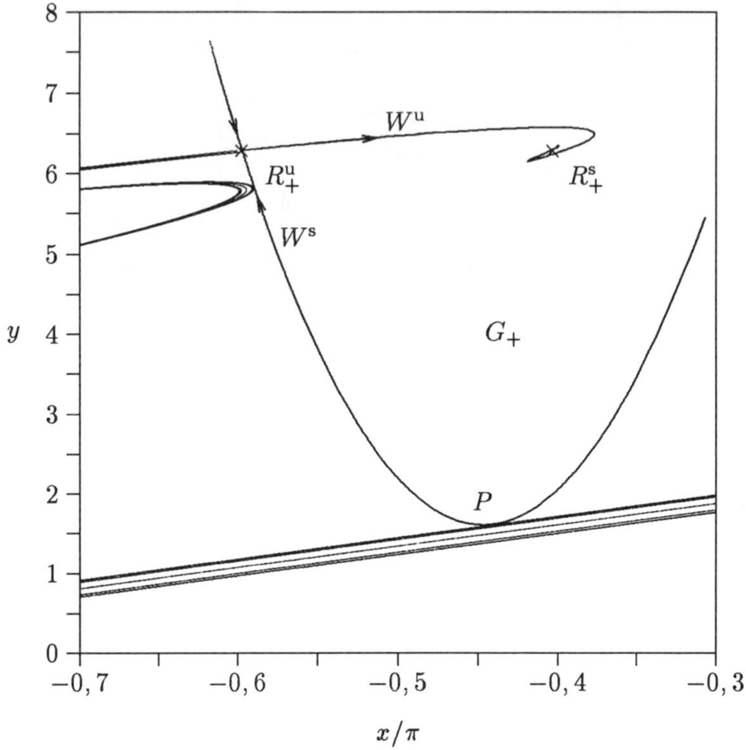

Abb. 5.7: Teile des chaotischen Attraktors A_L, die Fixpunkte R^s_+ und R^u_+ sowie Abschnitte der stabilen und instabilen Mannigfaltigkeiten W^s und W^u des Sattels R^u_+ unmittelbar vor der Krise

Mit anderen Worten, an der Stelle K_u „verschwindet" der Attraktor A_L, und alle Orbits enden auf dem Fixpunkt R^s_+ (oder auf R^s_-). Damit fällt λ_1 bei K schlagartig von einem positiven Wert auf einen negativen, was auch aus Abb. 5.6 gut zu ersehen ist. Dieses schlagartige Verschwinden eines chaotischen Attraktors, verbunden mit einer unstetigen Änderung von λ_1, wurde von GREBOGI et al. (1983a) als *Grenzkrise* bezeichnet.

5.3.3 Transientes Chaos

Startet man außerhalb $G \equiv G_+ \cup G_-$ bei einem Parameterwert K, der nur wenig oberhalb von K_u liegt, so wird es in der Regel eine geraume Zeit dauern, bis der Phasenpunkt in das Gebiet G abgebildet wird. Vorher wandert er in der Phasenebene umher und zeichnet dabei die Konturen des für $K < K_u$ existierenden chaotischen Attraktors A_L gewissermaßen nach. Man nennt diesen Bewegungstyp *transientes Chaos* (s. KAPLAN und YORKE, 1979, YORKE und YORKE, 1979). Bei genauerem Hinsehen stellt man fest, daß neben den Attraktoren (also den stabilen Fixpunkten R^s_+ und R^s_-) ein weiteres invariantes Objekt, ein sog. *chaotischer Sattel* existiert, der für die irregulären Transienten verantwortlich ist.

Trajektorien, die von Punkten starten, welche auf dem Sattel liegen, führen eine chaotische Bewegung durch, ohne den Sattel zu verlassen. Andererseits ist aber ein chaotischer Sattel eine Menge vom Maße null im Phasenraum und im Gegensatz zum chaotischen Attraktor nicht global anziehend. Das bedeutet, daß man im (numerischen) Experiment niemals den chaotischen Sattel selbst beobachtet, sondern bestenfalls eine kleine Nachbarschaft. Trajektorien, die in der Nähe des Sattels starten, können relativ lange in dieser Nachbarschaft bleiben und dabei chaotisches Verhalten zeigen. Ein Maß dafür, wie schnell eine Trajektorie ein Gebiet verläßt, welches den chaotischen Sattel enthält, ist die sog. *Fluchtrate*. Verteilt man eine große Zahl N_0 von Startpunkten (gleichmäßig) über dieses Gebiet und berechnet die entsprechenden Trajektorien, so wird eine gewisse Anzahl von ihnen nach t Iterationen die Nähe des chaotischen Sattels verlassen und in das Gebiet G abgebildet werden. Sei N_t die Zahl der Trajektorien, die G nach t Iterationen noch nicht erreicht haben. Ist N_0 groß genug, damit $N_t \gg 1$ gilt, so beobachtet man für große t–Werte einen exponentiellen Abfall der Zahl der überlebenden Trajektorien, d. h., man findet asymptotisch

$$N_t = N_0 \exp(-\kappa t)$$

mit der Fluchtrate κ. Der Kehrwert von κ ist dann gerade die mittlere Lebensdauer $\langle t \rangle$ in der Nähe des chaotischen Sattels:

$$\langle t \rangle \equiv \frac{1}{\kappa}.$$

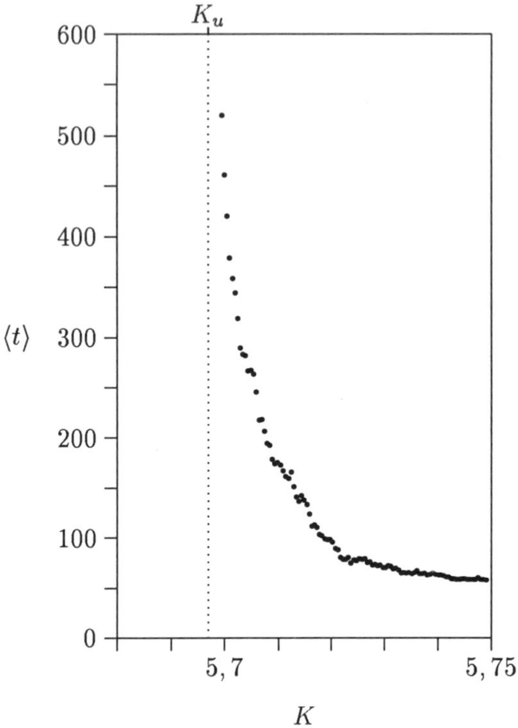

Abb. 5.8: Mittlere Lebensdauer $\langle t \rangle$ als Funktion von K in der Nähe des Krisenwertes K_u. Die Startpunkte wurden entsprechend dem natürlichen Maß auf A_L bei $K = 5,696$ gewählt

Man erwartet nun, daß die Zeitdauer, innerhalb welcher die Bewegung in der Nähe des chaotischen Sattels stattfindet, im Mittel umso größer ist, je näher K bei K_u liegt. Dieser Sachverhalt wird durch Abb. 5.8 verdeutlicht. Eine quantitative Analyse zeigt, daß die mittlere Aufenthaltsdauer in der Nähe des chaotischen Sattels in Abhängigkeit von $K - K_u$ wiederum einem Potenzgesetz gehorcht:

$$\langle t \rangle \sim (K - K_u)^{-\gamma} \tag{5.11}$$

mit $\gamma \approx 0,7$.

Um zu einer analytischen Schätzung für γ zu gelangen, nehmen wir an, daß κ vorrangig bestimmt ist durch die Wahrscheinlichkeit eines Orbits, in die Umgebung $U(P)$ des Punktes P zu gelangen, die für $K > K_u$ jenseits der stabilen Mannigfaltigkeit liegt und von der aus der Orbit rasch zum Fixpunkt R_+^s hinläuft (s. Abb. 5.7). Betrachten wir nun den Punkt P, in welchem sich A_L und W^s für $K = K_u$ berühren. In der Nähe von P ist W^s parabelförmig und schneidet für $K > K_u$ aus dem Objekt, welches vordem der Attraktor war, eine Umgebung von P heraus, deren Ausmaße in Richtung der instabilen Mannigfaltigkeit mit Δ und senkrecht dazu mit h bezeichnet seien. Man findet nun, daß h proportional zu $(K - K_u)$ wächst, und folglich gilt $\Delta \sim (K - K_u)^{1/2}$.

Sei nun $\tilde{\mu}$ das Wahrscheinlichkeitsmaß auf dem so eingegrenzten Gebiet, und nehmen wir an, daß $\tilde{\mu}$ in Richtung der instabilen Mannigfaltigkeit durch eine partielle fraktale Dimension ≈ 1 und transversal dazu durch $D_{\tilde{\mu}}(P)-1$ gekennzeichnet ist, wobei $D_{\tilde{\mu}}(P)$ die punktweise Dimension in P bez. $\tilde{\mu}$ bezeichnet (s. Abschn. 3.2). Wir finden dann

$$\langle t\rangle^{-1} = \kappa \sim \Delta \times h^{D_{\tilde{\mu}}(P)-1} \sim (K - K_u)^{D_{\tilde{\mu}}(P)-1/2}. \qquad (5.12)$$

Der Vergleich von (5.12) mit (5.11) ergibt schließlich (POMPE und LEVEN, 1988)

$$\gamma = D_{\tilde{\mu}}(P) - 1/2. \qquad (5.13)$$

Nach TÉL (1990) kann man die punktweise Dimension in Krisennähe durch die Eigenwerte α_{1c} und α_{2c} eines instabilen Fixpunktes gemäß

$$D_{\tilde{\mu}}(P) \approx 1 - \frac{\ln|\alpha_{1c}|}{\ln|\alpha_{2c}|}$$

annähern. Mit (5.13) ergibt sich dann

$$\gamma = \frac{1}{2} - \frac{\ln|\alpha_{1c}|}{\ln|\alpha_{2c}|}.$$

Diese Formel wurde von GREBOGI et al. (1986, 1987b) angegeben.

5.3.4 Kriseninduzierte Intermittenz

Die Attraktorentwicklung in dem periodischen Fenster erfolgt mit wachsendem K wiederum in Form von Periodenverdopplungen und anschließenden Bandverschmelzungen, bis schließlich zwei „kleine“ chaotische Attraktoren $A_{\pm R}$ entstehen. Die Einhüllende

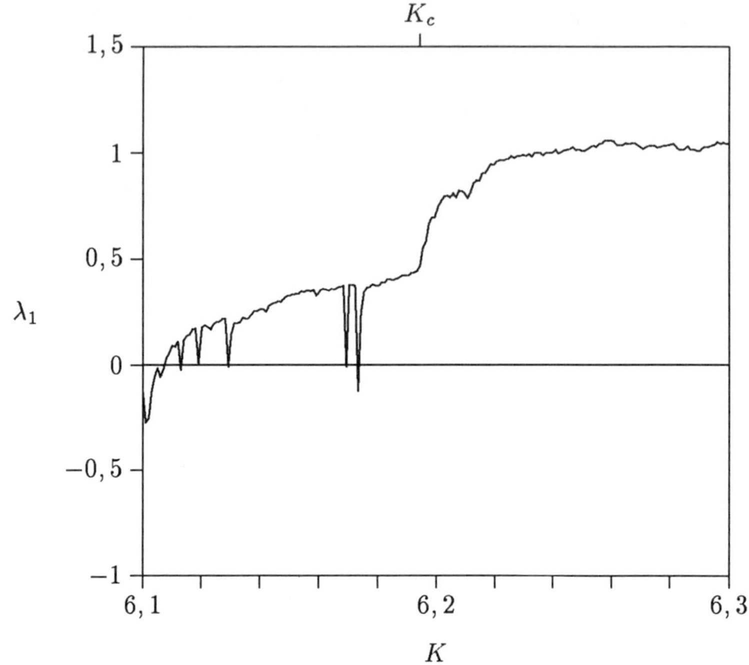

Abb. 5.9: Vergrößerter Ausschnitt aus Abb. 5.6 (Auflösung $\Delta K = 0,001$)

des Ljapunov–Exponenten nimmt von der Stelle, wo die Periodenverdopplungen akkumulieren, kontinuierlich gemäß dem Potenzgesetz (5.1) zu. Oberhalb von $K_c \approx 6,19435$ findet man jedoch einen viel steileren Anstieg von λ_1 (Abb. 5.9), was die plötzliche Vergrößerung des Attraktors infolge einer inneren Krise widerspiegelt. Auslösendes Moment dieser Krise ist die Berührung der Attraktoren $A_{\pm R}$ mit dem bereits erwähnten chaotischen Sattel (s. Lai et al., 1992, sowie Leven et al., 1994).

Das steile, aber kontinuierliche Anwachsen von λ_1 für K–Werte wenig oberhalb des Krisenpunktes K_c wurde von mehreren Autoren an unterschiedlichen Modellen beobachtet (Leven und Koch, 1981, Rollins und Hunt, 1984, Gwinn und Westervelt, 1986). Es wurde auch festgestellt, daß die Bewegung in diesem Regime intermittenzartig verläuft, wobei sich im vorliegenden Fall der Phasenpunkt längere Zeit in einem Teil $\tilde{A}_{+R}$ (bzw. $\tilde{A}_{-R}$)

des „großen" Attraktors A aufhält, der dem Rotationsattraktor A_{+R} (bzw. A_{-R}) zuzuordnen ist (die Bewegung ist dabei relativ regelmäßig), um dann für einige Iterationen in $\tilde{A}_L \equiv A \setminus \tilde{A}_R$ ($\tilde{A}_R \equiv \tilde{A}_{+R} \cup \tilde{A}_{-R}$) zu verweilen. Diese chaotischen „Ausbrüche" dauern umso länger, je größer die Differenz $K - K_c$ ist. Genauer gesagt, es wächst die Aufenthaltswahrscheinlichkeit p_L auf $\tilde{A}_L$ nach einem Potenzgesetz

$$p_L \sim (K - K_c)^\gamma \tag{5.14}$$

mit $\gamma \approx 0,75$.

Vergleicht man anhand der Abbildungen 5.6 und 5.9 die Werte von λ_1 auf A_L kurz vor der Grenzkrise bei K_u und auf A_R kurz vor der inneren Krise bei K_c, so erkennt man, daß A_L durch einen Wert von λ_1 charakterisiert wird, der fast dreimal so groß ist wie der zu A_R gehörige. Man erklärt sich nun das rasche Anwachsen von λ_1 oberhalb von K_c so, daß das mittlere exponentielle Auseinanderlaufen benachbarter Orbits in $\tilde{A}_L$ entsprechend größer ist als in $\tilde{A}_R$, so daß mit anwachsendem p_L der Phasenpunkt im Mittel immer längere Zeit in dem Gebiet verweilt, in welchem die Bewegung stärker chaotisch ist (s. POMPE und LEVEN, 1988). Um diese Aussage zu quantifizieren, berechnen wir für die Bewegung oberhalb des Krisenpunktes K_c *partielle* Ljapunov–*Exponenten* λ_{1L} und λ_{1R}, welche die arithmetischen Mittelwerte der lokalen Ljapunov–Exponenten (s. Abschn. 3.1) darstellen, die zu Punkten eines (typischen) Orbits in $\tilde{A}_L$ bzw. $\tilde{A}_R$ gehören. Es gilt dann

$$\lambda_1 = p_L\lambda_{1L} + (1 - p_L)\lambda_{1R}. \tag{5.15}$$

Geht man davon aus, daß sich die λ_{1L} und λ_{1R} im Kriseninterva ll wenig ändern (Abb. 5.10), so findet man unter Berücksichtigung von (5.14)

$$\lambda_1(K) - \lambda_1(K_c) \sim (K - K_c)^\gamma. \tag{5.16}$$

Dieses Potenzgesetz für das Anwachsen des Ljapunov–Exponenten kurz oberhalb des Krisenpunktes K_c wird durch numerische Rechnungen bestätigt, wobei sich ein Zahlenwert von 0,74 für den Exponenten γ ergibt.

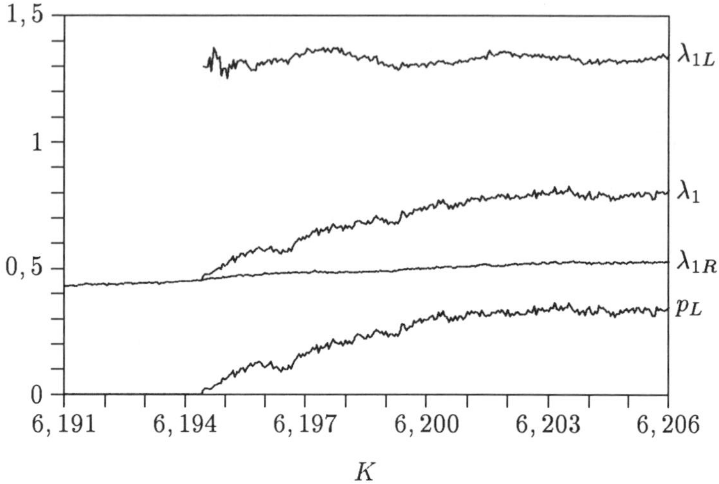

Abb. 5.10: Größter Ljapunov–Exponent λ_1 und zugehörige partielle Ljapunov–Exponenten λ_{1L} und λ_{1R} sowie die Aufenthaltswahrscheinlichkeit p_L in Abhängigkeit von K unmittelbar oberhalb des Krisenwertes K_c (Auflösung $\Delta K = 0,000\,05$)

5.4 Fraktale Einzugsgebietsgrenzen

Wir hatten bereits bei der Diskussion der Grenzkrise an der Stelle K_u festgestellt, daß hier zwei Attraktoren in Form der beiden stabilen Fixpunkte $R_{\pm}^{\rm s}$ existieren. Startet man irgendwo im Phasenraum, so weiß man nicht von vornherein, welchem dieser beiden Attraktoren der Orbit für $t \to \infty$ zustrebt. Man kann sich auch leicht vorstellen, daß die Grenze zwischen den Einzugsgebieten dieser beiden Fixpunkte keine glatte Kurve ist, sondern möglicherweise ein sehr kompliziertes Gebilde, dessen Struktur wesentlich durch diejenige des chaotischen Sattels, der neben den beiden Attraktoren existiert, bestimmt wird.

Es ist schon seit geraumer Zeit bekannt, daß die Einzugsgebietsgrenzen einfacher rationaler Abbildungen der komplexen Ebene in sich selbst eine komplizierte Struktur haben können. Ein charakteristisches Beispiel ist die komplexe Abbildung

$$z_{t+1} = z_t - (z_t^3 - 1)/(3z_t^2) \qquad (5.17)$$

mit den drei Fixpunkten 1, $\mathrm{e}^{2\pi \mathrm{i}/3}$ und $\mathrm{e}^{4\pi \mathrm{i}/3}$. Dies ist gerade das

Newtonsche Iterationsschema zur Lösung der Gleichung $f(z) = z^3 - 1 = 0$. In Abhängigkeit von den Startwerten z_0 streben die z_t bei Iteration von (5.17) gegen einen der Fixpunkte. Bei einer systematischen Untersuchung mit Hilfe des Computers stellt sich heraus, daß die Grenzen zwischen den Einzugsgebieten der drei Fixpunkte keine glatten Kurven sind, sondern komplizierte, ineinander verwobene selbstähnliche Strukturen darstellen, die eine nichtganzzahlige fraktale Dimension besitzen. Man bezeichnet die Grenze (den Rand) des Einzugsgebietes einer rationalen Abbildung als *Julia-Menge* (JULIA, 1918, vgl. auch BROLIN, 1965). Ordnet man den Startpunkten, je nachdem, zu welchem Einzugsgebiet sie gehören, eine bestimmte Farbe zu (z. B. rot, grün, blau), so wird die Komplexität des Randes besonders anschaulich (s. z. B. PEITGEN und RICHTER, 1986, MANDELBROT, 1983). Bemerkenswerterweise stellt diese fraktale Einzugsgebietsgrenze die Lösung eines seit langem diskutierten Problems dar, nämlich eine Ebene so in drei Farben zu gestalten, daß jeder Grenzpunkt eines Gebietes einer bestimmten Farbe (z. B. rot) gleichzeitig Grenzpunkt der beiden anderen Gebiete ist.

Die praktische Bedeutung einer fraktalen Grenze des Einzugsgebietes besteht darin, daß man selbst bei beliebiger endlicher Genauigkeit der Startwerte innerhalb bestimmter Bereiche des Phasenraumes nicht vorhersagen kann, welcher von zwei (mitunter weit voneinander entfernten) Attraktoren durch das System angelaufen wird. So steht man beim periodisch angeregten Pendel vor der Situation, daß innerhalb bestimmter Parameterintervalle benachbarte Startwerte zu völlig unterschiedlichem Langzeitverhalten (Rotation linksherum bzw. rechtsherum) führen können, wie GWINN und WESTERVELT (1986) zeigten (vgl. auch LEVEN et al., 1994).

Wir wollen dieses überraschende Phänomen anhand der Standardabbildung (4.22) plausibel machen. Abb. 5.11 zeigt mehrere miteinander in Koexistenz stehende Lösungen für die Parameterwerte $K = 5,696$, $b = \mathrm{e}^{-2}$. Neben einem chaotischen Attraktor, der eine unregelmäßig oszillierende Bewegung charakterisiert, gibt es zwei Sattel–Knoten–Paare $R^{\mathrm{u}}_{\pm}$ und $R^{\mathrm{s}}_{\pm}$, welche Rotationen im Uhrzeiger- bzw. Gegenuhrzeigersinn darstellen. Darüber hinaus sind die zugehörigen Einzugsgebiete dargestellt. Startet man die Bewegung innerhalb des Gebietes G_+, so bewegt sich der Rotator nach einer gewissen Zeit mit der Periode eins rechtsherum. Er rotiert in entgegengesetzter Richtung, wenn man in G_- startet. Von den schwarz gehaltenen Gebieten aus gelangt man auf den chaoti-

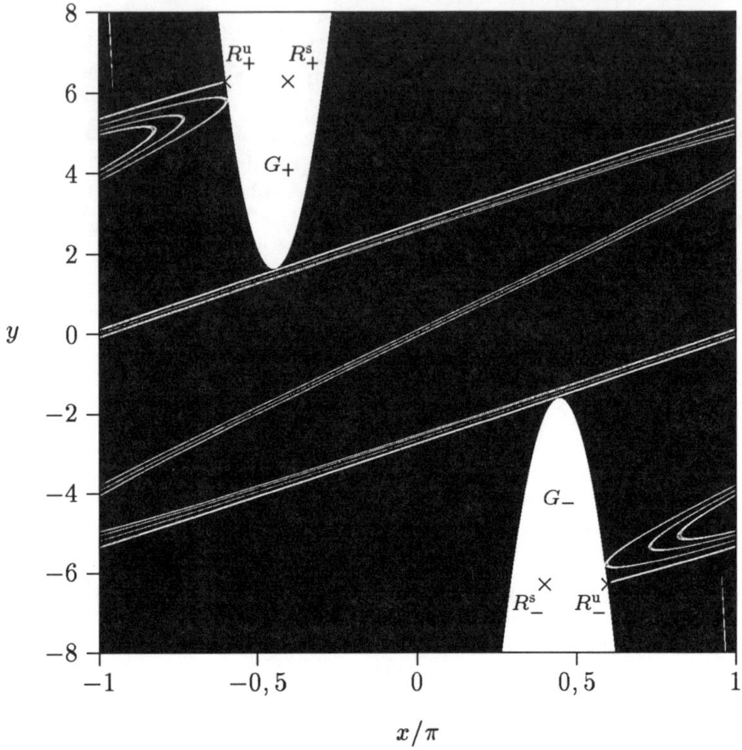

Abb. 5.11: Chaotischer Attraktor A_L der dissipativen Standardabbildung für $K = 5,696$ unmittelbar vor der Krise bei K_u mit Einzugsgebieten der Rotationsattraktoren R^s_+ und R^s_-. R^u_+ und R^u_- sind die zugehörigen Sattelpunkte (s. Text)

schen Attraktor. Die Grenzen zwischen den Einzugsgebieten sind zweifellos glatt.

Vergrößert man den Koeffizienten K geringfügig auf $K_u \approx 5,696\,92$, so tritt die im Abschn. 5.3.2 beschriebene Grenzkrise ein: Der chaotische Attraktor berührt die stabilen Mannigfaltigkeiten der Sattelpunkte $R^u_\pm$ und wird instabil, sobald der kritische Wert K_u überschritten wird. An seiner Stelle existiert nun ein entsprechender chaotischer Sattel, der für $K = 5,75$ in der Abb. 5.12 zu sehen ist. Startet man jetzt im schwarzen Bereich

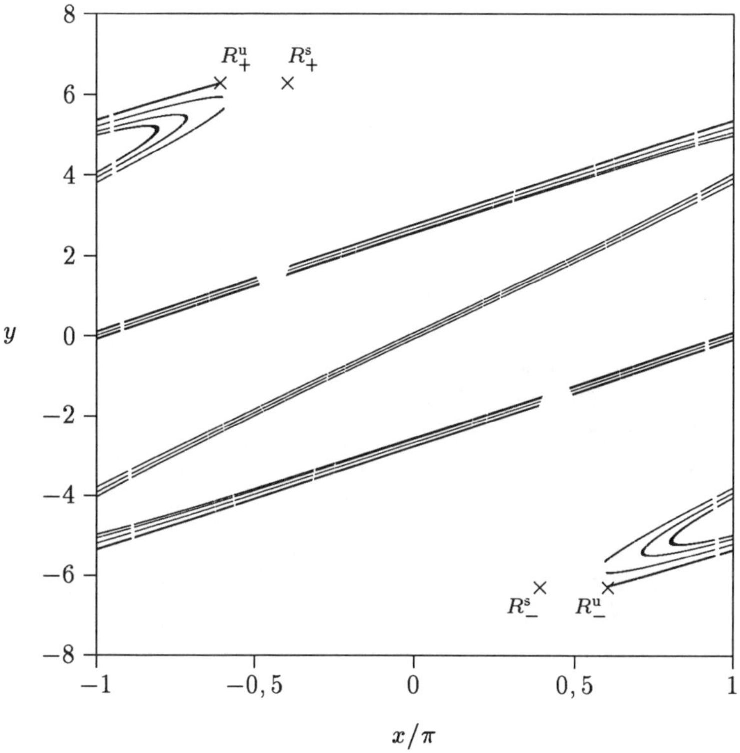

Abb. 5.12: Koexistenz periodischer Attraktoren R^s_+ und R^s_- mit einem chaotischen Sattel bei der dissipativen Standardabbildung für $K = 5,75$

von Abb. 5.11, so gelangt man zunächst in die Nähe dieses Sattels und nach einer transienten chaotischen Bewegung auf einen der beiden periodischen Orbits. Abbildung 5.13 zeigt die Einzugsgebiete für $K = 5,7$ unmittelbar nach der Krise und Abb. 5.14 für ein etwas größeres $K = 5,75$, jeweils weiß für Rotation rechtsherum und schwarz für Rotation linksherum. Der fraktale Charakter der Grenze zwischen den weißen und schwarzen Gebieten ist unverkennbar. Insbesondere wird deutlich, daß es in unmittelbarer Krisennähe, abgesehen von den parabelförmigen Gebieten um die Fixpunkte $R^s_\pm$, keine „makroskopischen“ Gebiete gibt, für welche man mit Sicherheit voraussagen könnte, welcher der beiden

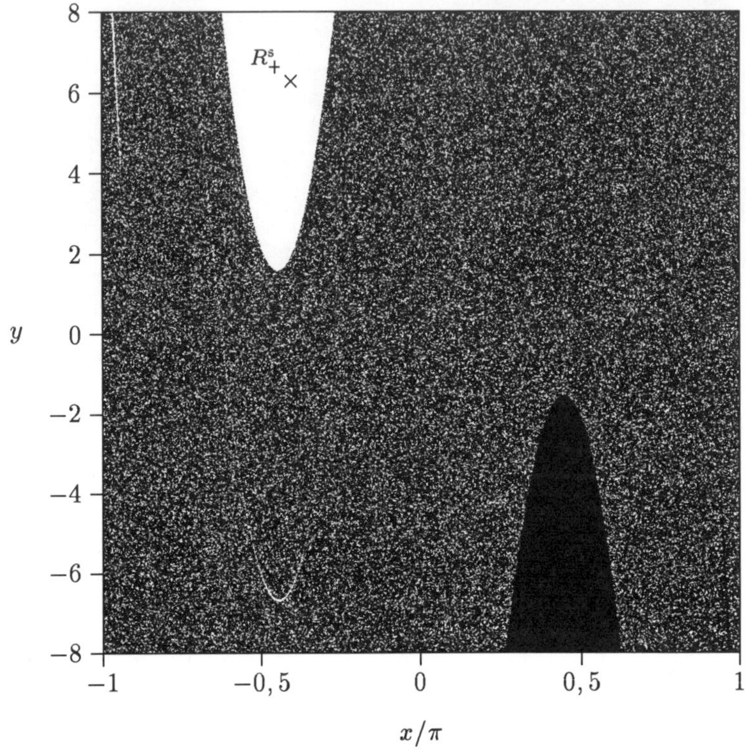

Abb. 5.13: Einzugsgebiete der Rotationsattraktoren R^s_+ (weiß) und R^s_- (schwarz) bei der dissipativen Standardabbildung unmittelbar nach der Krise ($K = 5,7 > K_u$)

Attraktoren schließlich angelaufen wird.

Grebogi et al. (1983c) schlugen ein effektives Verfahren zur Bestimmung der Dimension der Grenzen der Einzugsgebiete von zwei Attraktoren am Beispiel einer zweidimensionalen Abbildung vor. Danach betrachtet man zunächst einen Startpunkt (x_0, y_0) in der Phasenebene gemeinsam mit zwei benachbarten Startpunkten $(x_0+\varepsilon, y_0), (x_0-\varepsilon, y_0)$. Wenn man von allen drei Startpunkten zu ein und demselben Attraktor gelangt, so wird der Punkt (x_0, y_0) als „sicher“ bezeichnet, im anderen Fall als „unsicher“. Man überzieht nun die Phasenebene mit einem Netz von Startpunkten und

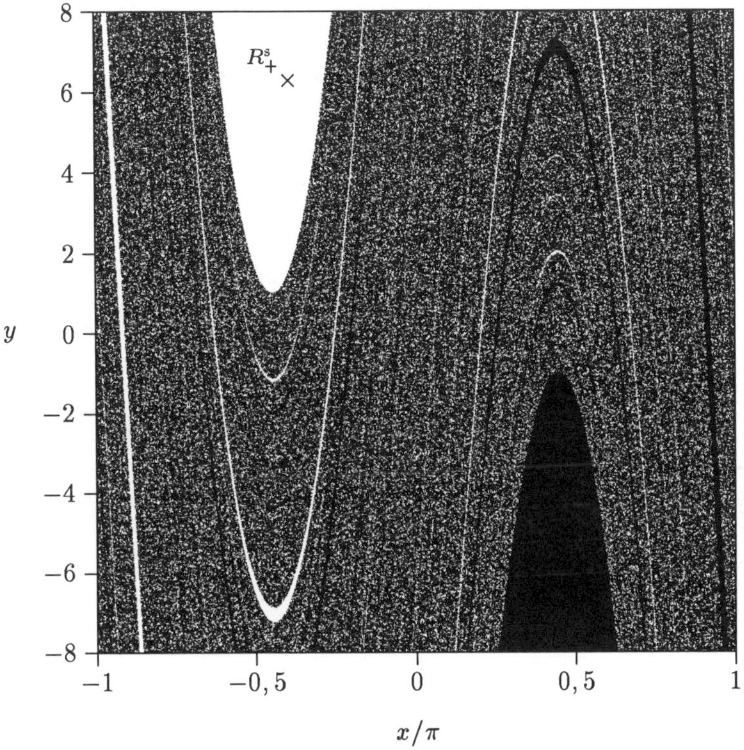

Abb. 5.14: Einzugsgebiete der Rotationsattraktoren R^s_+ (weiß) und R^s_- (schwarz) bei der dissipativen Standardabbildung unmittelbar nach der Krise ($K = 5{,}75 > K_u$)

bezeichnet mit $g(\varepsilon)$ den Anteil der unsicheren Startpunkte zu einem vorgegebenen ε. Bei systematischer Verkleinerung von ε erhält man den sog. Unsicherheitsexponenten

$$\alpha \equiv \lim_{\varepsilon \to 0} \frac{\ln g(\varepsilon)}{\ln \varepsilon}$$

und schätzt damit die Kapazität $D_K = 2 - \alpha$ der Einzugsgebietsgrenze (s. auch Abschn. 3.2). Ist die Grenze eine glatte Kurve, so fällt $g(\varepsilon)$ linear mit abnehmendem ε, und es wird $\alpha = 1$, d. h. $D_K = 1$. Nimmt dagegen der Anteil der unsicheren Startpunkte nur gemäß $g(\varepsilon) \sim \varepsilon^\alpha$ mit $\alpha < 1$ ab, so kann die Einzugsgebietsgrenze keine einfache Kurve sein, sondern muß eine fraktale Struktur mit einer nichtganzzahligen Kapazität $D_K > 1$ sein.

Im vorliegenden Fall strebt α mit Annäherung von K von oben an den Krisenwert K_u gegen null, d. h., die Kapazität der Einzugsgebietsgrenze geht gegen 2. Für den Beobachter stellt sich damit in Krisennähe die Situation bezüglich der Zustandsvoraussage folgendermaßen dar: Bei Start innerhalb der parabelförmigen Gebiete von Abb. 5.11 bzw. Abb. 5.13 wird relativ schnell der jeweilige Rotationsattraktor R^s_+ bzw. R^s_- erreicht. Startet man dagegen außerhalb dieser Gebiete, so läuft der Orbit für $K < K_u$ in den chaotischen Attraktor von Abb. 5.11 ein und bewegt sich auf diesem unregelmäßig für beliebig lange Zeiten. Für $K > K_u$ gelangt der Orbit zunächst in die Nähe des chaotischen Sattels von Abb. 5.12, entfernt sich von diesem aber wieder und erreicht schließlich einen der beiden Attraktoren $R^s_\pm$, ohne daß man vorhersagen kann, welcher von beiden im jeweiligen Fall angelaufen wird. Diese Situation gleicht dem Werfen einer Münze, das mit Sicherheit zu einem von zwei wohl definierten Zuständen (Kopf oder Zahl) führt, ohne daß vorhergesagt werden kann, welcher es schließlich sein wird.

Kapitel 6

Chaos und homokline Orbits

Schon POINCARÉ (1899) bemerkte in seinen Arbeiten über das Dreikörperproblem, daß äußerst verwickelte Trajektorien entstehen, wenn, wie er es nannte, *homokline Orbits* vorhanden sind. Obwohl an einem speziellen System gewonnen, sind seine Erkenntnisse universell anwendbar. BIRKHOFF (1932, 1935) und SMALE (1967) entwickelten POINCARÉS Ideen wesentlich weiter.

Die zeitliche Entwicklung eines dissipativen Systems kann als eine Folge von zwei unterschiedlichen Bewegungsregimen verstanden werden: Bei einem definierten Anfangszustand beginnend, beobachtet man zuerst eine transiente Bewegung, die schließlich asymptotisch auf einem Attraktor endet (s. Abschn. 5.3). Beide Bewegungen, sowohl die transiente als auch die asymptotische, sind sehr kompliziert, wenn homokline Orbits existieren.

In diesem Kapitel untersuchen wir zunächst nichtautonome Differentialgleichungssysteme der Form

$$\dot{\boldsymbol{x}} = \boldsymbol{F}(\boldsymbol{x}, t), \quad \boldsymbol{x} \in \mathbb{R}^n. \tag{6.1}$$

Im folgenden wird vorrangig der Fall $n = 2$ betrachtet, wenngleich alle Begriffe und Aussagen für den höherdimensionalen Fall verallgemeinert werden können. Das Vektorfeld $\boldsymbol{F}$ sei periodisch in t, d. h. $\boldsymbol{F}(\boldsymbol{x}, t+T) = \boldsymbol{F}(\boldsymbol{x}, t)$. Für das System (6.1) läßt sich eine Poincaré–Abbildung $\boldsymbol{P}$ auf dem Querschnitt

$$\Sigma(t_0) = \{(\boldsymbol{x}, t) \mid \boldsymbol{x} \in \mathbb{R}^n, \, t = t_0, \, t_0 + T, \, t_0 + 2T, \ldots\}$$

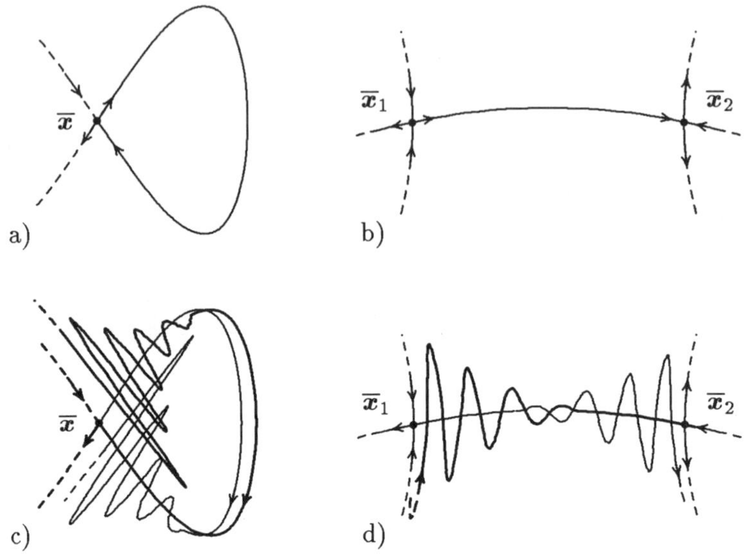

Abb. 6.1: a) Homokline Orbits, b) heterokline Orbits (in a) und b) sind die Orbits nicht transversal), c) transversale homokline Orbits, d) transversale heterokline Orbits für $\boldsymbol{P}: \Sigma \to \Sigma$ mit $\Sigma = \{(\boldsymbol{x}, t) \; : \; \boldsymbol{x} \in \mathbf{R}^2, t = t_0, t_0 + T, ...\}$

definieren. Zum besseren Verständnis der folgenden Ausführungen weisen wir darauf hin, daß Poincaré–Abbildungen Diffeomorphismen sind (CHILLINGWORTH, 1976).

Im Abschn. 2.3 wurden für hyperbolische Fixpunkte und periodische Orbits globale stabile und instabile Mannigfaltigkeiten eingeführt. Komplizierte Bewegungsformen entstehen, wenn sich stabile und instabile Mannigfaltigkeiten transversal, d. h. unter einem positiven Winkel, schneiden. (Die Funktion $y = x$ schneidet die x–Achse transversal, dagegen schneidet die Funktion $y = x^3$ die x–Achse tangential.)

Ein Punkt $\boldsymbol{q}$ ($\neq \overline{\boldsymbol{x}}$) wird *homokliner Punkt* des Fixpunktes $\overline{\boldsymbol{x}}$ der Poincaré–Abbildung $\boldsymbol{P}$ genannt, wenn

$$\lim_{m \to \infty} \boldsymbol{P}^m(\boldsymbol{q}) = \lim_{m \to \infty} \boldsymbol{P}^{-m}(\boldsymbol{q}) = \overline{\boldsymbol{x}},$$

d. h., $\boldsymbol{q}$ gehört sowohl zur stabilen als auch zur instabilen Mannigfaltigkeit von $\overline{\boldsymbol{x}}$. Schneiden sich die Mannigfaltigkeiten transversal, so heißt $\boldsymbol{q}$ *transversaler homokliner Punkt*. Wenn ein homokliner

Punkt existiert, dann sind auch unendlich viele vorhanden, denn die Iterierten eines homoklinen Punktes müssen wieder auf der stabilen *und* der instabilen Mannigfaltigkeit liegen, sind aber keine Fixpunkte (dies folgt aus der Umkehrbarkeit von $\boldsymbol{P}$) und somit auch homokline Punkte. Der Orbit $\{\boldsymbol{P}^m(\boldsymbol{q})\}_{m=-\infty}^{\infty}$ durch einen (transversalen) homoklinen Punkt $\boldsymbol{q}$ heißt *(transversaler) homokliner* Orbit (Abb. 6.1 a), c)). Solche Orbits spielen in diesem Kapitel eine zentrale Rolle. In der Nähe des Fixpunktes $\overline{\boldsymbol{x}}$ windet sich die stabile Mannigfaltigkeit in komplizierter Weise um die instabile und umgekehrt, falls ein transversaler homokliner Punkt auf einer Mannigfaltigkeit von $\overline{\boldsymbol{x}}$ vorliegt (Abb. 6.1 c)). Anschaulich ist klar, daß daraus eine komplizierte Dynamik resultiert.

Gehören die stabilen und instabilen Mannigfaltigkeiten im Gegensatz zum oben beschriebenen Fall zu verschiedenen Fixpunkten, so spricht man von *(transversalen) heteroklinen Punkten* bzw. *Orbits* (Abb. 6.1 b), d)).

Im zeitkontinuierlichen Fall gibt es auch homokline und heterokline Orbits. Sie bestehen aus den Fixpunkten zusammen mit den sie verbindenden Trajektorien. Im zeitdiskreten Fall ist der Orbit $\{\boldsymbol{P}^m(\boldsymbol{x})\}_{m=-\infty}^{\infty}$ eine Folge von Punkten. Jede in Abb. 6.1 dargestellte Kurve enthält daher eine einparametrige Familie solcher Orbits. Dagegen ist der Orbit einer Differentialgleichung eine Kurve. Die Abbildungen 6.1 a) und b) könnten somit auch einen nichttransversalen homoklinen bzw. heteroklinen Orbit für Lösungen der autonomen Differentialgleichung (2.1) für $n = 2$ darstellen. Allerdings ist das Schneiden von Fixpunktmannigfaltigkeiten (Abb. 6.1 c), d)) dann aus Eindeutigkeitsgründen nicht möglich.

Homokline Orbits erscheinen z. B. bei permanenten chaotischen Bewegungen (d. h. bei den Bewegungen auf chaotischen Attraktoren). Nach GUCKENHEIMER und HOLMES (1983) ist ein chaotischer Attraktor (von ihnen „strange attractor“ genannt) u. a. dadurch charakterisiert, daß er einen transversalen homoklinen Orbit enthält.

In der Abb. 3.18 ist die Poincaré–Abbildung für das Pendel (1.6) zu einem gegebenen Parametersatz dargestellt. Die numerischen Untersuchungen erlauben es nicht zu entscheiden, ob Abb. 3.18 einen chaotischen Attraktor oder nur einen Teil einer komplizierten attraktiven Menge darstellt. In jedem Fall wird aber eine komplizierte Dynamik beobachtet, die durch homokline Punkte hervorgerufen wird. Abbildung 6.2 zeigt Teile der zugehörigen Fixpunktmannigfaltigkeiten mit einigen homoklinen Punkten. Im zylindrischen Phasenraum $S^1 \times \mathbb{R}$ werden die Fix-

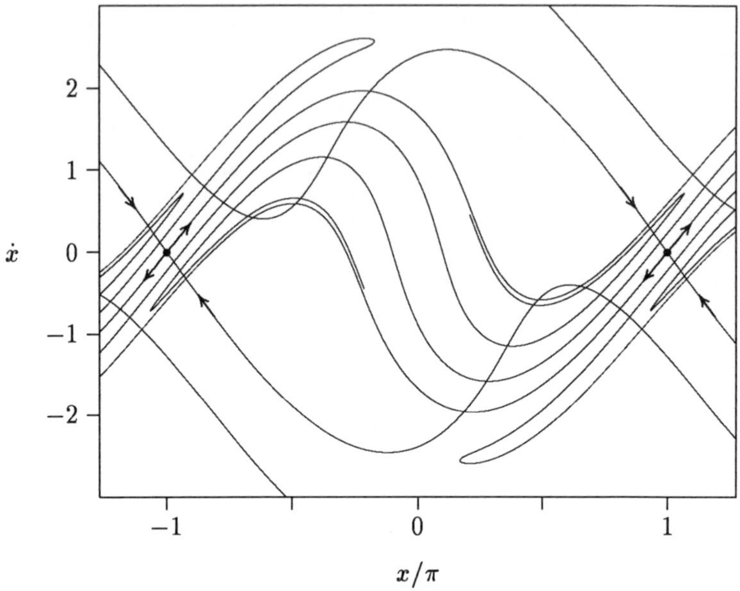

Abb. 6.2: Teile der Fixpunktmannigfaltigkeiten der Poincaré–Abbildung von Gl. (1.6). Parameter: $A = 0,94$, $B = 0,15$, $\Omega = 1,56$

punkte $(-\pi, 0)$ und $(\pi, 0)$ nicht unterschieden. Wir sprechen deshalb von homoklinen und nicht von heteroklinen Punkten. Die dargestellten Teile der Mannigfaltigkeiten stammen aus numerischen Rechnungen. Dabei wurden zunächst die Eigenvektoren des Fixpunktes aus der in $\overline{\boldsymbol{x}}$ linearisierten Differentialgleichung (3.22) gewonnen. In der Nähe des Fixpunktes charakterisieren sie auch die stabile und instabile Mannigfaltigkeit des nichtlinearen Systems. Der weitere Verlauf der Mannigfaltigkeiten kann dann durch numerische Iteration ausgewählter Startpunkte, die hinreichend eng benachbart auf den durch die Eigenvektoren bestimmten Geraden liegen, approximiert werden. Im Falle der stabilen Mannigfaltigkeit wird rückwärts iteriert, d. h., in der Differentialgleichung (1.6) wird t durch $-t$ ersetzt. Die Konturen des Attraktors (oder der attraktiven Menge) werden durch die instabile Mannigfaltigkeit des Fixpunktes $(\pm\pi, 0)$ wiedergegeben.

Die Existenz homokliner Orbits stellt *keine* hinreichende Bedingung für permanentes chaotisches Verhalten dar. Es besteht die Möglichkeit, daß lediglich transientes Chaos auftritt. Dementsprechend beobachtet man im Experiment, wenn die Bewegung in der Nähe von homoklinen Punkten beginnt, zunächst eine komplizierte transiente Bewegung mit temporärem exponentiellen Auseinanderlaufen benachbarter Trajektorien, die schließlich z. B. auf einem periodischen oder quasiperiodischen Attraktor endet. Abbildung 6.3 zeigt ein Beispiel einer solchen transienten Bewegung für das Pendel (1.6). Die Anfangsbedingung liegt auf der instabilen Mannigfaltigkeit des Fixpunktes $(-\pi, 0)$. Die Geschwindigkeit $\dot{x}$ und die Energie H sind zu den Zeitpunkten iT $(i = 0, 1, 2, \ldots)$ wiedergegeben. Kurve c) stellt den temporären Ljapunov–Exponenten

$$\Delta\lambda(i) \equiv \frac{1}{T} \ln \frac{\|\boldsymbol{z}(iT)\|}{\|\boldsymbol{z}((i-1)T)\|}, \qquad i = 1, 2, \ldots,$$

dar, wobei die infinitesimale Anfangsstörung $\boldsymbol{z}(0)$ in Richtung der instabilen Mannigfaltigkeit von $(-\pi, 0)$ zeigt. Dessen Mittelwert $\lambda(i) = \frac{1}{i} \sum_{j=1}^{i} \Delta\lambda(j)$ ist in Kurve d) abgebildet. Für den gleichen Parametersatz zeigt Abb. 6.4 Teile der Fixpunktmannigfaltigkeiten. Es sind transversale homokline Punkte vorhanden. Die Region der homoklinen Punkte wird etwa bei $t = 140\,T$ verlassen, wie die Zeitreihen der Geschwindigkeit und der Energie verdeutlichen.

Verfolgt man die Trajektorie länger, als es in der Abb. 6.3 dargestellt ist, so beobachtet man, daß sie schließlich auf den Koordinatenursprung zuläuft und dort verbleibt. Wir haben somit ein Beispiel für eine komplizierte transiente Bewegung, die asymptotisch auf einem stabilen Fixpunkt endet. Wir bemerken noch, daß der Attraktor, auf welchem die transiente Bewegung endet, nicht unbedingt einen regelmäßigen Vorgang charakterisieren muß, sondern seinerseits chaotisch sein kann (s. z. B. Leven und Koch, 1981).

Auch für nichtumkehrbare eindimensionale Abbildungen lassen sich in Analogie zu den höherdimensionalen Diffeomorphismen homokline und heterokline Punkte bzw. Orbits definieren: Jeder Punkt $x \neq \overline{x}$ in der Umgebung eines instabilen Fixpunktes $\overline{x}$ entfernt sich von diesem bei den folgenden Iterationen. Ein Punkt q aus dieser Menge wird homokliner Punkt genannt, wenn ein n, $0 < n < \infty$, existiert, so daß $f^n(q) = \overline{x}$. Der Punkt q heißt heteroklin, wenn $f^n(q)$ auf einen anderen Fixpunkt fällt. Wieder

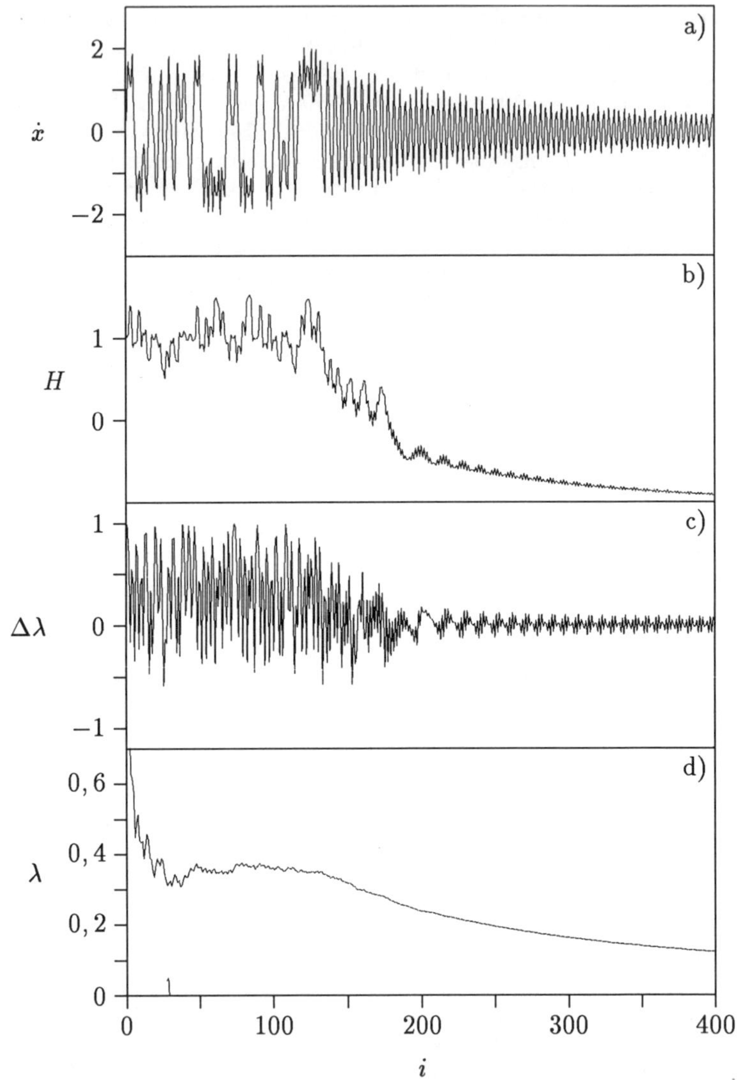

Abb. 6.3: Transiente chaotische Bewegung für Gl. (1.6). Parameter: $A = 0,6$, $B = 0,005$, $\Omega = 3,5$. a) Zeitreihe der Geschwindigkeit, b) Zeitreihe der Energie $H = \dot{x}^2/2 - \cos x$, c) temporärer Ljapunov–Exponent, d) Mittelwert λ zur Zeit $t = iT$

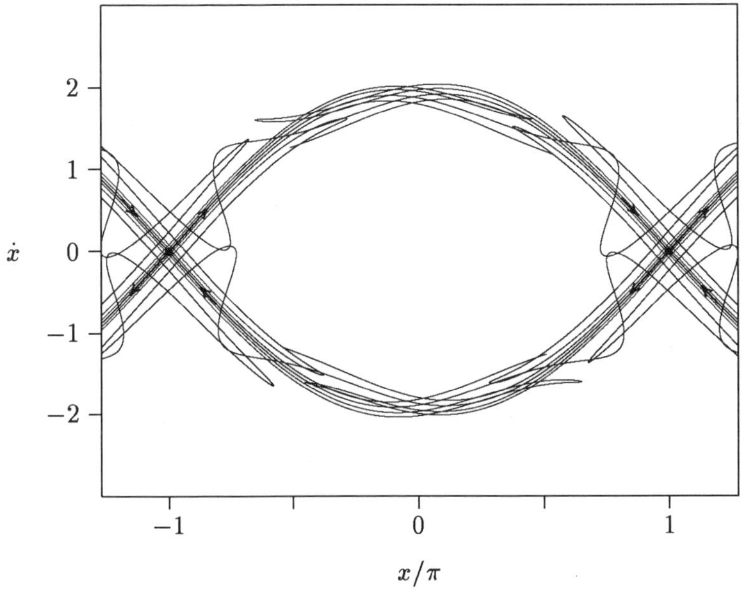

Abb. 6.4: Teile der stabilen und instabilen Fixpunktmannigfaltigkeiten der Poincaré–Abbildung von Gl. (1.6). Parameter: $A = 0,6$, $B = 0,005$, $\Omega = 3,5$

wird der Orbit $\{f^m(q)\}_{m=-\infty}^{n}$ homokliner Orbit genannt. Ein heterokliner Orbit besteht aus heteroklinen Punkten und verbindet unterschiedliche Fixpunkte. Zu den beiden Fixpunkten der logistischen Abbildung (1.2) gehören für $r > 4$ unendlich viele homokline und heterokline Punkte. Das kann man durch geometrische Konstruktion der Iterierten ausgewählter Startpunkte leicht bestätigen. Zu den instabilen periodischen Orbits von eindimensionalen Abbildungen existieren ebenfalls für gewisse Parameterwerte homokline und heterokline Orbits. Auch im eindimensionalen Fall sind die homoklinen Orbits mit komplizierten transienten bzw. permanenten Bewegungen verknüpft.

Aufgrund der entscheidenden Rolle, welche die (transversalen) homoklinen Orbits für das chaotische Verhalten spielen, wollen wir uns im weiteren eingehender mit ihnen beschäftigen.

6.1 Smalesches Hufeisen und Smale–Birkhoff–Theorem

Wenn transversale homokline Orbits existieren, dann können wesentliche Eigenschaften der Bewegung durch die sogenannte *Hufeisenabbildung* beschrieben werden (SMALE, 1967). Zur Erklärung dieser Transformation wird in Abb. 6.5 ein Rechteck R längs der stabilen Mannigfaltigkeit $W^s(\overline{\boldsymbol{x}})$ eines hyperbolischen Fixpunktes $\overline{\boldsymbol{x}}$ betrachtet. m Iterationen stauchen R in horizontaler Richtung und strecken R längs der instabilen Mannigfaltigkeit, wobei R „verbogen" wird. Falls m und R geeignet gewählt wurden, entsteht $\boldsymbol{P}^m(R)$ in der dargestellten Form. Somit erzeugt die Abbildung $\boldsymbol{P}^m$ aus dem Rechteck R das *Hufeisen* $\boldsymbol{P}^m(R)$, das wieder über das Rechteck gelegt wird.

Diese Hufeisenabbildung $\boldsymbol{P}^m$ besitzt eine komplizierte invariante Menge, zu deren Erläuterung nun die *Standardhufeisenabbildung* $\boldsymbol{f}_{\mathrm{H}}$ (Abb. 6.6) betrachtet wird, welche alle wesentlichen Eigenschaften von $\boldsymbol{P}^m$ widerspiegelt. $\boldsymbol{f}_{\mathrm{H}}$ bildet das Quadrat $Q = [0,1] \times [0,1]$ auf das dargestellte Hufeisen ab. Die horizontalen

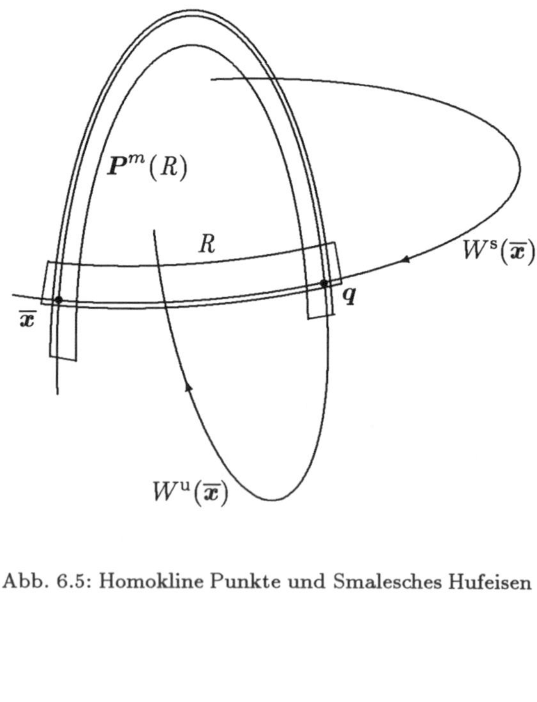

Abb. 6.5: Homokline Punkte und Smalesches Hufeisen

Streifen $H_0 = [0,1] \times [0,\alpha]$ und $H_1 = [0,1] \times [1-\alpha, 1]$ werden auf die vertikalen Streifen $V_0 = [0,\beta] \times [0,1]$ und $V_1 = [1-\beta, 1] \times [0,1]$ abgebildet, d. h., $\boldsymbol{f}_{\mathrm{H}}(H_i) = V_i \quad (i = 0,1)$ für $0 < \beta \leq \alpha < 1/2$. Auf den horizontalen Streifen ist $\boldsymbol{f}_{\mathrm{H}}$ linear, und es gilt

$$\mathrm{D}\boldsymbol{f}_{\mathrm{H}}(\boldsymbol{x}) = \begin{pmatrix} \pm\beta & 0 \\ 0 & \pm 1/\alpha \end{pmatrix} \tag{6.2}$$

(+ für $\boldsymbol{x} \in H_0$, − für $\boldsymbol{x} \in H_1$) und $\det \mathrm{D}\boldsymbol{f}_{\mathrm{H}}(\boldsymbol{x}) = \beta/\alpha \leq 1$. Auch hier interessiert vor allem die $\boldsymbol{f}_{\mathrm{H}}$–invariante Menge aus Q. Die Menge der Punkte $\boldsymbol{x} \in Q$, die bei allen Vorwärtsiterationen in Q bleibt, ist durch

$$\theta^{\mathrm{s}} = \bigcap_{n=0}^{\infty} \boldsymbol{f}_{\mathrm{H}}^{-n}(Q) = [0,1] \times C_\alpha$$

gegeben, wobei C_α die Cantor–Menge ist, bei deren Konstruktion in jedem Schritt das mittlere offene Intervall der relativen Länge $1 - 2\alpha$ entfernt wurde (s. Abschn. 3.2.1). In Abb. 6.7 a) ist die Konstruktion von θ^{s} skizziert. Die Menge der Punkte, die bei allen Rückwärtsiterationen in Q bleibt, ist

$$\theta^{\mathrm{u}} = \bigcap_{n=0}^{\infty} \boldsymbol{f}_{\mathrm{H}}^{n}(Q) = C_\beta \times [0,1],$$

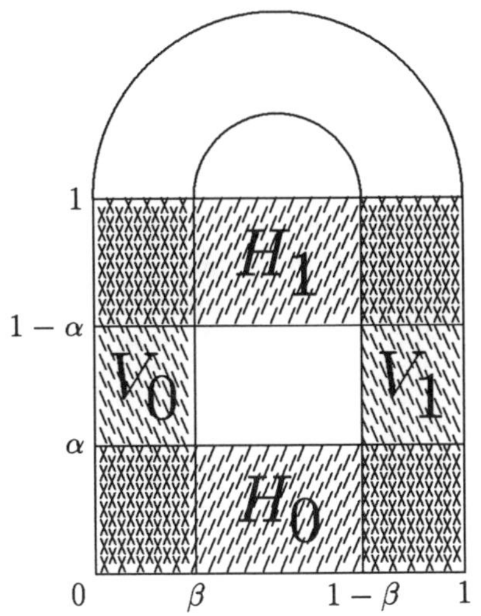

Abb. 6.6: Standardhufeisen

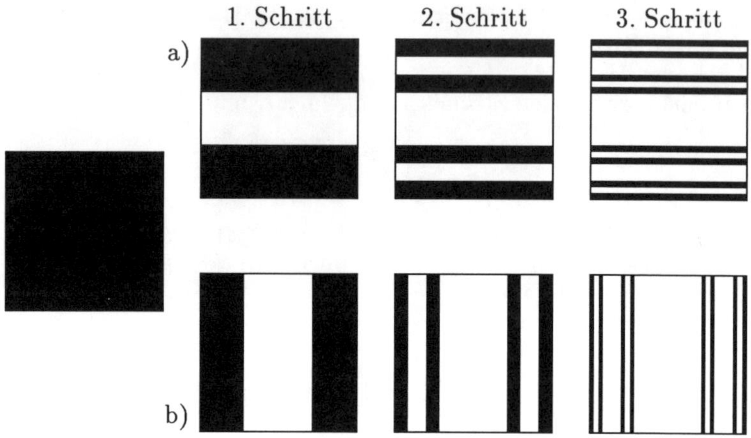

Abb. 6.7: a) Konstruktion der Cantor–Menge $\theta^{\rm s}$, b) Konstruktion der Cantor–Menge $\theta^{\rm u}$

wobei C_β die Cantor–Menge ist, die durch Entfernen des mittleren offenen Intervalls der relativen Länge $1 - 2\beta$ bei jedem Schritt der Konstruktion entsteht (s. Abb. 6.7 b)). Damit erhält man die Menge der Punkte, die Q niemals verläßt, d. h. die $\boldsymbol{f}_{\rm H}$–invariante Menge

$$\theta = \theta^{\rm s} \cap \theta^{\rm u}.$$

Um die Orbits auf θ zu beschreiben, wird jedem $\boldsymbol{x} \in \theta$ eine *biinfinite Symbolsequenz* $a \equiv \ldots a_{-2}a_{-1}a_0a_1a_2 \ldots = \Phi(\boldsymbol{x})$ mit

$$a_j = \begin{cases} 0 \\ 1 \end{cases} \text{falls } \boldsymbol{f}_{\rm H}^j(\boldsymbol{x}) \in \begin{matrix} V_0 \\ V_1 \end{matrix}, \quad j = 0, \pm 1, \pm 2, \ldots, \tag{6.3}$$

zugeordnet. Der Raum $\mathcal{L}$ der biinfiniten Symbolsequenzen der Symbole 0 und 1 kann mit einer Metrik versehen werden,

$$\operatorname{dist}(a, b) \equiv \sum_{n=-\infty}^{\infty} \frac{|a_n - b_n|}{2^{|n|}}. \tag{6.4}$$

Man kann zeigen, daß die Abbildung $\Phi : \theta \to \mathcal{L}$ ein Homöomorphismus ist. Die Wirkung von $\boldsymbol{f}_{\rm H}$ auf ein $\boldsymbol{x} \in \theta$ entspricht einer *Verschiebung* σ im Raum $\mathcal{L}$, d. h.

$$\sigma a = b \tag{6.5}$$

mit $a = \Phi(\boldsymbol{x}), b = \Phi(\boldsymbol{f}_{\mathrm{H}}(\boldsymbol{x}))$ und $b_i = a_{i+1}$. Auf der Menge θ ist die Abbildung $\boldsymbol{f}_{\mathrm{H}}$ der Verschiebung σ auf zwei Symbolen topologisch äquivalent. *Topologisch äquivalent* bedeutet, daß der erwähnte Homöomorphismus Φ existiert. Wir schreiben

$$\boldsymbol{f}_{\mathrm{H}|\theta} = \Phi^{-1} \circ \sigma \circ \Phi.$$

Durch die Untersuchung der kombinatorischen Eigenschaften der Symbolsequenzen lassen sich leicht verschiedene Aussagen über die $\boldsymbol{f}_{\mathrm{H}}$–invariante Menge θ machen. Man sieht, daß zwei Fixpunkte existieren, sie entsprechen den Symbolsequenzen ...00000... und ...11111... Einen periodischen Orbit der Periode 2 (Symbolsequenz ...101010...) und zwei Orbits der Periode 3 (Symbolsequenzen ...0110110... und ...1001001...) findet man leicht. Die Anzahl $N(k)$ der periodischen Orbits der Periode k ist für große Werte von k durch $N(k) \approx 2^k/k$ gegeben. Es existieren z. B. 698 870 verschiedene Orbits der Periode 24. Auch beliebig viele aperiodische Orbits lassen sich leicht konstruieren. Einige Eigenschaften sind im folgenden zusammengestellt (Smale, 1967, Moser, 1973):

1. θ enthält abzählbar unendlich viele periodische Punkte, homokline und heterokline Punkte und einen dichten Orbit. Die Menge der periodischen Punkte liegt in θ dicht. Es sind Sattelpunkte.

2. In θ existieren überabzählbar viele aperiodische Orbits.

3. $\boldsymbol{f}_{\mathrm{H}}$ ist auf θ C^1–strukturell stabil.

Die unter 1. und 2. angegebenen Aussagen sind nach den obigen Erläuterungen leicht zu verifizieren. Der Beweis für die dritte Aussage ist komplizierter und wurde von Smale (1967) gegeben. *Strukturelle Stabilität* bedeutet vereinfacht ausgedrückt, daß die Abbildung „robust" gegenüber kleinen Störungen ist, d. h. ihre qualitativen Eigenschaften beibehält. [1)]

---

1)Die Abbildung $\boldsymbol{f}_{\mathrm{H}}$ heißt auf θ C^1*–strukturell stabil*, wenn es ein $\varepsilon > 0$ gibt, so daß alle additiven Störungen $\boldsymbol{g}$ von $\boldsymbol{f}_{\mathrm{H}}$ zu einer Abbildung $\tilde{\boldsymbol{f}} = \boldsymbol{f}_{\mathrm{H}} + \boldsymbol{g}$ mit einer invarianten Menge $\tilde{\theta}$ führen, die zur Abbildung $\boldsymbol{f}_{\mathrm{H}}$ topologisch äquivalent ist. Dabei ist $\boldsymbol{g}$ ein C^1–Diffeomorphismus mit

$$\sup_{\boldsymbol{x}\in Q} \left\{ \|\boldsymbol{g}(\boldsymbol{x})\|, \left\| \frac{\partial \boldsymbol{g}(\boldsymbol{x})}{\partial x_i} \right\| \right\} < \varepsilon.$$

Eine weitere wichtige Eigenschaft der $\boldsymbol{f}_{\mathrm{H}}$–invarianten Menge θ ist ihre hyperbolische Struktur (SMALE, 1967). Damit wird der Begriff des hyperbolischen Fixpunktes verallgemeinert. Allgemein sagt man, eine (kompakte) invariante Menge θ eines Diffeomorphismus $\boldsymbol{f} : \mathbb{R}^n \to \mathbb{R}^n$ hat eine *hyperbolische Struktur* (kürzer: θ ist hyperbolisch), wenn es für jedes $\boldsymbol{x} \in \theta$ eine Zerlegung des Tangentialraumes $T_{\boldsymbol{x}}\mathbb{R}^n$ in die direkte Summe zweier Unterräume $E^{\mathrm{s}}_{\boldsymbol{x}}, E^{\mathrm{u}}_{\boldsymbol{x}}$ gibt ($T_{\boldsymbol{x}}\mathbb{R}^n = E^{\mathrm{s}}_{\boldsymbol{x}} \oplus E^{\mathrm{u}}_{\boldsymbol{x}}$), wobei diese Zerlegung auf θ stetig [2)] ist und Konstanten $C > 0$ und $0 < \gamma < 1$ existieren, so daß

$$\|\mathrm{D}\boldsymbol{f}^m(\boldsymbol{x})\boldsymbol{z}\| \le C\gamma^m \|\boldsymbol{z}\| \quad \text{für alle } \boldsymbol{z} \in E^{\mathrm{s}}_{\boldsymbol{x}}$$

und

$$\|\mathrm{D}\boldsymbol{f}^{-m}(\boldsymbol{x})\boldsymbol{z}\| \le C\gamma^m \|\boldsymbol{z}\| \quad \text{für alle } \boldsymbol{z} \in E^{\mathrm{u}}_{\boldsymbol{x}}$$

und alle $m \in \mathbb{I}\Gamma^+$ gilt.

Aus der hyperbolischen Struktur folgt eine empfindliche Abhängigkeit von den Anfangsbedingungen, denn Anfangsstörungen $\boldsymbol{z}(0) \in E^{\mathrm{u}}_{\boldsymbol{x}}$ wachsen nach der Zeit m auf

$$\|\boldsymbol{z}(m)\| \ge \frac{\|\boldsymbol{z}(0)\|}{C\gamma^m} = \frac{\|\boldsymbol{z}(0)\|}{C} \exp(-m \ln \gamma) \quad \text{mit} \quad \ln(\gamma) < 0.$$

Die hyperbolische Struktur hat weiterhin zur Folge, daß sich für $\boldsymbol{x} \in \theta$ (lokal glatte) stabile und instabile Mannigfaltigkeiten definieren lassen (HIRSCH et al., 1977):

$$\begin{aligned} W^{\mathrm{s}}(\boldsymbol{x}) &\equiv \{\boldsymbol{y} \in \mathbb{R}^n |\ \|\boldsymbol{f}^m\boldsymbol{x} - \boldsymbol{f}^m\boldsymbol{y}\| \to 0 \text{ für } m \to \infty\}, \\ W^{\mathrm{u}}(\boldsymbol{x}) &\equiv \{\boldsymbol{y} \in \mathbb{R}^n |\ \|\boldsymbol{f}^{-m}\boldsymbol{x} - \boldsymbol{f}^{-m}\boldsymbol{y}\| \to 0 \text{ für } m \to \infty\}. \end{aligned} \tag{6.6}$$

$W^{\mathrm{s}}, W^{\mathrm{u}}$ sind für jedes $\boldsymbol{x} \in \theta$ tangential zu den stabilen und instabilen Komponenten $E^{\mathrm{s}}_{\boldsymbol{x}}, E^{\mathrm{u}}_{\boldsymbol{x}}$ des Tangentialraumes $T_{\boldsymbol{x}}\mathbb{R}^n$.

Die Verbindung von der Hufeisenabbildung und der Verschiebung σ zu den homoklinen Orbits der Poincaré–Abbildung, die durch Abb. 6.5 nahegelegt wird, stellt ein fundamentales Theorem von SMALE (1967) her (vgl. NEWHOUSE, 1980, und WIGGINS, 1990).

Smale–Birkhoff–Theorem: $\boldsymbol{P} : \mathbb{R}^2 \to \mathbb{R}^2$ sei ein Diffeomorphismus mit einem hyperbolischen periodischen Punkt $\overline{\boldsymbol{x}}$, zu dem

---

2) Die Stetigkeit der Zerlegung von $T_{\boldsymbol{x}}\mathbb{R}^n$ bedeutet, daß sich die Basisvektoren, welche $E^{\mathrm{s}}_{\boldsymbol{x}}$ bzw. $E^{\mathrm{u}}_{\boldsymbol{x}}$ aufspannen, stetig bei Variation von $\boldsymbol{x}$ in θ ändern.

ein transversaler homokliner Punkt $\boldsymbol{q}$ gehört. Dann gibt es eine natürliche Zahl m, so daß $\boldsymbol{P}^m$ eine abgeschlossene invariante Menge Λ besitzt, die $\boldsymbol{q}$ sowie $\overline{\boldsymbol{x}}$ enthält und auf der $\boldsymbol{P}^m$ topologisch äquivalent einer Verschiebung σ auf M Symbolen ist, wobei $M \in \{2, 3, \ldots\}$. Λ hat eine hyperbolische Struktur.

Die erwähnte topologische Äquivalenz zu einer Verschiebung auf M Symbolen wird plausibel, wenn man Abb. 6.5 betrachtet. Weitere Iterationen erzeugen zusätzliche Schleifen, die über das Rechteck R gelegt werden. Die Anzahl der Schleifen charakterisiert die Anzahl der Symbole M der Verschiebung, zu der die topologische Äquivalenz besteht. Auch für Diffeomorphismen auf beliebigen differenzierbaren Mannigfaltigkeiten läßt sich das Smale–Birkhoff–Theorem erweitern (Smale, 1967, s. auch Wiggins, 1988). Das ist für das in diesem Buch behandelte parametrisch erregte Pendel (1.6) im zylindrischen Phasenraum $S^1 \times \mathbb{R}$ wichtig.

Wenn transversale heterokline Punkte existieren, gelingt i. allg. keine Hufeisenkonstruktion. Das ist klar, denn obwohl eine Streckung und Verbiegung stattfindet (s. Abb. 6.1 d)), fehlt im heteroklinen Fall ein Rückführungsmechanismus, der das Hufeisen wieder über das ursprüngliche Rechteck legt. Falls allerdings ein *heterokliner Zyklus* vorliegt, bei dem eine endliche Anzahl von Sattelpunkten zyklisch durch transversale heterokline Orbits verbunden ist, kann eine verallgemeinerte Hufeisenkonstruktion durchgeführt werden. Es läßt sich somit in diesem Fall ein heteroklines Smale–Birkhoff–Theorem formulieren (Bertozzi, 1988), das die topologische Äquivalenz zu einer Verschiebung und somit chaotisches Verhalten garantiert.

Die invariante Menge Λ, die man mit Hilfe des Smale–Birkhoff–Theorems nachweisen kann, ist keine attraktive Menge, möglicherweise aber Teil einer solchen. Im Computerexperiment beobachtet man, wenn die Bewegung auf oder in der Nähe von Λ beginnt, zunächst eine transient chaotische Bewegung, die asymptotisch z. B. auf einem periodischen oder quasiperiodischen Attraktor stattfindet. Die Dauer dieser transienten Bewegung hängt von der gewählten Anfangsbedingung ab. Während die Existenz permanenter chaotischer Bewegungen für praktisch relevante dissipative Systeme noch nicht bewiesen ist, gelingt es jedoch zu zeigen, daß z. B. für einige einfache Oszillatoren in bestimmten Parameterbereichen homokline Orbits existieren. Für konservative Systeme bedeuten transversale homokline Orbits permanentes chaotisches Verhalten.

Für die Smalesche Hufeisenabbildung $\boldsymbol{f}_{\mathrm{H}}$ und damit auch für die Poincaré–Abbildung von Gl. (1.6), wenn sie transversale homokline Punkte besitzt, existieren unendlich viele periodische Orbits. Die n-te Iterierte von $\boldsymbol{f}_{\mathrm{H}}$ hat 2^n Fixpunkte. Jedoch sind alle periodischen Orbits instabil. Stellt man sich die Herausbildung des Hufeisens als einen Prozeß vor, der bei Veränderung eines Parameters vor sich geht, so erwartet man komplizierte Bifurkationsfolgen, die zum Entstehen der instabilen periodischen Orbits führen. Dieselbe Aussage trifft auch für die Poincaré–Abbildung von Gl. (1.6) zu, wenn bei Vergrößerung eines Anregungsparameters transversale homokline Punkte entstehen (s. z. B. die Folge der Abbildungen 6.11 a), b) und 6.2).

Für einen zweidimensionalen Diffeomorphismus mit einem dissipativen Sattel $\overline{\boldsymbol{x}}$ (d. h. $|\det \mathrm{D}\boldsymbol{f}(\overline{\boldsymbol{x}})| < 1$) fanden Gavrilov und Šilnikov (1972, 1973) sowie Newhouse (1974, 1980), daß beim Entstehen des Hufeisens eine unendliche Anzahl von instabilen *und* stabilen periodischen Orbits durch Sattel-Knoten-Bifurkation erzeugt wird. Die stabilen Orbits verlieren ihre Stabilität durch periodenverdoppelnde Bifurkationen, und somit werden weitere stabile und instabile periodische Orbits gebildet.

Newhouse zeigte, daß Senken beliebig großer Periode in jeder Umgebung eines nichttransversalen homoklinen Punktes $\boldsymbol{q}$ existieren. Eine endliche Anzahl dieser sog. *Newhouse–Senken* bleibt erhalten, wenn durch genügend kleine Veränderung eines Parameters die homokline Tangente zerstört wird. Wang (1990) bewies, daß die Menge aller Parameterwerte, bei denen unendlich viele Senken vorhanden sind, eine positive Hausdorff–Dimension besitzt.

Für das Pendel (1.6) und einige ähnliche Systeme kann die Existenz von homoklinen Tangenten bewiesen werden. Diese Systeme besitzen Senken mit sehr großer Periode und sehr schmalem Einzugsgebiet (s. Greenspan und Holmes, 1983, sowie Koch und Leven, 1985). Das bedeutet, daß sie im Experiment nicht oder nur mit sehr großem Aufwand nachzuweisen sind. Möglicherweise stellt ein komplizierter im Computerexperiment erhaltener Orbit keine Bewegung auf einem chaotischen Attraktor dar, sondern lediglich die Bewegung in der Nähe von vielen Senken hoher Periode, wobei durch numerische Rundungsfehler von einer Senke in die andere gesprungen wird.

Chaotische Attraktoren A mit einer hyperbolischen Struktur sind durch $A = \overline{\bigcap_{\boldsymbol{x} \in A} W^{\mathrm{u}}(\boldsymbol{x})}$ darstellbar, d. h., A ist die abgeschlossene Hülle der Vereinigung der instabilen Mannigfaltigkeiten aller Punkte von A. Beispiele für hyperbolische chaotische Attraktoren von zwei- und dreidimensionalen Abbildungen sind schon lange bekannt und wurden u. a. in den Arbeiten von NEMYCKIJ und STEPANOV (1949), SMALE (1967), RUELLE und TAKENS (1971), PLYKIN (1974) und MISIUREWICZ (1980) untersucht. Doch besitzen diese Beispiele nur geringe Relevanz für reale Systeme. Sollten für periodisch erregte Systeme etwa vom Typ des Pendels (1.6) chaotische Attraktoren existieren, dann sind es vermutlich keine hyperbolischen Attraktoren (GUCKENHEIMER und HOLMES, 1983, S. 259 ff.).

BENEDICKS und CARLESON (1991) konnten für die Hénon-Abbildung (1.4) zeigen, daß für genügend kleine $b > 0$ eine Menge $E(b)$ mit positivem Maß im Intervall $(0, 2)$ existiert, so daß die Abbildung für $a \in E(b)$ einen chaotischen Attraktor besitzt, d. h. einen Attraktor mit einem dichten Orbit und empfindlicher Abhängigkeit von den Anfangsbedingungen. Möglicherweise sind diese Resultate hilfreich für den Nachweis chaotischer Attraktoren beim periodisch erregten Pendel (1.6) und bei ähnlichen Systemen.

Viele andere Phänomene in dissipativen Systemen sind mit *homoklinen* bzw. *heteroklinen Bifurkationen* verbunden, d. h. mit dem Entstehen von homoklinen bzw. heteroklinen Orbits durch Parameteränderung. So „fraktalisieren" sie die Grenzen von Einzugsgebieten oder führen zu Krisen von Attraktoren (s. Kap. 5). Die beiden folgenden Abschnitte beschäftigen sich mit Möglichkeiten, für konkrete Systeme transversale homokline Orbits nachzuweisen.

Wie schon mehrmals erwähnt, entsteht bei numerischen Experimenten an Systemen mit chaotischem Verhalten wegen der empfindlichen Abhängigkeit von den Anfangsbedingungen und der unvermeidbaren Rundungsfehler immer wieder folgende Frage: In welchem Sinne repräsentieren die vom Computer berechneten Orbits die wahre Dynamik des Systems? Wir wissen, daß sich der Computerorbit mit exponentieller Abstandsvergrößerung von der Systemtrajektorie, die zur gleichen Anfangsbedingung gehört, entfernt. Jedoch hoffen wir, daß eine andere „wahre" Trajektorie mit nur gering unterschiedlichen Anfangsbedingungen existiert, die für genügend lange Zeiten dicht beim vom Computer erzeugten Orbit bleibt. Für die Bewegung auf hyperbolischen Mengen existiert ein exaktes Resultat, das *Beschattungslemma* von ANOSOV (1967) und BOWEN (1970, 1975, 1978). Es macht Aussagen über die Relevanz eines im Computerexperiment mit einem bestimmten Fehler generierten *Pseudoorbits* bezüglich eines gewissen („wahren") Orbits auf einer $\boldsymbol{f}$–invarianten Menge θ. Nach diesem Lemma gibt es zu jedem (noch so kleinen) $\beta > 0$ ein $\alpha(\beta) > 0$, so daß für einen jeden im Computerexperiment generierten Pseudoorbit $\{\widehat{\boldsymbol{x}}_t\}_{t=0}^N \subseteq \theta$ $(N = 1, 2, \ldots, \infty)$, für den

$$\|\boldsymbol{f}\widehat{\boldsymbol{x}}_t - \widehat{\boldsymbol{x}}_{t+1}\| < \alpha(\beta) \text{ für jedes } t = 0, 1, 2, \ldots, N-1 \tag{6.7}$$

gilt, ein $\boldsymbol{y}_0 \in \theta$ existiert, so daß $\{\boldsymbol{f}^t\boldsymbol{y}_0\}_t$ den Pseudoorbit β–*beschattet*:

$$\|\boldsymbol{f}^t\boldsymbol{y}_0 - \widehat{\boldsymbol{x}}_t\| < \beta \quad \text{für } t = 0, 1, \ldots, N. \tag{6.8}$$

Obwohl der „wahre" Orbit $\{\boldsymbol{f}^t\widehat{\boldsymbol{x}}_0\}_{t=0}^N$ i. allg. wenig mit dem Pseudoorbit $\{\widehat{\boldsymbol{x}}(t)\}_{t=0}^N$ zu tun hat, liegt also der Pseudoorbit in der Nähe eines gewissen „wahren" Orbits $\{\boldsymbol{f}^t\boldsymbol{y}_0\}_{t=0}^N$. Es sei jedoch bemerkt, daß der beschattende Orbit $\{\boldsymbol{f}^t\boldsymbol{y}_0\}_{t=0}^N$ nicht notwendig ein „typischer" Orbit zu sein braucht, der das natürliche Maß generiert (s. z. B. McCauley und Palmore, 1986).

Für physikalische Systeme relevanter ist der nichthyperbolische Fall. Zur Beschattung von Pseudorbits können hier ebenfalls exakte Resultate gewonnen werden (s. Hammel et al., 1987, 1988, Grebogi et al., 1990, Farmer und Sidorovich, 1991). Allerdings gelingt eine Beschattung nur für endliche Zeiten und muß für jeden konkreten Pseudoorbit separat nachgewiesen werden. Das aufwendige numerische Verfahren wird nun am Beispiel von eindimensionalen Abbildungen erläutert, die im Mittel expandierend sein müssen, d. h., bei denen für typische Orbits

$$\prod_{t=0}^{N} |f'(x_t)| \gg 1$$

gilt: Der Computer erzeugt zu gegebenen Parameterwerten und gegebener Anfangsbedingung $\widehat{x}_0$ einen Pseudoorbit $\{\widehat{x}_t\}_{t=0}^N$, zu dem ein beschattender „wahrer" Orbit $\{y_t\}_{t=0}^N$ gesucht wird. Dazu wird eine Folge von Intervallen

$$\{I_t\}_{t=0}^N \quad \text{mit } y_t \in I_t$$

bestimmt, so daß die Schachtelungsbedingung

$$f(I_{t-1}) \supseteq I_t \tag{6.9}$$

erfüllt ist. Die Längen dieser Intervalle sollten möglichst klein sein (z. B. $< 10^{-18}$ bei der Abbildung (1.2)), und die Intervallgrenzen müssen deutlich genauer berechnet werden als der Pseudoorbit. Wurde z. B. letzterer mit *einfacher* Genauigkeit (etwa 14 Dezimalstellen) bestimmt, so könnten die Intervallgrenzen mit *doppelter* Genauigkeit (etwa 28 Dezimalstellen) auf dem Computer berechnet werden. Zur Bestimmung der Intervalle I_t beginnt man mit dem letzten Intervall I_N und wählt $y_N = \widehat{x}_N$ sowie $I_N = [\widehat{x}_N, \widehat{x}_N]$. Das Intervall I_{t-1} wird aus I_t durch Rückwärtsiteration bestimmt. Dazu wird das Ausgangsintervall solange geringfügig verbreitert, bis die Schachtelungsbedingung (6.9) erfüllt ist.

Wenn die Intervalle I_t erfolgreich bestimmt worden sind, gilt für ein $y_t \in I_t$ wegen (6.9) $y_t \in f(I_{t-1})$, d. h., es existiert ein $y_{t-1} \in I_{t-1}$, so daß $y_t = f(y_{t-1})$. Somit ist $\{y_t\}_{t=0}^{N}$ mit $y_t \in I_t$ ein „wahrer" Orbit für $t = 0, 1, \ldots, N$. Sind die Intervalle I_t bekannt, so ist die Aufgabe gelöst, und es kann für den Beschattungsabstand eine obere Schranke β (s. (6.8)) angegeben werden. Mit $I_t = [i_t^-, i_t^+]$ und

$$\beta(t) \equiv \max\{|\widehat{x}_t - i_t^+|, |\widehat{x}_t - i_t^-|\} \geq |\widehat{x}_t - y_t|$$

folgt

$$\beta = \max_{0 \leq t \leq N}\{\beta(t)\}.$$

Mit der geschilderten Methode konnten HAMMEL et al. (1987) z. B. zeigen, daß für die logistische Abbildung (1.2) bei $r = 3,8$, der Anfangsbedingung $\widehat{x}_0 = 0,4$ und einer Rauschamplitude (6.7) von $\alpha = 3 \times 10^{-14}$ der Pseudoorbit für $N = 10^7$ Iterationen durch einen wahren Orbit mit $\beta = 10^{-8}$ β–beschattet wird. Auch im zweidimensionalen Fall gelang es, Beschattungen mit einer ähnlichen Genauigkeit nachzuweisen, so z. B. bei der Hénon–Abbildung (1.4) (HAMMEL et al., 1989) und bei einem periodisch erregten Pendel (GREBOGI et al., 1990). Statt der Intervalle müssen nun Parallelogramme gefunden werden, die den wahren Orbit enthalten. Die Seiten der Parallelogramme liegen parallel zu den stabilen und instabilen Unterräumen. Dabei ist die Länge der berechneten Bahnsegmente, die die Pseudoorbits beschatten, durch die Anwesenheit von homoklinen Tangenten begrenzt. Es sei noch erwähnt, daß die Diskussion über die Beschattung verrauschter Orbits eng mit dem Problem der Rauschminderung bei chaotischen Zeitreihen verbunden ist (HAMMEL, 1990, FARMER und SIDOROVICH, 1991, KOSTELICH und SCHREIBER, 1993).

6.2 Die Melnikov–Methode

Die *Melnikov-Methode* ist ein Verfahren der Störungstheorie. Sie führt zur Bestimmung der sogenannten Melnikov–Funktion, die Aussagen über die Existenz chaotischer Bewegungen macht. Dieses Verfahren wurde von MELNIKOV (1963) entwickelt (s. auch ARNOL'D (1964)) und später, als das Interesse an chaotischen Bewegungen enorm zugenommen hatte, vor allem von HOLMES und MARSDEN (1981, 1982a, 1982b) verallgemeinert. Ähnliche Resultate erhielten CHOW et al. (1980) sowie KEENER (1982).

Die Melnikov–Methode stellt eine der wenigen Möglichkeiten dar, mit analytischen Mitteln wesentliche Aussagen über chaotische Systeme zu machen. Sie läßt sich anwenden auf periodisch erregte Systeme der Form

$$\dot{\boldsymbol{x}} = \boldsymbol{F}(\boldsymbol{x}) + \varepsilon \boldsymbol{G}(\boldsymbol{x}, t) \tag{6.10}$$

mit $\boldsymbol{x} = (x_1, x_2) \in \mathbb{R}^2$, $t \in \mathbb{R}$. $\boldsymbol{F} = (F_1, F_2)$ und $\boldsymbol{G} = (G_1, G_2)$ seien zweimal stetig differenzierbar. $\boldsymbol{G}$ besitze bezüglich t die Periode T. ε ist ein kleiner Störparameter ($0 < \varepsilon \ll 1$). Es wird angenommen, daß das ungestörte System ($\varepsilon = 0$) einen homoklinen Orbit $\boldsymbol{x}_0(t - t_0)$ zu einem Sattelpunkt $\overline{\boldsymbol{x}}_0$ besitzt. Dann hat das gestörte System für genügend kleine ε einen eindeutigen hyperbolischen T–periodischen Orbit $\boldsymbol{p}_\varepsilon(t, t_0) = \overline{\boldsymbol{x}}_0 + O(\varepsilon)$, d. h., zur zugehörigen Poincaré–Abbildung gehört ein hyperbolischer Fixpunkt $\overline{\boldsymbol{p}}_\varepsilon \equiv \boldsymbol{p}_\varepsilon(t_0, t_0) = \overline{\boldsymbol{x}}_0 + O(\varepsilon)$. Orbits $\boldsymbol{x}_\varepsilon^{\mathrm{s}}(t, t_0)$ bzw. $\boldsymbol{x}_\varepsilon^{\mathrm{u}}(t, t_0)$ auf der stabilen bzw. instabilen Mannigfaltigkeit von $\boldsymbol{p}_\varepsilon(t, t_0)$ können dargestellt werden als

$$\begin{aligned}
\boldsymbol{x}_\varepsilon^{\mathrm{s}}(t, t_0) &= \boldsymbol{x}_0(t - t_0) + \varepsilon \boldsymbol{z}^{\mathrm{s}}(t, t_0) + O(\varepsilon^2) \quad \text{für } t \in [t_0, \infty), \\
\boldsymbol{x}_\varepsilon^{\mathrm{u}}(t, t_0) &= \boldsymbol{x}_0(t - t_0) + \varepsilon \boldsymbol{z}^{\mathrm{u}}(t, t_0) + O(\varepsilon^2) \quad \text{für } t \in (-\infty, t_0]
\end{aligned} \tag{6.11}$$

(s. z. B. GREENSPAN und HOLMES, 1983).

Der Abstand der Mannigfaltigkeiten $W^{\mathrm{s}}(\overline{\boldsymbol{p}}_\varepsilon)$ und $W^{\mathrm{u}}(\overline{\boldsymbol{p}}_\varepsilon)$ des gestörten Systems zum Querschnitt $\Sigma(t_0)$ am Punkt $\boldsymbol{x}_0(0)$ entlang dem Normalenvektor

$$\boldsymbol{F}^{\perp}(\boldsymbol{x}_0(0)) = \begin{pmatrix} -F_2(\boldsymbol{x}_0(0)) \\ F_1(\boldsymbol{x}_0(0)) \end{pmatrix}$$

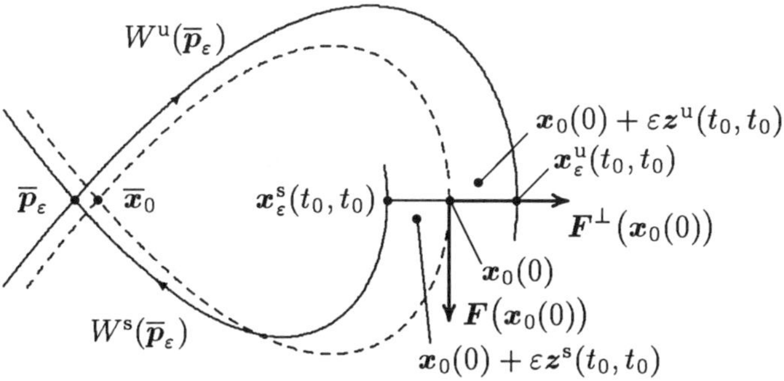

Abb. 6.8: Mannigfaltigkeiten für das gestörte System zum Querschnitt $\Sigma(t_0)$

auf $\boldsymbol{F}(\boldsymbol{x}_0(0))$ ist durch

$$d(t_0) \equiv \frac{\Big([\boldsymbol{x}_\varepsilon^{\mathrm{u}}(t_0, t_0) - \boldsymbol{x}_\varepsilon^{\mathrm{s}}(t_0, t_0)] \,, \boldsymbol{F}^\perp(\boldsymbol{x}_0(0)) \Big)}{\|\boldsymbol{F}^\perp(\boldsymbol{x}_0(0))\|} \tag{6.12}$$

gegeben. Dabei bezeichnen $\boldsymbol{x}_\varepsilon^{\mathrm{s}}(t_0, t_0)$ und $\boldsymbol{x}_\varepsilon^{\mathrm{u}}(t_0, t_0)$ gerade jene Schnittpunkte der gestörten Mannigfaltigkeiten mit der durch $\boldsymbol{F}^\perp(\boldsymbol{x}(0))$ bestimmten Geraden, die dem Fixpunkt $\overline{\boldsymbol{p}}_\varepsilon$ entlang den gestörten Mannigfaltigkeiten am nächsten liegen (s. Abb. 6.8). Mit Hilfe des Keilprodukts ($\boldsymbol{F} \wedge \boldsymbol{x} \equiv F_1 x_2 - F_2 x_1$) kann $d(t_0)$ folgendermaßen dargestellt werden:

$$d(t_0) = \frac{\boldsymbol{F}(\boldsymbol{x}_0(0)) \wedge [\boldsymbol{x}_\varepsilon^{\mathrm{u}}(t_0, t_0) - \boldsymbol{x}_\varepsilon^{\mathrm{s}}(t_0, t_0)]}{\|\boldsymbol{F}(\boldsymbol{x}_0(0))\|}.$$

Mit Gl. (6.11) folgt hieraus

$$d(t_0) = \varepsilon \frac{\boldsymbol{F}(\boldsymbol{x}_0(0)) \wedge [\boldsymbol{z}^{\mathrm{u}}(t_0, t_0) - \boldsymbol{z}^{\mathrm{s}}(t_0, t_0)]}{\|\boldsymbol{F}(\boldsymbol{x}_0(0))\|} + O(\varepsilon^2). \tag{6.13}$$

Die Korrekturen 1. Ordnung $\boldsymbol{z}^{\mathrm{s}}(t, t_0)$ und $\boldsymbol{z}^{\mathrm{u}}(t, t_0)$ werden mit Hilfe der Differentialgleichung (6.10) bestimmt. Durch Einsetzen des Lösungsansatzes (6.11) in das Ausgangssystem (6.10) erhält man für $t \geq t_0$

$$\begin{aligned}\frac{\mathrm{d}}{\mathrm{d}t}\big(\boldsymbol{x}_0+\varepsilon\boldsymbol{z}^{\mathrm{s}}+O(\varepsilon^2)\big) &= \boldsymbol{F}\big(\boldsymbol{x}_0+\varepsilon\boldsymbol{z}^{\mathrm{s}}+O(\varepsilon^2)\big)\\ &\quad+\varepsilon\boldsymbol{G}\big(\boldsymbol{x}_0+\varepsilon\boldsymbol{z}^{\mathrm{s}}+O(\varepsilon^2),t\big)\\ &= \boldsymbol{F}(\boldsymbol{x}_0)+\mathrm{D}\boldsymbol{F}(\boldsymbol{x}_0)\,\varepsilon\boldsymbol{z}^{\mathrm{s}}\\ &\quad+\varepsilon\boldsymbol{G}(\boldsymbol{x}_0,t)+O(\varepsilon^2),\end{aligned}$$

wobei die Störung erster Ordnung dem linearen System

$$\begin{aligned}\dot{\boldsymbol{z}}^{\mathrm{s}}(t,t_0) &= \mathrm{D}\boldsymbol{F}\big(\boldsymbol{x}_0(t-t_0)\big)\,\boldsymbol{z}^{\mathrm{s}}(t,t_0)\\ &\quad+\boldsymbol{G}\big(\boldsymbol{x}_0(t-t_0),t\big) \qquad \text{für } t\geq t_0 \end{aligned}\tag{6.14}$$

genügt. Auf gleiche Weise erhält man

$$\begin{aligned}\dot{\boldsymbol{z}}^{\mathrm{u}}(t,t_0) &= \mathrm{D}\boldsymbol{F}\big(\boldsymbol{x}_0(t-t_0)\big)\,\boldsymbol{z}^{\mathrm{u}}(t,t_0)\\ &\quad+\boldsymbol{G}\big(\boldsymbol{x}_0(t-t_0),t\big) \qquad \text{für } t\leq t_0. \end{aligned}\tag{6.15}$$

Da wir uns für das Keilprodukt in (6.13) interessieren, werden Differentialgleichungen für

$$\begin{aligned}\Delta^{\mathrm{s}}(t,t_0) &\equiv \boldsymbol{F}\big(\boldsymbol{x}_0(t-t_0)\big)\wedge\boldsymbol{z}^{\mathrm{s}}(t,t_0),\\ \Delta^{\mathrm{u}}(t,t_0) &\equiv \boldsymbol{F}\big(\boldsymbol{x}_0(t-t_0)\big)\wedge\boldsymbol{z}^{\mathrm{u}}(t,t_0)\end{aligned}\tag{6.16}$$

aufgestellt. Durch zeitliche Ableitung entsteht

$$\frac{\mathrm{d}}{\mathrm{d}t}\big(\Delta^{\mathrm{u}}(t,t_0)\big)=\dot{\boldsymbol{F}}\wedge\boldsymbol{z}^{\mathrm{u}}+\boldsymbol{F}\wedge\dot{\boldsymbol{z}}^{\mathrm{u}}.\tag{6.17}$$

Mit (6.15) folgt

$$\begin{aligned}\dot{\Delta}^{\mathrm{u}}(t,t_0) &= (\mathrm{D}\boldsymbol{F}\,\boldsymbol{F})\wedge\boldsymbol{z}^{\mathrm{u}}+\boldsymbol{F}\wedge[\mathrm{D}\boldsymbol{F}\,\boldsymbol{z}^{\mathrm{u}}+\boldsymbol{G}(\boldsymbol{x}_0,t)]\\ &= \mathrm{Sp}\;\mathrm{D}\boldsymbol{F}\big(\boldsymbol{x}_0(t-t_0)\big)\,\Delta^{\mathrm{u}}(t,t_0)\\ &\quad+\boldsymbol{F}\big(\boldsymbol{x}_0(t-t_0)\big)\wedge\boldsymbol{G}\big(\boldsymbol{x}_0(t-t_0),t\big).\end{aligned}\tag{6.18}$$

Hier bezeichnet Sp D$\boldsymbol{F}$ die Spur der Funktionalmatrix D$\boldsymbol{F}$. Unter Berücksichtigung von

$$\lim_{t\to-\infty}\left\{\Delta^{\mathrm{u}}(t,t_0)\exp\left[\int_t^{t_0}\mathrm{Sp}\;\mathrm{D}\boldsymbol{F}\big(\boldsymbol{x}_0(s-t_0)\big)\mathrm{d}s\right]\right\}=0$$

ergibt die Integration der linearen inhomogenen Gleichung (6.18) mit anschließendem Grenzübergang $t \to -\infty$

$$\Delta^{\mathrm{u}}(t_0, t_0) = \int_{-\infty}^{t_0} \boldsymbol{F}\big(\boldsymbol{x}_0(t-t_0)\big) \wedge \boldsymbol{G}\big(\boldsymbol{x}_0(t-t_0), t\big) \times \exp\left[-\int_0^{t-t_0} \mathrm{Sp}\ \mathrm{D}\boldsymbol{F}\big(\boldsymbol{x}_0(s)\big)\mathrm{d}s\right] \mathrm{d}t. \quad (6.19)$$

In vollkommen analoger Weise erhält man

$$\Delta^{\mathrm{s}}(t_0, t_0) = -\int_{t_0}^{\infty} \boldsymbol{F}\big(\boldsymbol{x}_0(t-t_0)\big) \wedge \boldsymbol{G}\big(\boldsymbol{x}_0(t-t_0), t\big) \times \exp\left[-\int_0^{t-t_0} \mathrm{Sp}\ \mathrm{D}\boldsymbol{F}\big(\boldsymbol{x}_0(s)\big)\mathrm{d}s\right] \mathrm{d}t. \quad (6.20)$$

Bei der Herleitung von Gl. (6.20) wurde

$$\lim_{t\to\infty} \left\{ \Delta^{\mathrm{s}}(t, t_0) \exp\left[\int_t^{t_0} \mathrm{Sp}\ \mathrm{D}\boldsymbol{F}\big(\boldsymbol{x}_0(s-t_0)\big)\mathrm{d}s\right]\right\} = 0$$

berücksichtigt. Die Differenz $M(t_0) \equiv \Delta^{\mathrm{u}}(t_0, t_0) - \Delta^{\mathrm{s}}(t_0, t_0)$ wird *Melnikov–Funktion* genannt. Aus (6.19) und (6.20) erhält man

$$M(t_0) = \int_{-\infty}^{\infty} \boldsymbol{F}\big(\boldsymbol{x}_0(t-t_0)\big) \wedge \boldsymbol{G}\big(\boldsymbol{x}_0(t-t_0), t\big) \times \exp\left[-\int_0^{t-t_0} \mathrm{Sp}\ \mathrm{D}\boldsymbol{F}\big(\boldsymbol{x}_0(s)\big)\mathrm{d}s\right] \mathrm{d}t. \quad (6.21)$$

Aus Gl. (6.13) entsteht somit

$$d(t_0) = \frac{\varepsilon M(t_0)}{\|\boldsymbol{F}\big(\boldsymbol{x}_0(0)\big)\|} + O(\varepsilon^2), \quad (6.22)$$

d. h., die Melnikov–Funktion ist eine erste Approximation für den Abstand zwischen der stabilen und instabilen Mannigfaltigkeit von $\overline{\boldsymbol{p}}_\varepsilon$. Ist das ungestörte System konservativ, dann vereinfacht sich (6.21) wegen $\operatorname{Sp} \mathrm{D}\boldsymbol{F}\big(\boldsymbol{x}_0(t)\big) \equiv 0$ zu

$$M(t_0) = \int\limits_{-\infty}^{\infty} \boldsymbol{F}\big(\boldsymbol{x}_0(t-t_0)\big) \wedge \boldsymbol{G}\big(\boldsymbol{x}_0(t-t_0), t\big)\mathrm{d}t. \tag{6.23}$$

Die erhaltenen Ergebnisse lassen sich wie folgt zusammenfassen (Greenspan und Holmes, 1983): Wenn die Melnikov–Funktion M einfache Nullstellen t_i besitzt $\left(\frac{\mathrm{d}M}{\mathrm{d}t_0}(t_i) \neq 0\right)$, dann schneiden sich die Mannigfaltigkeiten $W^{\mathrm{s}}(\overline{\boldsymbol{p}}_\varepsilon)$ und $W^{\mathrm{u}}(\overline{\boldsymbol{p}}_\varepsilon)$ für genügend kleine $\varepsilon > 0$ transversal. Wenn M jedoch keine Nullstelle besitzt, dann gilt $W^{\mathrm{s}}(\overline{\boldsymbol{p}}_\varepsilon) \cap W^{\mathrm{u}}(\overline{\boldsymbol{p}}_\varepsilon) = \emptyset$, d. h., es gibt keine homoklinen Punkte. Die Gleichungen (6.21) und (6.22) lassen sich offensichtlich auch zur Berechnung des Abstandes von Mannigfaltigkeiten im heteroklinen Fall verwenden. Dazu müssen in (6.21) natürlich die ungestörten heteroklinen Lösungen eingesetzt werden.

Falls ε genügend klein ist, kann man also durch Diskussion der Melnikov–Funktion (6.21) und ihrer Parameterabhängigkeit letztlich entscheiden, ob das gestörte System chaotische Lösungen besitzt. Die Melnikov–Funktion macht keine Aussage darüber, ob die Bewegung permanent oder transient chaotisch ist und wie klein ε bei einem konkreten System wirklich sein muß.

Die Gleichungen (6.22) und (6.23) sind auch für den zylindrischen Phasenraum $S^1 \times \mathbb{R}$ gültig. Die vorgestellte Methode läßt sich somit auf das erregte Pendel (1.6) anwenden, wenn die Anregung A und die Dämpfung B genügend klein sind. Durch die Schreibweise $A = \varepsilon A^*$, $B = \varepsilon B^*$ wird im folgenden hervorgehoben, daß A und B kleine Größen sind. Damit entsteht aus (1.6)

$$\begin{aligned} \dot{x} &= y, \\ \dot{y} &= -\sin x - \varepsilon(A^* \sin x \cos \Omega t + B^* y). \end{aligned} \tag{6.24}$$

In Abb. 6.9 sind typische Trajektorien des ungestörten Systems zu sehen. Die zur Berechnung der Melnikov–Funktion benötigten homoklinen Lösungen lauten

$$\begin{aligned} \sin x_0(t) &= \pm 2 \operatorname{sech} t \times \tanh t, \\ y_0(t) &= \pm 2 \operatorname{sech} t. \end{aligned} \tag{6.25}$$

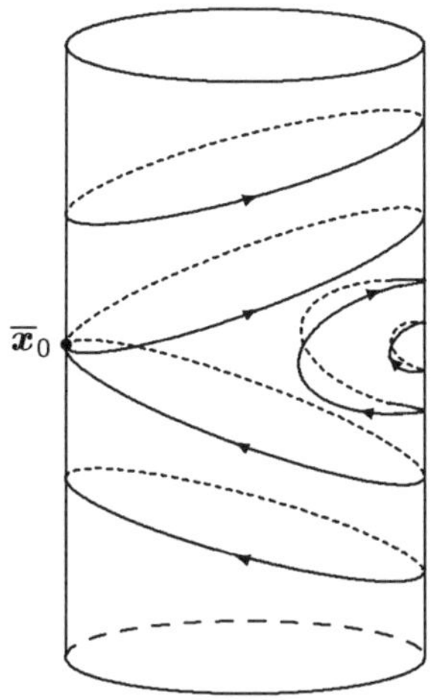

Abb. 6.9: Trajektorien des ungestörten Pendels im zylindrischen Phasenraum $S^1 \times \mathbf{R}$

Die Vorzeichen unterscheiden die beiden möglichen Drehrichtungen des Pendels. Beide homokline Lösungen (6.25) ergeben nach (6.23) dieselbe Melnikov–Funktion

$$\begin{aligned} M(t_0) &= \int_{-\infty}^{\infty} y_0(t-t_0)\{-A^* \cos \Omega t \, \sin[x_0(t-t_0)] \\ &\qquad\qquad -B^* y_0(t-t_0)\} \mathrm{d}t \\ &= 4A^* \sin \Omega t_0 \int_{-\infty}^{\infty} \sin \Omega t \, \mathrm{sech}^2 t \, \tanh t \, \mathrm{d}t \\ &\quad -4B^* \int_{-\infty}^{\infty} \mathrm{sech}^2 \, t \, \mathrm{d}t \\ &= 2\pi A^* \Omega^2 \, \mathrm{cosech}\,(\pi\Omega/2) \, \sin \Omega t_0 \, - \, 8B^* . \end{aligned} \qquad (6.26)$$

Der kleinste A^*–Wert, für den die Melnikov–Funktion eine Nullstelle besitzt, ergibt sich aus

$$\pi A^* \Omega^2 \, \mathrm{cosech}\,(\pi\Omega/2) = 4B^* . \qquad (6.27)$$

Daraus folgt

$$A/B = A^*/B^* = R(\Omega) \qquad (6.28)$$

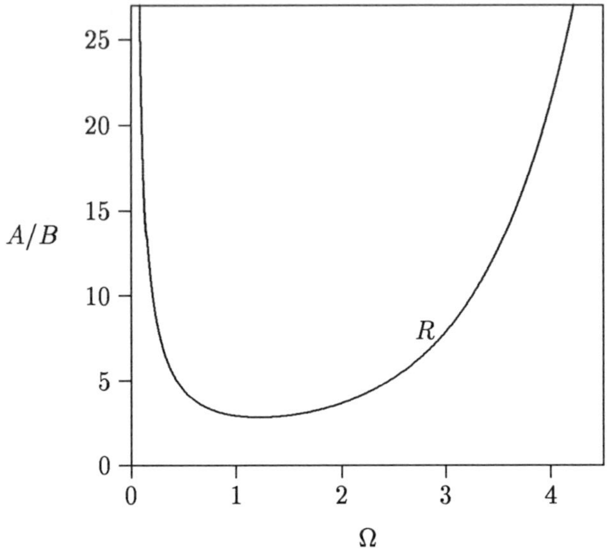

Abb. 6.10: Homokline Bifurkationsfunktion $R(\Omega)$ nach Gl. (6.28)

mit

$$R(\Omega) \equiv \frac{4}{\pi\Omega^2}\sinh(\pi\Omega/2).$$

Die Bifurkationsfunktion $R(\Omega)$ ist in Abb. 6.10 dargestellt. Für $A/B > R(\Omega)$ existieren transversale homokline Orbits, falls die Störung genügend klein ist. Wir haben somit nur eine Aussage über das Verhältnis der beiden Störungsparameter A^* und B^* in Gl. (6.24) erhalten. Wichtig für ein konkretes System ist die Beantwortung der Frage, wie klein ε tatsächlich sein muß, damit gemäß (6.28) homokline Orbits auftreten. Computerexperimente können diese Frage für ausgewählte Beispiele plausibel beantworten. Für $B = 0,15$, $\Omega = 1,56$ und für zwei verschiedene A–Werte sind in der Abb. 6.11 Teile von Fixpunktmannigfaltigkeiten dargestellt. Gleichung (6.28) sagt für $A/B > 3,010\,2$ transversale homokline Punkte und somit für geeignete Anfangsbedingungen chaotische Bewegungen voraus, falls ε genügend klein ist. In Abb. 6.11 b) sieht man, daß die Bifurkationsstelle durch (6.28) recht genau bestimmt wurde, obwohl die Störung schon beträchtlich ist. Bei weiterer Vergrößerung von A (für $A = 0,94$ s. Abb. 6.2) treten

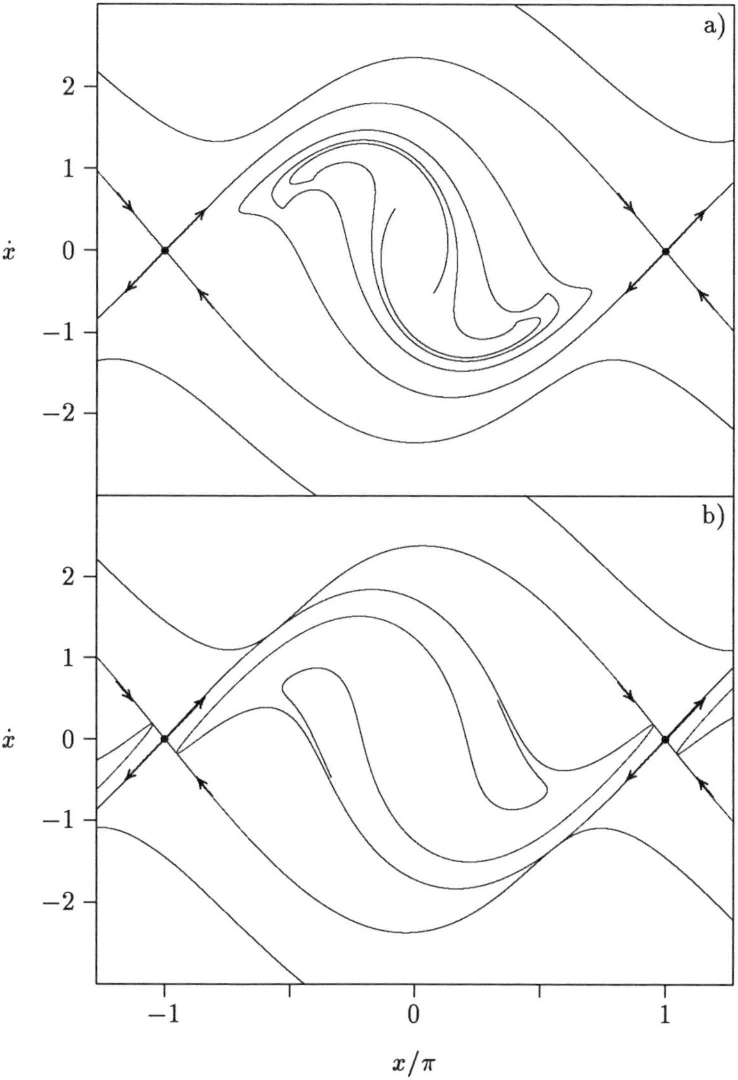

Abb. 6.11: Teile der stabilen und instabilen Fixpunktmannigfaltigkeiten der Poincaré–Abbildung von Gl. (1.6). Parameter: $B = 0,15$, $\Omega = 1,56$, a) $A = 0,3$ ($A/B = 2$), b) $A = 0,4515$ ($A/B = 3,01$)

transversale homokline Punkte auf. Weitere numerische Tests dieser Art sind von KOCH und LEVEN (1985) durchgeführt worden. Numerische Überprüfungen an anderen nichtautonomen Systemen (GUCKENHEIMER und HOLMES, 1983, KOCH, 1986, BRUHN, 1987) zeigen auch, daß die Melnikov–Methode die Einsatzgrenzen für das Entstehen homokliner Orbits gut beschreiben kann. Das Verfahren läßt sich auf höherdimensionale Systeme verallgemeinern (HOLMES und MARSDEN, 1981, 1982a, HALE, 1983, PALMER, 1984, BRUHN und LEVEN, 1985, GRUENDLER, 1985, BIRNIR, 1986). Auf autonome Systeme kann die Melnikov–Methode ebenfalls angewendet werden (HOLMES und MARSDEN, 1982b, WIGGINS, 1988, GRUENDLER, 1992, KOCH und BRUHN, 1993, BRUHN und KOCH, 1993).

6.3 Homokline Orbits von Fixpunkten autonomer Systeme

Auch bei autonomen Systemen (2.1) im $\mathbb{R}^n$ können Fixpunkte homokline Orbits besitzen. Im folgenden soll jedoch nur der Fall $n = 3$ betrachtet werden. In der Nähe dieser Orbits, die aber nicht strukturell stabil sind, werden bei Erfüllung gewisser Bedingungen Hufeisenabbildungen gefunden. Interessant ist der von ŠILNIKOV (1965, 1970) untersuchte Fall, bei dem der Fixpunkt $\overline{\boldsymbol{x}}$ des Systems ein spezieller *Sattelfokus* ist, d. h., es wird angenommen:

1. $\mathrm{D}\boldsymbol{F}(\overline{\boldsymbol{x}})$ hat zwei konjugiert komplexe Eigenwerte $\alpha \pm \mathrm{i}\beta$ $(\beta > 0)$ und einen reellen Eigenwert γ mit $\gamma > -\alpha > 0$. [3)]

2. $\overline{\boldsymbol{x}}$ besitzt einen homoklinen Orbit.

Wie die folgenden heuristischen Darlegungen zeigen, sind unter diesen Bedingungen wiederum die bekannten Hufeisenabbildungen relevant. Abbildung 6.12 zeigt den Sattelfokus und seinen homoklinen Orbit. Der Fixpunkt ist von einem Zylinder umgeben, der zu einer Umgebung U gehört, in der die Bewegung nach dem Hartman–Grobman–Theorem durch das linearisierte System (2.24) beschrieben werden kann. In zylindrischen Koordinaten gilt nach geeigneter Transformation in U

[3)] Der Fall $-\gamma > \alpha > 0$ wird ähnlich behandelt.

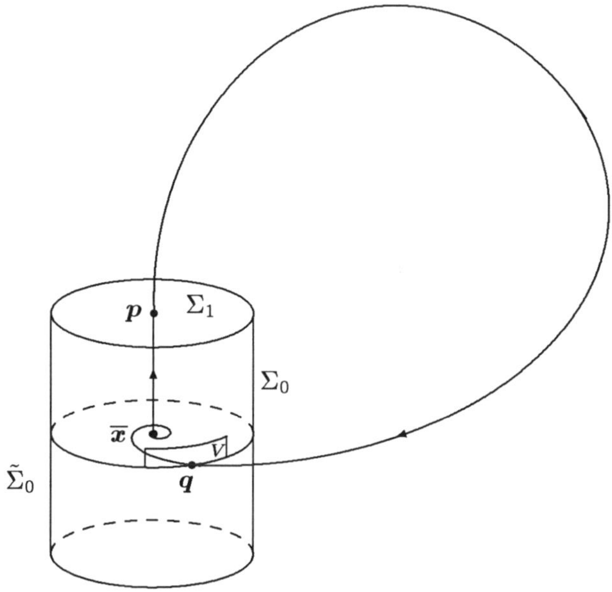

Abb. 6.12: Sattelfokus $\overline{x}$ und homokliner Orbit ($\gamma > -\alpha > 0$)

$$\begin{aligned} \dot{r} &= \alpha r, \\ \dot{\theta} &= \beta, \\ \dot{z} &= \gamma z. \end{aligned} \tag{6.29}$$

Die zugehörige Lösung lautet

$$\begin{aligned} r(t) &= r(0) \exp(\alpha t), \\ \theta(t) &= \theta(0) + \beta t, \\ z(t) &= z(0) \exp(\gamma t). \end{aligned} \tag{6.30}$$

Damit wird eine Abbildung $\boldsymbol{g}_0$ der Zylindermantelfläche

$$\Sigma_0 \equiv \{(r, \theta, z) \mid r = \rho, \quad 0 \leq \theta < 2\pi, \quad 0 < z < h\}$$

in die Deckfläche

$$\Sigma_1 \equiv \{(r, \theta, z) \mid 0 < r < \rho, \; 0 \leq \theta < 2\pi, \; z = h > 0\}$$

definiert. $\boldsymbol{g}_0$ erzeugt aus dem Punkt (ρ, θ_0, z_0) den Punkt (r_1, θ_1, h) mit

$$\begin{aligned} r_1 &= \rho(h/z_0)^{\alpha/\gamma}, \\ \theta_1 &= \theta_0 + \beta/\gamma \times \ln(h/z_0). \end{aligned} \tag{6.31}$$

Ein vertikales Geradenstück $\{\rho, \theta_0, z_0\}_{z_0 \in (0,a]}$ auf Σ_0 wird somit auf eine logarithmische Spirale, welche die z–Achse umläuft, mit dem maximalen Radius $\rho(h/a)^{\alpha/\gamma} < \rho$ abgebildet. Für sie gilt $\partial r_1/\partial z_0 \to \infty$ für $z_0 \to 0$.

Durch den Fluß des nichtlinearen Ausgangssystems wird ein Diffeomorphismus $\boldsymbol{g}_1$, der eine Umgebung von $\boldsymbol{p}$ aus Σ_1 in eine Umgebung von $\boldsymbol{q}$ auf dem Zylindermantel

$$\tilde{\Sigma}_0 \equiv \{(r, \theta, z) \mid r = \rho, \; 0 \le \theta < 2\pi, \; |z| < h\}$$

abbildet, definiert (s. Abb. 6.12). Die zusammengesetzte Abbildung $\boldsymbol{g} \equiv \boldsymbol{g}_1 \circ \boldsymbol{g}_0$ erzeugt aus dem „schmalen“ Streifen

$$V \equiv \{(\rho, \theta, z) \mid |\theta| < \delta, \; 0 < z < \varepsilon\} \subset \tilde{\Sigma}_0$$

den in Abb. 6.13 dargestellten Spiralenstreifen, falls δ und ε geeignet gewählt werden. Die Koordinaten von $\boldsymbol{q}$ seien $r = \rho$, $\theta = 0$ und $z = 0$.

Nun gelingt es zu zeigen (s. z. B. Guckenheimer und Holmes, 1983), daß man für ein (genügend kleines) $\delta > 0$ in V ein Rechteck

$$R \equiv \{(\rho, \theta, z) \mid |\theta| < \delta, \; h' < z < h''\}$$

finden kann, so daß die Einschränkung von $\boldsymbol{g}$ auf R eine Hufeisenabbildung darstellt (Abb. 6.13).

Wählt man z. B. $h''/h' = \exp(2\pi\gamma/\beta)$, dann folgt bei Anwendung der Abbildung $\boldsymbol{g}_0$

$$\begin{aligned} \theta_1(h') - \theta_1(h'') &= \beta/\gamma \times \ln(h/h') - \beta/\gamma \times \ln(h/h'') \\ &= \beta/\gamma \times \ln(h''/h') \;=\; 2\pi, \end{aligned}$$

wobei ein vollständiger Umlauf auf der Spirale entsteht. Außerdem sollten h' und h'' so gewählt werden, daß die Bilder $\boldsymbol{g}(\rho, \theta, h')$ und $\boldsymbol{g}(\rho, \theta, h'')$ für $|\theta| < \delta$ nicht in Σ_0 liegen.

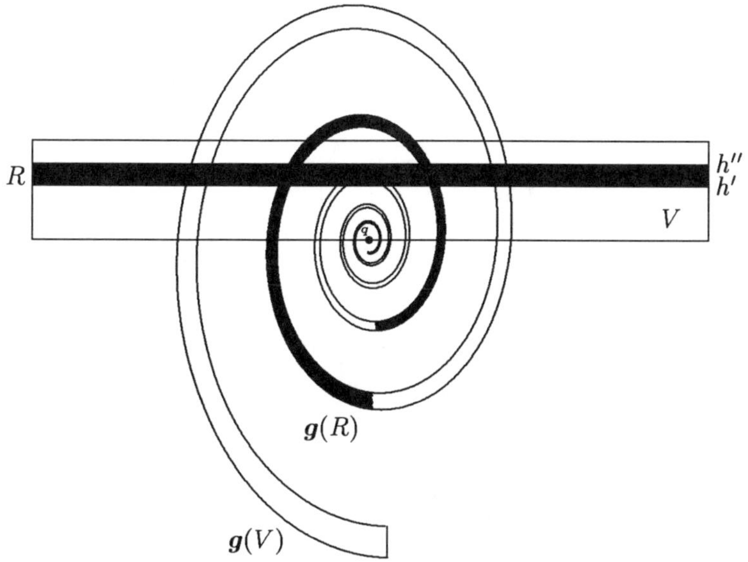

Abb. 6.13: Die Konstruktion der Smaleschen Hufeisen (Der in der Nähe von $\boldsymbol{q}$ befindliche Teil des Spiralenstreifens $\boldsymbol{g}(V)$ ist nicht dargestellt.)

Es existiert in V nicht nur ein solches Rechteck R, sondern es läßt sich eine unendliche Folge von Rechtecken mit obigen Eigenschaften angeben. Dazu schließt man z. B. in Richtung $z = 0$ weitere Rechtecke an, deren Höhe jeweils um den Faktor $\exp(-2\pi\gamma/\beta)$ abnimmt. Die Einschränkung von $\boldsymbol{g}$ auf jedes dieser Rechtecke ist jeweils eine Hufeisenabbildung mit den im Abschn. 6.2 erläuterten Eigenschaften. Diese Aussage entspricht im wesentlichen dem sogenannten ŠILNIKOV–Theorem. Ihr Beweis und insbesondere der Nachweis der Hyperbolizität verlangt ausführlichere Überlegungen (s. z. B. GUCKENHEIMER und HOLMES, 1983).

Bei Änderung eines Kontrollparameters c können komplizierte Bifurkationsfolgen beobachtet werden. Nehmen wir an, daß bei $c = c_\infty$ der homokline Orbit existiert und daß er bei beliebig kleiner Änderung von c zerstört wird. Dann beobachtet man bei monotoner Annäherung an c_∞ von oben oder unten jeweils eine Folge von Sattel–Knoten–Bifurkationen bei den Parameterwerten

c_n $(n = 1, 2, 3, \ldots)$, die mit der Rate

$$\lim_{n\to\infty} \frac{c_{n+1} - c_n}{c_n - c_{n-1}} = \exp\left(-2\pi\left|\frac{\alpha}{\beta}\right|\right) \tag{6.32}$$

gegen c_∞ konvergiert (GASPARD et al., 1984, GLENDINNING und SPARROW, 1984). Für $0 < |\alpha/\gamma| < 1/2$ entsteht bei allen c_n ein Sattel und ein instabiler Knoten. Falls $1/2 < |\alpha/\gamma| < 1$ gilt, entsteht statt des instabilen ein stabiler Knoten. Auf diese Bifurkationen folgen Kaskaden von Periodenverdopplungen.

Außerdem existieren oberhalb *oder* unterhalb von c_∞ wiederum zwei monotone Bifurkationsfolgen, die gegen c_∞ mit der Rate $\exp(-2\pi|\gamma/\beta|)$ konvergieren und bei denen weitere homokline Orbits des Sattelfokus $\bar{\boldsymbol{x}}$ auftreten (GASPARD, 1983, 1984). Jeder dieser Bifurkationswerte ist wieder der Akkumulationspunkt von Sattel–Knoten– und homoklinen Bifurkationen. Als Ergebnis letzterer Bifurkationen entstehen weitere homokline Orbits. Diese Aufzählung von Bifurkationsfolgen läßt sich endlos wiederholen. Sie deutet auf die äußerst komplizierte Bifurkationsstruktur in gestörten homoklinen Systemen hin. Numerische Untersuchungen lassen darüber hinaus vermuten, daß in der Nähe von c_∞ auch chaotische Attraktoren existieren (GASPARD und NICOLIS, 1983, ARNEODO et al., 1985).

Will man die obigen Überlegungen auf konkrete dreidimensionale Systeme übertragen, so besteht eine große Schwierigkeit im Nachweis des zum Fixpunkt $\bar{\boldsymbol{x}}$ gehörigen homoklinen Orbits. Für das Differentialgleichungssystem von RÖSSLER (1979) berechneten GASPARD und NICOLIS (1983) den homoklinen Orbit des Sattelfokus numerisch.

Falls der Fixpunkt, zu dem der homokline Orbit gehört, kein Sattelfokus ist, tritt i. allg. in der Nähe des homoklinen Orbits Chaos nur dann auf, wenn zusätzliche Voraussetzungen erfüllt werden. TRESSER (1984) diskutiert die auftretenden Fälle.

Die hier behandelten homoklinen Phänomene wurden zur Erklärung von experimentellen Ergebnissen in chemischen und elektrochemischen Systemen (ARGOUL et al., 1987, HERZEL et al., 1991b, ARGOUL et al., 1993, ARNEODO et al., 1993, KRISCHER et al., 1993) sowie bei Laser–Systemen (ARECCHI et al., 1988, DANGOISSE et al., 1988, LEFRANC et al., 1991, ROSELL et al., 1991, ARECCHI et al., 1993) und bei Glimmentladungen (BRAUN et al., 1992) herangezogen.

6.4 Kontrolliertes Chaos

In den vergangenen Kapiteln haben wir mehrfach betont, daß chaotisches Verhalten mit empfindlicher Abhängigkeit von den Anfangsbedingungen zusammenhängt. Ebenso können geringfügige Änderungen eines Parameters zu großen Veränderungen im System führen (vgl. Abschn. 5.4). Diese Tatsache ist in jüngster Zeit ausgenutzt worden, um ein chaotisches System durch kleine Parameteränderungen in einen gewünschten, wohldefinierten Bewegungszustand zu bringen und dort zu stabilisieren.

Die entscheidende Beobachtung ist dabei, daß ein chaotischer Attraktor typischerweise eine unendliche Anzahl instabiler periodischer Orbits enthält. Dazu gehören die im Verlaufe einer Periodenverdopplungs–Kaskade instabil gewordenen Orbits oder die bei Sattel–Knoten–Bifurkationen entstandenen periodischen Sättel. Da die Bewegung auf dem Attraktor ergodisch ist, kommt der Phasenpunkt bei der Bewegung auf dem Attraktor (nach genügend langer Zeit) jedem dieser Orbits beliebig nahe. Wenn es gelingt, die Bewegung auf einem solchen Orbit durch kleine Parameteränderungen zu stabilisieren, kann das System gewissermaßen aus dem Chaos herausgeführt und in einen stabilen periodischen Bewegungszustand versetzt werden.

Natürlich könnte man auch versuchen, durch eine Parameteränderung zu erreichen, daß die Bewegung in eines der unendlich vielen periodischen Fenster gerät (s. Abschn. 5.1.1) und auf diese Weise regelmäßig wird. Jedoch sind diese Fenster stets in einer bestimmten Reihenfolge angeordnet, so daß unter Umständen große Parameterkorrekturen erforderlich wären, um eine bestimmte gewünschte stabile periodische Bewegung zu erreichen. Darüber hinaus werden die Fenster mit zunehmender Periodenlänge extrem schmal, wodurch außergewöhnliche Anforderungen an die Exaktheit der Parametereinstellung zu stellen wären.

Ist jedoch das System in einem chaotischen Bewegungszustand, so existieren zu ein und demselben Parameterwert beliebig viele unterschiedliche — allerdings instabile — periodische Orbits, unter denen dann derjenige ausgewählt werden kann, der einen unter den entsprechenden Begingungen optimalen Bewegungsablauf gewährleistet.

6.4.1 Die Stabilisierung instabiler periodischer Orbits

Die Aufgabe besteht also darin, die Bewegung auf einem ursprünglich instabilen Orbit durch kleine gezielte Parameteränderungen zu stabilisieren (so etwa, wie man einen vertikal gerichteten Stab balanciert). Wir skizzieren das Vorgehen hier in Anlehnung an ROMEIRAS et al. (1992) am Beispiel eines zeitdiskreten Systems

$$\boldsymbol{x}_{t+1} = \boldsymbol{f}(\boldsymbol{x}_t, p), \quad t = 0, 1, 2, \ldots, \tag{6.33}$$

mit $\boldsymbol{x}_t \in \mathbb{R}^n$, dem Kontrollparameter $p \in \mathbb{R}$ und einem reellwertigen Funktionsvektor $\boldsymbol{f} \equiv (f_1, f_2, \ldots, f_n)$. Weiterhin beschränken wir uns der Einfachheit halber auf Bewegungen mit der Periode eins, d. h. auf Fixpunkte der Abbildung (6.33). (Umfangreiche Literaturhinweise sind im Übersichtsartikel von SHINBROT et al., 1993, enthalten.)

Sei $\overline{\boldsymbol{x}} = \boldsymbol{f}(\overline{\boldsymbol{x}}, p_0)$ ein instabiler Fixpunkt auf dem Attraktor. Für Werte von p in der Nähe von p_0 und $\boldsymbol{x}$ in einer kleinen Umgebung von $\overline{\boldsymbol{x}}$ kann die Abbildung (6.33) durch die linearisierte Abbildung

$$\boldsymbol{x}_{t+1} - \overline{\boldsymbol{x}}(p_0) = \mathbf{A}[\boldsymbol{x}_t - \overline{\boldsymbol{x}}(p_0)] + \boldsymbol{B}(p - p_0) \tag{6.34}$$

ersetzt werden, wobei

$$\mathbf{A} = \mathrm{D}_{\boldsymbol{x}} \boldsymbol{f}(\boldsymbol{x}, p)$$

die $n \times n$ Funktionalmatrix und

$$\boldsymbol{B} = \mathrm{D}_p \boldsymbol{f}(\boldsymbol{x}, p)$$

ein $n \times 1$ Spaltenvektor ist. Die partiellen Ableitungen sind an der Stelle $\boldsymbol{x} = \overline{\boldsymbol{x}}(p_0), p = p_0$ zu bilden.

Wir nehmen nun an, daß p bei jeder Iteration geändert werden kann, schreiben also p_t anstelle von p. Die p_t können dann als lineare Funktion der Variablen $\boldsymbol{x}_t$ geschrieben werden:

$$p_t - p_0 = -\boldsymbol{K}[\boldsymbol{x}_t - \overline{\boldsymbol{x}}]. \tag{6.35}$$

Hier ist $\boldsymbol{K}$ ein zunächst unbekannter konstanter $1 \times n$ Zeilenvektor. Einsetzen von (6.35) in (6.34) liefert

$$\boldsymbol{x}_{t+1} - \overline{\boldsymbol{x}}(p_0) = (\mathbf{A} - \boldsymbol{B}\boldsymbol{K})[\boldsymbol{x}_t - \overline{\boldsymbol{x}}(p_0)]. \tag{6.36}$$

Hieraus folgt sofort, daß der Fixpunkt stabil ist, wenn die Eigenwerte der Matrix $\mathbf{A} - \boldsymbol{BK}$ sämtlich dem Betrage nach kleiner als eins sind.

Eine Matrix $\boldsymbol{K}$ zu finden, so daß $\mathbf{A} - \boldsymbol{BK}$ bestimmte vorgegebene Eigenwerte $\{\mu_1, \ldots, \mu_n\}$ hat, stellt ein Standardproblem der Regelungstechnik dar (s. z. B. OGATA, 1990). Danach existiert eine eindeutige Lösung, wenn die $n \times n$ Matrix

$$\mathbf{C} = (\boldsymbol{B}|\mathbf{A}\boldsymbol{B}|\mathbf{A}^2\boldsymbol{B}|\ldots|\mathbf{A}^{n-1}\boldsymbol{B})$$

vom Range n ist. $\boldsymbol{K}$ ergibt sich dann zu

$$\boldsymbol{K} = (\alpha_n - a_n, \ldots, \alpha_1 - a_1)\mathbf{T}^{-1}$$

mit $\mathbf{T} = \mathbf{CW}$ und

$$\mathbf{W} = \begin{pmatrix} a_{n-1} & a_{n-2} & \ldots & a_1 & 1 \\ a_{n-2} & a_{n-3} & \ldots & 1 & 0 \\ \vdots & \vdots & & \vdots & \vdots \\ a_1 & 1 & \ldots & 0 & 0 \\ 1 & 0 & \ldots & 0 & 0 \end{pmatrix} .$$

Dabei sind die $\{a_1, \ldots, a_n\}$ die Koeffizienten des charakteristischen Polynoms von $\mathbf{A}$

$$\det(s\mathbf{I} - \mathbf{A}) = s^n + a_1 s^{n-1} + \ldots + a_n ,$$

und die $\{\alpha_1, \ldots, \alpha_n\}$ sind die Koeffizienten des gesuchten charakteristischen Polynoms von $\mathbf{A} - \boldsymbol{BK}$

$$\prod_{j=1}^{n}(s - \mu_j) = s^n + \alpha_1 s^{n-1} + \ldots + \alpha_n .$$

Für den speziellen, aber häufig diskutierten Fall zweidimensionaler Abbildungen (z. B. Hénon–Abbildung, Standardabbildung oder stroboskopische Darstellungen von zeitkontinuierlichen Systemen) gibt es eine besonders elegante Lösung, die darin besteht, daß der Parameter p auf die Weise geändert wird, daß $\boldsymbol{x}_{t+1}$ gerade auf die stabile Mannigfaltigkeit des instabilen Fixpunktes $\overline{\boldsymbol{x}}$ fällt (s. Abb. 6.14). Das bedeutet eine Wahl von $\boldsymbol{K}$ so, daß einer der beiden Eigenwerte von $\mathbf{A} - \boldsymbol{BK}$ gleich null ist, während der andere gerade der stabile Eigenwert von $\mathbf{A}$ ist. Nach diesem Schritt kann man wieder zu dem ursprünglichen Wert p_0 zurückkehren, und der Orbit bewegt sich entlang der stabilen Mannigfaltigkeit auf den Fixpunkt $\overline{\boldsymbol{x}}$ zu.

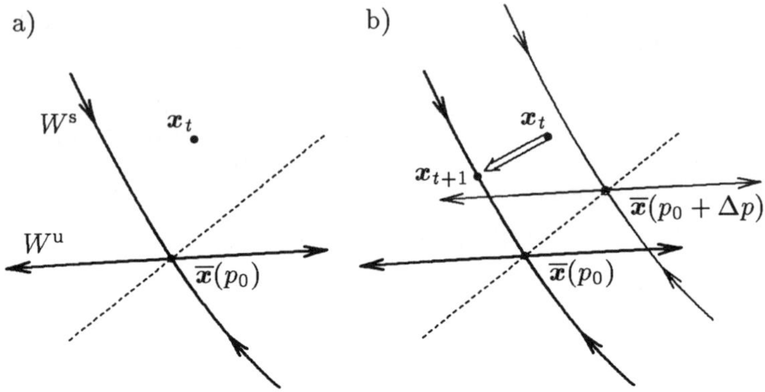

Abb. 6.14: a) Fixpunkt $\overline{x}(p_0)$ mit stabilen und instabilen Mannigfaltigkeiten W^s und W^u. b) Verschiebung der Konfiguration von a) entlang der gestrichelten Linie bei Änderung des Parameters p_0 um Δp.

6.4.2 Die Synchronisation zweier chaotischer Trajektorien

Die Methode zur Stabilisierung instabiler periodischer Orbits kann in der Richtung verallgemeinert werden, daß eine chaotische Trajektorie eines gegebenen Systems (I) stets in der Nähe einer chaotischen Trajektorie eines zweiten Systems (II) bleibt. Von chaotischen Systemen wissen wir, daß Trajektorien, die von benachbarten Punkten des Phasenraums starten, exponentiell schnell auseinanderlaufen. Man kann nun versuchen, diese lokale Instabilität durch ständige gezielte kleine Parameteränderungen eines der beiden Systeme zu kompensieren und somit eine Synchronisation zu erzielen. Voraussetzung dafür ist, daß die Zustandsvariablen beider Systeme gemessen bzw. berechnet werden können und daß außerdem der Kontrollparameter eines der beiden Systeme extern geändert werden kann (LAI und GREBOGI, 1993).

Nehmen wir der Einfachheit halber an, die beiden Systeme seien durch zweidimensionale Abbildungen

$$\begin{aligned} \boldsymbol{x}_{t+1} &= \boldsymbol{f}(\boldsymbol{x}_t, p_0) \qquad \text{(I)}, \\ \boldsymbol{y}_{t+1} &= \boldsymbol{f}(\boldsymbol{y}_t, p) \qquad \text{(II)} \end{aligned} \tag{6.37}$$

beschrieben mit $\boldsymbol{x}_t, \boldsymbol{y}_t \in \mathbb{R}^2$. Der Funktionsvektor $\boldsymbol{f} \equiv (f_1, f_2)$ sei für beide Systeme der gleiche. Der Kontrollparameter möge für das

System (I) den festen Wert p_0 haben, während der entsprechende Parameter p des Systems (II) von außen geändert werden kann.

Nehmen wir weiterhin an, die beiden Trajektorien seien zu einem bestimmten Zeitpunkt $t = t_c$ benachbart. Die Aufgabe besteht dann darin, den Parameter p so zu variieren, daß die Systeme für $t > t_c$ synchron laufen, d. h., daß $\|\boldsymbol{y}_t - \boldsymbol{x}_t\| \to 0$ für $t > t_c$. Unter der Voraussetzung, daß die erforderlichen Parameterkorrekturen klein sind, kann man genau wie im Falle der periodischen Orbits in der Nähe der „Zieltrajektorie" $\boldsymbol{x}_t$ linearisieren:

$$\boldsymbol{y}_{t+1} - \boldsymbol{x}_{t+1}(p_0) = \mathbf{A}[\boldsymbol{y}_t - \boldsymbol{x}_t(p_0)] + \boldsymbol{B}(\Delta p)_t \tag{6.38}$$

mit $(\Delta p)_t = p_t - p_0$. In Analogie zum periodischen Fall ist

$$\mathbf{A} = \mathrm{D}_{\boldsymbol{y}} \boldsymbol{f}(\boldsymbol{y}, p)$$

die 2×2 Funktionalmatrix und

$$\boldsymbol{B} = \mathrm{D}_p \boldsymbol{f}(\boldsymbol{y}, p)$$

ein 2×1 Spaltenvektor, wobei die partiellen Ableitungen an der Stelle $\boldsymbol{y} = \boldsymbol{x}$, $p = p_0$ zu bilden sind.

Eine wichtige Eigenschaft chaotischer Trajektorien ist die Existenz stabiler und instabiler Richtungen an fast jedem Punkt der Trajektorie (s. Abschn. 6.1). Seien $\boldsymbol{v}_t^{\mathrm{s}}$ und $\boldsymbol{v}_t^{\mathrm{u}}$ die stabilen und instabilen Eigenvektoren bei $\boldsymbol{y}_t$ sowie $\boldsymbol{w}_t^{\mathrm{s}}$ und $\boldsymbol{w}_t^{\mathrm{u}}$ die entsprechenden kontravarianten Basisvektoren mit

$$\boldsymbol{w}_t^{\mathrm{u}} \cdot \boldsymbol{v}_t^{\mathrm{u}} = \boldsymbol{w}_t^{\mathrm{s}} \cdot \boldsymbol{v}_t^{\mathrm{s}} = 1$$

sowie

$$\boldsymbol{w}_t^{\mathrm{u}} \cdot \boldsymbol{v}_t^{\mathrm{s}} = \boldsymbol{w}_t^{\mathrm{s}} \cdot \boldsymbol{v}_t^{\mathrm{u}} = 0.$$

Um die Trajektorie $\boldsymbol{y}_t$ in der Nähe von $\boldsymbol{x}_t$ zu stabilisieren, ist es erforderlich, daß die nächste Iterierte $\boldsymbol{y}_{t+1}$ auf die stabile Richtung an der Stelle $\boldsymbol{x}_{t+1}(p_0)$ fällt. Es muß also gelten

$$[\boldsymbol{y}_{t+1} - \boldsymbol{x}_{t+1}(p_0)]\boldsymbol{w}_{t+1}^{\mathrm{u}} = 0. \tag{6.39}$$

Einsetzen von (6.38) in (6.39) liefert die zur Synchronisation der chaotischen Orbits der Systeme (I) und (II) notwendigen Parameterkorrekturen

$$(\Delta p)_t = \frac{\mathbf{A}[\boldsymbol{y}_t - \boldsymbol{x}_t(p_0)]\boldsymbol{w}_{t+1}^{\mathrm{u}}}{-\boldsymbol{B}\boldsymbol{w}_{t+1}^{\mathrm{u}}}. \tag{6.40}$$

Ein Verfahren zur Bestimmung von $\boldsymbol{w}_t^{\mathrm{u}}$ aus der Funktionalmatrix $\mathbf{A}$ wird von LAI et al. (1993) angegeben.

6.4.3 Die Ansteuerung eines vorgegebenen Zielgebietes im Phasenraum

Die Voraussetzung dafür, daß man mit den linearen Beziehungen (6.34) und (6.35) bzw. (6.38) arbeiten kann, besteht darin, daß die Phasenbahn in die unmittelbare Nähe des zu stabilisierenden Orbits gelangt. Bei chaotischen Systemen ist das irgendwann immer der Fall. Allerdings kann es unter Umständen sehr lange dauern, bis das System „von allein" in die Nähe der gewünschten Bahn kommt. Diesen Prozeß kann man durch gezielte kleine Parameteränderungen wesentlich beschleunigen. Aus Platzgründen wollen wir das Verfahren hier nur kurz am Beispiel einer eindimensionalen Abbildung $x_{t+1} = f(x_t, p)$ skizzieren (SHINBROT et al., 1992; eine Verallgemeinerung auf höherdimensionale Systeme geben KOSTELICH et al., 1993).

Nehmen wir an, daß der Kontrollparameter p innerhalb eines Intervalls $(p_0 - \Delta p, p_0 + \Delta p)$ um den Nominalwert p_0 variiert werden kann. Der Ausgangszustand sei $x_0 = x(0)$, und es soll ein vorgegebener Wert x_t in möglichst wenigen Schritten erreicht werden. Offensichtlich ist die durch eine Änderung δp des Kontrollparameters nach einem Iterationsschritt hervorgerufene Änderung von x gegeben durch

$$\delta x_1 = \left.\frac{\partial f}{\partial p}\right|_{x_0, p_0} \delta p.$$

Die Bedingung $|\delta p| \leq \Delta p$ liefert ein Intervall im Ortsraum, welches bei sukzessiver Iteration i. allg. größer wird (bei positivem Ljapunov–Exponenten λ), so daß der gewünschte Wert x_t nach einigen Iterationsschritten innerhalb des erreichbaren Intervalls liegt. Wegen des für chaotische Systeme gegebenen exponentiellen Auseinanderlaufens benachbarter Phasenbahnen ist die Zahl der erforderlichen Iterationen

$$t \approx \frac{1}{\lambda} \ln(1/\Delta p).$$

Zur genauen Bestimmung des Parameterwertes, der das System in die unmittelbare Umgebung von x_t führt, braucht man nur den Parameterbereich $p_0 \pm \Delta p$ zu halbieren und jene Hälfte zu nehmen, die bei Iteration das Teilintervall von Δx liefert, welches den Punkt x_t enthält. Durch mehrfache Wiederholung dieses Prozesses kann man den Wert von p finden, der das System in eine beliebig kleine Umgebung von x_t führt.

Kapitel 7

Schlußbemerkungen

Chaotische Bewegungsformen haben sich in den letzten Jahren als ein durchaus typisches Phänomen in nichtlinearen dynamischen Systemen herausgestellt. Die damit verbundene neue Denkweise bezüglich der Interpretation von irregulären Bewegungen hat sich besonders unter Physikern durchgesetzt und auch in vielen anderen Wissenschaftszweigen Fuß gefaßt. Die erstaunlichen Fortschritte auf diesem Gebiet sind zu einem beträchtlichen Teil durch die rasante Entwicklung der modernen Rechentechnik ermöglicht worden. Es ist sicher kein Zufall, daß LORENZ den nach ihm benannten Attraktor gerade auf numerischem Wege fand oder daß auf die komplizierte Struktur des Hénon–Attraktors und vieler anderer Attraktoren durch eindrucksvolle numerische Simulationen aufmerksam gemacht wurde. Gegenwärtig sehen wir uns einer Fülle numerisch erhaltener Ergebnisse und durch die Numerik motivierter heuristischer Argumentationen gegenüber, deren Interpretation jedoch wegen der an verschiedenen Stellen dieses Buches angedeuteten Probleme nur mit gewissen Vorbehalten vorgenommen werden kann. Nach wie vor besteht ein großer Nachholebedarf an mathematisch gesicherten Aussagen. Mit den noch vor wenigen Jahren ungeahnten und sich ständig weiterentwickelnden Möglichkeiten der numerischen Simulation droht diese Lücke zwischen Theorie und Experiment sogar immer größer zu werden.

Die schon bei eindimensionalen Differenzengleichungen auftretenden mathematischen Probleme lassen ahnen, wie schwierig es sein wird, für praktisch relevante höherdimensionale Probleme umfassende, mathematisch gesicherte Aussagen zu machen.

Dem aufmerksamen, kritischen Leser dieses Buches werden viele der noch offenen Probleme bei der Beschreibung irregulärer Bewegungen aufgefallen sein. So ist z. B. der Weg zu einer analytischen Beschreibung der natürlichen Maße auf fraktalen Attraktoren vermutlich noch sehr lang. Im Kap. 6 wurde der Zusammenhang zwischen der Existenz homokliner Orbits und komplizierten Bewegungen herausgestellt. Aber unter welchen Bedingungen treten permanent chaotische Bewegungen auf? Viele interessante exakte Aussagen gelten für Bewegungen auf hyperbolischen Mengen. Aber wann ist die Bewegung auf den häufig interessierenden nichthyperbolischen Attraktoren chaotisch? Wie verhalten sich gekoppelte chaotische Systeme? ... Wir sind offenbar noch weit entfernt von einer umfassenden Theorie dynamischer Systeme.

Andererseits sind es die bei chaotischen Systemen immer wieder beobachtete Eigenschaft der Selbstähnlichkeit und das Auftreten universeller Konstanten und Exponenten, welche die Anwendung von Renormierunsgruppentechniken geradezu herausfordern. Die sich damit ergebenden Möglichkeiten der unmittelbaren Nutzung bzw. Weiterentwicklung des entsprechenden, in der Quantenfeldtheorie und der Physik der Phasenübergänge entwikkelten, mathematischen Apparates lassen auf weitere Fortschritte bei der theoretischen Durchdringung der chaotischen Phänomene hoffen.

Auch in anderen Bereichen hat die Theorie in den letzten Jahren bemerkenswerte Fortschritte gemacht. Erinnert sei an die Gl. (3.86), die den Zusammenhang zwischen den drei charakteristischen Größen Hausdorff–Dimension, Kolmogorov–Sinaj–Entropie und Ljapunov–Exponenten klärt. Algorithmen zur Bestimmung dieser aussagekräftigen Größen im Experiment wurden entwickelt und viele praktische Erfahrungen bei ihrer Anwendung auf die verschiedensten Zeitreihen aus Natur und Technik gesammelt. Dabei sollte jedoch nicht übersehen werden, daß die Bestimmung einer niedrigen Attraktordimension im Experiment zwar die prinzipielle Möglichkeit einer Modellierung durch ein adäquates niedrigdimensionales deterministisches System anzeigt, daß aber solch eine Modellierung in einer konkreten Situation meist sehr kompliziert ist und selbstverständlich noch zusätzlicher spezifischer Überlegungen bedarf.

Von großer Bedeutung nicht nur für praktische Belange ist der Einfluß von stochastischen Störungen auf ursprünglich deterministische Systeme. Die in diesem Buch vorgestellten charakteristischen Größen verlieren dann ihren Sinn und müssen geeignet modifiziert oder durch gänzlich neue Charakteristika ersetzt werden. Wegen des bescheidenen Umfangs des Buches konnten wir auf diesbezügliche aktuelle Forschungsergebnisse nur am Rande eingehen. Aus gleichem Grunde konnten Probleme des sogenannten Quantenchaos wie auch chaotischer Bewegungen in konservativen Systemen nicht berücksichtigt werden, wenngleich es gerade im letzteren Fall schon seit den Arbeiten von POINCARÉ und BIRKHOFF und insbesondere seit den 50er Jahren im Zusammenhang mit dem KAM–Theorem bemerkenswerte exakte Resultate gibt. Auch die sehr interessante Frage, inwiefern die in diesem Buch dargelegten Vorstellungen zur chaotischen Dynamik z. B. bei der „voll entwickelten" Turbulenz noch relevant sind, konnten wir leider nicht im einzelnen diskutieren, obwohl auch auf diesem Gebiet in den letzten Jahren weitere interessante Experimente und numerische Untersuchungen durchgeführt worden sind. Dennoch hoffen wir, dem Leser einen Einblick in die Welt chaotischer Bewegungen gegeben und das Interesse an weiterführenden Studien geweckt zu haben.

Literaturverzeichnis

ABRAHAM, N. B., 1984, Testing nonlinear dynamics, Meeting Report, Physica **D 11**, 252.

ACZÉL, J., und Z. DARÓCZY, 1975, On measures of information and their characterizations, Mathematics in Science and Engeneering, vol. 115, Academic Press, New York.

ALBRECHT, B., H. DEUTSCH, R. W. LEVEN und C. WILKE, 1993, Three–frequency quasiperiodicity and chaos in a neon glow discharge, Physica Scripta **47**, 196.

ANOSOV, D. V., 1967, Geodätische Flüsse und abgeschlossene Mannigfaltigkeiten mit negativer Krümmung (in russ.), Tr. Mat. In–ta im. Steklova **90**.

ARECCHI, F. T., und F. LISI, 1982, Hopping mechanism generating 1/f noise in nonlinear systems, Phys. Rev. Lett. **49**, 94.

ARECCHI, F. T., W. GADOMSKI, A. LAPUCCI, H. MANCINI, R. MEUCCI und J. A. ROVERSI, 1988, Laser with feedback: an optical implementation of competing instabilities, Shilnikov chaos, and transient fluctuation enhancement, J. Opt. Soc. Am. **B 5**, 1153.

ARECCHI, F. T., A. LAPUCCI und R. MEUCCI, 1993, Poincaré versus Boltzmann in Šilnikov phenomena, Physica **D 62**, 186.

ARGOUL, F., A. ARNEODO und P. RICHETTI, 1987, Experimental evidence for homoclinic chaos in the Belousov–Zhabotinskii reaction, Phys. Lett. **A 120**, 269.

ARGOUL, F., J. HUTH, P. MERZEAU, A. ARNEODO und H. L. SWINNEY, 1993, Experimental evidence for homoclinic chaos in an electrochemical growth process, Physica **D 62**, 170.

ARNEODO, A., P. H. COULLET and E. A. SPIEGEL, 1983, Cascade of period doublings of tori, Phys. Lett. **A 94**, 1.

ARNEODO, A., P. H. COULLET, E. A. SPIEGEL und C. TRESSER, 1985, Asymptotic chaos, Physica **D 14**, 327.

ARNEODO A., F. ARGOUL, J. ELEZGARAY und P. RICHETTI, 1993, Homoclinic chaos in chemical systems, Physica **D 62**, 134.

ARNOL'D, V. I., 1964, Instabilität dynamischer Systeme mit mehreren Freiheitsgraden (in russ.), Dokl. Akad. Nauk SSSR **156**, 9.

ARNOL'D, V. I., 1965, Small denominators. I: Mappings of the circumference onto itself, AMS Transl. Ser. **2**, 46, 213.

ARNOL'D, V. I., 1979, Gewöhnliche Differentialgleichungen, Deutscher Verlag der Wissenschaften, Berlin.

ARNOL'D, V. I., und A. AVEZ, 1968, Ergodic problems of classical mechanics, Benjamin, New York.

BADII, R., und A. POLITI, 1984a, Hausdorff dimension and uniformity factor of strange attractors, Phys. Rev. Lett. **52**, 1661.

BADII, R., und A. POLITI, 1984b, Relation between fractal dimension and convergence exponents, Phys. Lett. **A 101**, 182.

BADII, R., und A. POLITI, 1984c, Intrinsic oscillations in measuring the fractal dimension, Phys. Lett. **A 104**, 303.

BADII, R., und A. POLITI, 1985, Statistical description of chaotic attractors: the dimension function, J. Stat. Phys. **40**, 725.

BALATONI, J., und A. RÉNYI, 1956, Publ. Math. Inst. Hung. Acad. Sci. **1**, 9 (in ung.) (engl. Übers.: Selected papers of A. RÉNYI, Bd. 1, Académiai Kiadó, Budapest, 1976, p. 558).

BANDT, Ch., und B. POMPE, 1993a, The entropy profile — a function describing statistical dependences, J. Stat. Phys. **70**, 967.

BANDT, Ch., und B. POMPE, 1993b, Entropy profiles of speech signals, Phys. Lett. **A 175**, 305.

BECK, C., und F. SCHLÖGL, 1993, Thermodynamics of chaotic systems: an introduction, University Press, Cambridge.

BELLACH, J., P. FRANKEN, E. WARMUTH und W. WARMUTH, 1978, Maß, Integral und bedingter Erwartungswert, Akademie-Verlag, Berlin.

BENEDICKS, M., und L. CARLESON, 1985, On iterations of 1-ax^2 on (-1,1), Ann. Math. **122**, 1.

BENEDICKS, M., und L. CARLESON, 1991, The dynamics of the Hénon map, Ann. Math. **133**, 73.

BENETTIN, G., L. GALGANI, A. GIORGILLI und J.-M. STRELCYN, 1980, Lyapunov characteristic exponents for smooth dynamical systems and for Hamiltonian systems; a method for computing all of them, Part 1: Theory, Part 2: Numerical application, Meccanica **15**, 9, 21.

BERGÉ, P., M. DUBOIS, P. MANNEVILLE und Y. POMEAU, 1980, Intermittency in Rayleigh-Bénard convection, J. Phys. Lett. **41**, L341.

BERGER, T., 1971, Rate distortion theory: a mathematical basis for data compression, Prentice-Hall, Englewood Cliffs.

BERTOZZI, A. L., 1988, Heteroclinic orbits and chaotic dynamics in planar fluid flows, SIAM J. Math. Anal. **19**, 1271.

BILLINGSLEY, P., 1965, Ergodic theory and information, Wiley, New York.

BINGHAM, St., und M. KOT, 1989, Multidimensional trees, range searching, and a correlation dimension algorithm of reduced complexity, Phys. Lett **140A**, 327.

BIRKHOFF, G.D., 1932, Sur l'existence de régions d'instabilité en dynamique, Ann. Inst. H. Poincaré **2**, 369.

BIRKHOFF, G.D., 1935, Sur le problème restreint des trois corps, Ann. Scuola Norm. Sup. Pisa **(2) 4**, 267.

BIRNIR, B., 1986, Chaotic pertubations of KdV. I. Rational solutions, Physica **D 19**, 238.

BOHR, T., P. BAK und M. H. JENSEN, 1984, Transition to chaos by interaction of resonances in dissipative systems. II. Josephson junctions, charge–density waves, and standard maps, Phys. Rev. A30, 1970.

BOHR, T., und G. GUNARATNE, 1985, Scaling for supercritical circle–maps: numerical investigation of the onset of bistability and period doubling. Phys. Lett. **A 113**, 55.

BOHR, T., und D. RAND, 1987, The entropy function for characteristic exponents, Physica **D 25**, 387.

BOSECK, H., 1981, Einführung in die Theorie der linearen Vektorräume (4. Auflage), Deutscher Verlag der Wissenschaften, Berlin.

BOWEN, R., 1970, Markov partitions for axiom A diffeomorphisms, Amer. J. Math. **92**, 725.

BOWEN, R., 1975, Equilibrium states and the ergodic theory of Anosov diffeomorphisms, Springer–Verlag, Berlin.

BOWEN, R., 1978, On axiom A diffeomorphisms, CBMS Regional Conference Series in Mathematics, Vol. 35, A.M.S. Publications, Providence.

BRANDSTÄTER, A., J. SWIFT, H. L. SWINNEY, A. WOLF, J. D. FARMER, E. JEN und P. J. CRUTCHFIELD, 1983, Low–dimensional chaos in a hydrodynamic system, Phys. Rev. Lett. **51**, 1442.

BRAUN, T., J. A. LISBOA und J. A. C. GALLAS, 1992, Evidence of homoclinic chaos in the plasma of a glow discharge, Phys. Rev. Lett. **68**, 2770.

BROLIN, H., 1965, Invariant sets under iteration of rational functions, Ark. Mat. **6**, 103.

BRUHN, B., und R. W. LEVEN, 1985, Existence of periodic and homoclinic trajectories for weakly coupled systems of nonlinear ordinary differential equations, Physica Scripta **32**, 486.

BRUHN, B., 1987, Chaos and order in weakly coupled systems of nonlinear oscillators, Physica Scripta **35**, 7.

BRUHN, B., und B. P. KOCH, 1993, Chaotic scattering in classical triatomic molecular dynamics, Int. J. Bifurcation and Chaos **3**, 999.

BRUN, E., B. DERIGHETTI, R. HOLZNER und M. RAVINI, 1984, Order and chaos in the nonlinear response of driven nuclear spin systems, Acta Phys. Austr. **56**, 85.

BRYANT, R., und C. JEFFRIES, 1987, The dynamics of phase locking and points of resonance in a forced magnetic oscillator, Physica **D 25**, 196.

CAMPBELL, L. L., 1965, A coding theorem and Rényi's entropy, Information and Control **8**, 423.

CAMPBELL, L. L., 1966, Definition of entropy by means of a coding problem, Z. Wahrscheinlichkeitstheorie verw. Geb. **6**, 113.

CHATFIELD, C., 1982, Analyse von Zeitreihen — Eine Einführung, BSB B. G. Teubner Verlagsgesellschaft, Leipzig.

CHEUNG, P. Y., S. DONOVAN und A. Y. WONG, 1988, Observation of intermittent chaos in plasmas, Phys. Rev. Lett. **61**, 1360

CHILLINGWORTH, D. R. J., 1976, Differential topology with a view to applications, Pitman, London.

CHIRIKOV, B. V., 1979, A universal instability of many oscillator systems, Phys. Rep. **52**, 265.

CHOW, S. N., J. K. HALE und J. MALLET–PARET, 1980, An example of bifurcation to homoclinic orbits. J. Diff. Eqns. **37**, 351.

COLLET, P., und J.–P. ECKMANN, 1980, Iterated maps on the interval as dynamical systems, Birkhäuser, Boston, Basel, Stuttgart.

COLLET, P., J.–P. ECKMANN und O. E. LANFORD, 1980, Universal properties of maps of an interval, Commun. Math. Phys. **76**, 211.

COLLET, P., J.–P. ECKMANN und H. KOCH, 1981, Period doubling bifurcations for families of maps on $\mathbb{R}^n$, J. Stat. Phys. **25**, 1.

COSNARD, M., und J. DEMONGEOT, 1985, On the definition of attractors, in: Lect. Notes Math. **1163**, Springer–Verlag, Berlin, S. 23.

CRONJÄGER, R., 1978, Die Entstehung des primären Stimmklangs im menschlichen Kehlkopf, Dissertation, Braunschweig.

CRUTCHFIELD, J. P., J. D. FARMER und B. A. HUBERMANN, 1982, Fluctuations and simple chaotic dynamics, Phys. Rep. **92**, 45.

CUMMING, A., und P. S. LINSAY, 1988, Quasiperiodicity and chaos in a system with three competing frequencies, Phys. Rev. Lett. **60**, 2719.

CVITANOVIĆ, P., 1984, Universality in Chaos, Adam Hilger Ltd., Bristol.

DAMES, R., 1993, Ljapunov–Exponenten von Sprachsignalen, Diplomarbeit, Greifswald.

DANGOISSE, D., A. BEKKALI, F. PAPOFF und P. GLORIEUX, 1988, Shilnikov dynamics in a passive Q–switching laser, Europhys. Lett. **6**, 335.

DE MELO, W., und S. VAN STRIEN, 1993, One–dimensional dynamics, Springer–Verlag, Berlin.

DENJOY, A., 1932, Sur les courbes définies par les équations différentielles à la surface du tore, J. Math. **11**, 333.

DERRIDA, B., A. GERVOIS und Y. POMEAU, 1979, Universal metric properties of bifurcations of endomorphisms, J. Phys. **A12**, 269.

DING, M., C. GREBOGI, C., E. OTT, T. SAUER und J. A. YORKE, 1993, Plateau onset for correlation dimension: when does it occur?, Phys. Rev. Lett. **70**, 3872.

DUBOIS, M., 1982, Experimental aspects of the transition to turbulence in Rayleigh–Bénard convection, Lect. Notes Phys. **164**, 177.

DUBOIS, M., P. BERGÉ und V. CROQUETTE, 1982, Study of non steady convective regimes using Poincaré sections, J. Phys. Lett. **43**, L295.

EBELING, W., und R. FEISTEL, 1982 und 1986, Physik der Selbstorganisation und Evolution, Akademie–Verlag, Berlin.

ECKMANN, J.–P., und D. RUELLE, 1985, Ergodic theory of chaos and strange attractors, Rev. Mod. Phys. **57**, 617.

ECKMANN, J.–P., S. O. KAMPHORST, D. RUELLE und S. CILIBERTO, 1986, Liapunov exponents from time series, Phys. Rev. **A34**, 4971.

FARMER, J. D., 1982, Information dimension and the probabilistic nature of chaos, Z. Naturforsch. **37a**, 1304.

FARMER, J. D., E. OTT und J. A. YORKE, 1983, The dimension of chaotic attractors, Physica **D 7**, 153.

FARMER, J. D., 1985, Sensitive dependence on parameters in nonlinear dynamics, Phys. Rev. Lett. **55**,351.

FARMER, J. D., und J. J. SIDOROVICH, 1991, Optimal shadowing and noise reduction, Physica **D 47**, 373.

FEIGENBAUM, M. J., 1978, Quantitative universality for a class of nonlinear transformations, J. Stat. Phys. **19**, 25.

FEIGENBAUM, M. J., 1979, The universal metric properties of nonlinear transformations, J. Stat. Phys. **21**, 669.

FEIGENBAUM, M. J., L. P. KADANOFF und S. J. SHENKER, 1982, Quasiperiodicity in dissipative systems: a renormalization group analysis, Physica **D 5**, 370.

FRANCESCHINI, V., und C. TEBALDI, 1979, Sequences of infinite bifurcations and turbulence in a five–mode truncation of the Navier–Stokes–equations, J. Stat. Phys. **21**, 707.

FRASER, A. M., und H. L. SWINNEY, 1986, Independent coordinates for strange attractors from mutual information, Phys. Rev. **A33**, 1134.

FREDERICKSON, P., J. L. KAPLAN, E. D. YORKE und J. A. YORKE, 1983, The Lyapunov dimension of strange attractors, J. Diff. Eqns. **49**, 185.

GASPARD, P., 1983, Generation of a countable set of homoclinic flows through bifurcations, Phys. Lett. **A 97**, 1.

GASPARD, P., 1984, Generation of a countable set of homoclinic flows through bifurcation in multidimensional systems, Bull. Acad. Roy. Belg. **LXX**, 61.

GASPARD, P., und G. NICOLIS, 1983, What can we learn from homoclinic chaotic dynamics?, J. Stat. Phys. **31**, 499.

GASPARD, P., R. KAPRAL und G. NICOLIS, 1984, Bifurcation phenomena near homoclinic systems: a two–parameter analysis, J. Stat. Phys. **35**, 697.

GAVRILOV, N. K., und L. P. ŠILNIKOV, 1972, Über dreidimensionale dynamische Systeme in der Nähe von Systemen mit strukturell instabilen homoklinen Kurven, I (in russ.), Matem. Sbornik **88**, 475.

GAVRILOV, N. K., und L. P. ŠILNIKOV, 1973, Über dreidimensionale dynamische Systeme in der Nähe von Systemen mit strukturell instabilen homoklinen Kurven, II (in russ.), Matem. Sbornik **90**, 139.

GEISEL, T., und J. NIERWETBERG, 1981, A universal fine structure of the chaotic region in period–doubling systems, Phys. Rev. Lett. **47**, 975.

GEIST, K., U. PARLITZ und W. LAUTERBORN, 1990, Comparison of different methods for computing Lyapunov exponents, Prog. Theor. Phys. **83**(5), 875.

GIGLIO, M., S. MUSAZZI und U. PERINI, 1981, Transition to chaotic behavior via a reproducible sequence of period–doubling bifurcations, Phys. Rev. Lett. **47**, 243.

GLAZIER, J. A., M. H. JENSEN, A. LIBCHABER und J. STAVANS, 1986, Structure of Arnold tongues and the $f(\alpha)$ spectrum for period doubling: experimental results, Phys. Rev. **A34**, 1621.

GLENDINNING, P., und C. SPARROW, 1984, Local and global behavior near homoclinic orbits, J. Stat. Phys. **35**, 645.

GOLDBERG, A. I., J. G. SINAI und K. M. KHANIN, 1983, Universal properties of sequences of period–triplings, Usp. Mat. Nauk **38**, 159.

GOLLUB, J. P., und S. V. BENSON, 1980, Many routes to turbulent convection, J. Fluid Mech. **100**, 449.

GONZALES, D. L., und O. PIRO, 1983, Chaos in nonlinear driven oscillator with exact solution, Phys. Rev. Lett. **50**, 870.

GORMAN, M., L. A. REITH und H. L. SWINNEY, 1980, Modulation patterns, multiple frequencies, and other phenomena in circular Couette flow, Ann. N. Y. Acad. Sci. **357**, 10.

GRASSBERGER, P., 1981, On the Hausdorff dimension of fractal attractors, J. Stat. Phys. **26**, 163.

GRASSBERGER, P., 1983, Generalized dimensions of strange attractors, Phys. Lett. **A 97**, 227.

GRASSBERGER, P., und I. PROCACCIA, 1983a, On the characterization of strange attractors, Phys. Rev. Lett. **50**, 346.

GRASSBERGER, P., und I. PROCACCIA, 1983b, Measuring the strangeness of strange attractors, Physica **D 9**, 189.

GRASSBERGER, P., und I. PROCACCIA, 1983c, Estimating the Kolmogorov entropy from a chaotic signal, Phys. Rev. **28A**, 2591.

GRASSBERGER, P., und I. PROCACCIA, 1984, Dimension and entropies of strange attractors from a fluctuating dynamics approach, Physica **D 13**, 34.

GRASSBERGER, P., 1985, Generalization of the Hausdorff dimension of fractal measures, Phys. Lett. **A 107**, 101.

GRASSBERGER, P., 1988, Finite sample corrections to entropy and dimension estimates, Phys. Lett. **A 128**, 369.

GRASSBERGER, P., R. BADII und A. POLITI, 1988, Scaling laws for invariant measures on hyperbolic and nonhyperbolic attractors, J. Stat. Phys. **51**, 135.

GRASSBERGER, P., 1990, An optimized box–assisted algorithm for fractal dimensions, Phys. Lett. **A 148**, 63.

GRASSBERGER, P., Th. SCHREIBER und C. SCHAFFRATH, 1991, Nonlinear time sequence analysis, Int. J. Bifurcation and Chaos **1**, 521.

GREBOGI, C., E. OTT und J. A. YORKE, 1983a, Crises, sudden changes in chaotic attractors, and transient chaos, Physica **D 7**, 181.

GREBOGI, C., E. OTT und J. A. YORKE, 1983b, Are three frequency quasiperiodic orbits to be expected in typical dynamical systems?, Phys. Rev. Lett. **51**, 339.

GREBOGI, C., S. W. MCDONALD, E. OTT und J. A., YORKE, 1983c, Final state sensitivity: an obstruction to predictibility, Phys. Lett. **A 99**, 415.

GREBOGI, C., E. OTT und J. A. YORKE, 1986, Critical exponent of chaotic transients in nonlinear dynamical systems, Phys. Rev. Lett. **57**, 1284.

GREBOGI, C., E. OTT und J. A. YORKE, 1987a, Unstable periodic orbits and the dimension of chaotic attractors, Phys. Rev. **A36**, 3522.

GREBOGI, C., E. OTT, F. ROMEIRAS und J. A. YORKE, 1987b, Critical exponent for crisis induced intermittency, Phys. Rev. **A36**, 5365.

GREBOGI, C., E. OTT und J. A. YORKE, 1988, Unstable periodic orbits and the dimension of multifractal chaotic attractors, Phys. Rev. **A37**, 1711.

GREBOGI, C., S. M. HAMMEL, J. A. YORKE und T. SAUER, 1990, Shadowing of physical trajectories in chaotic dynamics: containment and refinement, Phys. Rev. Lett. **65**, 1528.

GREENE, J. M., 1979, A method for determining a stochastic transition, J. Math. Phys. **20**, 1183.

GREENSPAN, B. D., und P. J. HOLMES, 1983, Homoclinic orbits, subharmonics and global bifurcations in forced oscillations, in: Nonlinear dynamics and turbulence, G. BARENBLATT, G. IOOSS und D. D. JOSEPH (Hrsg.), Pitman, London.

GROSSMANN, S., und S. THOMAE, 1977, Invariant distributions and stationary correlation functions of one–dimensional discrete processes, Z. Naturforsch. **82a**, 1353.

GRUENDLER, J., 1985, The existence of homoclinic orbits and the method of Melnikov in $\mathbf{R}^n$, SIAM J. Math. Anal. **16**, 907.

GRUENDLER, J., 1992, Homoclinic solutions for autonomous dynamical systems in arbitrary dimension, SIAM J. Math. Anal. **23**, 702.

GUCKENHEIMER, J., und P. HOLMES, 1983, Nonlinear oscillations, dynamical systems, and bifurcations of vector fields, Springer–Verlag, New York.

GWINN, E. G., und R. M. WESTERVELT, 1986, Fractal basin boundaries and intermittency in the driven damped pendulum, Phys. Rev. **A33**, 4143.

HALE, J. K., 1983, Introduction to dynamic bifurcation, Lefschetz Center for Dynamical Systems, Report 83–16.

HALSEY, T. C., M. H. JENSEN, L. P. KADANOFF, I. PROCACCIA und B. I. SHRAIMAN, 1986, Fractal measures and their singularities: the characterization of strange sets, Phys. Rev. **A33**, 1141.

HAMMEL, S. M., J. A. YORKE und C. GREBOGI, 1987, Do numerical orbits of chaotic dynamical processes represent true orbits?, J. Compl. **3**, 136.

HAMMEL, S. M., J. A. YORKE und C. Grebogi, 1988, Numerical orbits of chaotic processes represent true orbits, Bull. Am. Math. Soc. **19**, 465.

HAMMEL, S. M., 1990, A noise reduction method for chaotic systems, Phys. Lett. **A 148**, 421.

HAO, B.–L., und S.–Y. ZHANG, 1982, Hierarchy of chaotic bands, J. Stat. Phys. **28**, 769.

HAO, B.–L., (Hrsg.), 1984, Chaos, 1990, Chaos II, World Scientific Publishing Co Pte Ltd., Singapore.

HAUCKE, H., und R. ECKE, 1987, Mode-locking and chaos in Rayleigh-Bénard convection, Physica **D 25**, 307.

HAUSDORFF, F., 1919, Dimension und äußeres Maß, Math. Ann. **79**, 157.

HÉNON, M., 1976, A two-dimensional mapping with a strange attractor, Commun. Math. Phys. **50**, 69.

HÉNON, M., 1982, On the numerical computation of Poincaré maps, Physica **D 5**, 412.

HENTSCHEL, H. G. E., und I. PROCACCIA, 1983, The infinite number of dimensions of probabilistic fractals and strange attractors, Physica **D 8**, 435.

HERMAN, M. R., 1979, Sur la conjugaisons differentiable des diffeomorphismes du cercle à des rotations, Publ. I. H. E. S. **49**, 5.

HERZEL, H., I. STEINECKE, W. MENDE und K. WERMKE, 1991a, Chaos and bifurcation during voiced speech, in: Complexity, Chaos and Biological Evolution, E. MASEKILDE (Hrsg.), Plenum Press, New York.

HERZEL, H., P. PLATH und P. SVENSSON, 1991b, Experimental evidence of homoclinic chaos and type-II intermittency during the oxidation of methanol, Physica **D 48**, 340.

HIRSCH, M. W., C. C. PUGH und M. SHUB, 1977, Invariant manifolds, Lect. Notes Math. **583**, Springer-Verlag, New York.

HIRSCH, J. E., B. A. HUBERMAN und D. J. SCALAPINO, 1982a, Theory of intermittency, Phys. Rev. **A25**, 519.

HIRSCH, J. E., M. NAUENBERG und D. J. SCALAPINO, 1982b, Intermittency in the presence of noise: a renormalization group formulation, Phys. Lett. **A 87**, 391.

HOLDEN, A. V., (Hrsg.), 1986, Chaos, University Press, Manchester.

HOLMES, P. J., und J. E. MARSDEN, 1981, A partial differential equation with infinitely many periodic orbits: chaotic oscillations of a forced beam, Arch. Ration. Mech. Anal. **76**, 135.

HOLMES, P. J., und J. E. MARSDEN, 1982a, Perturbations of n degree of freedom Hamiltonian systems with symmetry, J. Math. Phys. **23**, 669.

HOLMES, P.J., und J. E. MARSDEN, 1982b, Horseshoes in perturbations of Hamiltonians with two degrees of freedom, Commun. Math. Phys. **82**, 523.

HOPF, F. A., D. L. KAPLAN, H. M. GIBBS und R. L. SHOEMAKER, 1982, Bifurcations to chaos in optical bistability, Phys. Rev. **A25**, 2172.

HU, B., 1982, Introduction to real space renormalization group methods in critical and chaotic phenomena, Phys. Rep. **91**, 233.

HU, B., und J. RUDNICK, 1982, Exact solutions to the Feigenbaum renormalization group equations for intermittency, Phys. Rev. Lett. **48**, 1645.

HU, B., und I. I. SATIJA, 1983, A spectrum of universality classes in period doubling and period tripling, Phys. Lett. **A 98**, 143.

HU, G., und B.-L. HAO, 1983, A scaling relation for the Hausdorff dimension of the limiting sets in one-dimensional mappings, Commun. Theor. Phys. **2**, 1473.

HUBERMAN, B. A., und J. RUDNICK, 1980, Scaling behavior of chaotic flows, Phys. Rev. Lett. **45**, 154.

IKEZI, H., J. S. DE GRASSIE und T. H. JENSEN, 1983, Observation of multiple-valued attractors and crises in a driven nonlinear circuit, Phys. Rev. **A28**, 1207.

ISHIZAKA, K., und J. L. FLANAGAN, 1972, Synthesis of voiced sounds from a two-mass model of the vocal cords, The Bell System Technical Journal **51**, 1233.

JAKOBSON, M. K., 1981, Absolutely continuous invariant measure for one parameter families of one dimensional maps, Commun. Math. Phys. **81**, 39.

JEFFRIES, C., und J. PEREZ, 1982, Observation of a Pomeau–Manneville intermittent route to chaos in a nonlinear oscillator, Phys. Rev. **A26**, 2117.

JEFFRIES, C., und J. PEREZ, 1983, Direct observation of crises of the chaotic attractor in a nonlinear oscillator, Phys. Rev. **A27**, 601.

JENSEN, M. H., P. BAK und T. BOHR, 1984, Transition to chaos by interaction of resonances in dissipative systems. I. Circle maps, Phys. Rev. **A30**, 1960.

JULIA, G., 1918, Mémoire Sur l'Iteration des Fonctions Rationelles, J. Math. Pures et Appl. **4**, 47.

KAI, T., 1981, Universality of power spectra of a dynamical system with period–doubling sequence, Phys. Lett. **A 86**, 263.

KANEKO, K., 1983, Similaritiy structure and scaling property of the period-adding phenomena, Progr. Theor. Phys. **69**, 403.

KANEKO, K., 1983, Doubling of torus, Prog. Theor. Phys. **69**, 1806.

KANEKO, K., 1984, Supercritical behavior of disordered orbits, Prog. Theor. Phys. **72**, 1089.

KAPLAN, J. L., und J. A. YORKE, 1978, Chaotic behavior of multidimensional difference equations, in: Lect. Notes in Math. **730**, H. O. PEITGEN und H. O. WALTER (Hrsg.), Springer–Verlag, Berlin, S. 228.

KAPLAN, J. L., und J. A. YORKE, 1979, Preturbulence: a regime observed in a fluid flow model of Lorenz, Commun. Math. Phys. **67**, 93.

KAR, B. K., und D. K. PRADHAN, 1993, A new algorithm for order statistic and sorting, IEEE Trans. Signal Processing **41**, 2688.

KATSURA, S., und W. FUKUDA, 1985, Exactly solveable models showing chaotic behavior, Physica **130A**, 597.

KEENER, J. P., 1982, Chaotic behavior in slowly varying systems of nonlinear differential equations, Stud. Appl. Math. **67**, 25.

KNESCHKE, A., 1965, Differentialgleichungen und Randwertprobleme, Band 1: Gewöhnliche Differentialgleichungen, B.G. Teubner Verlagsgesellschaft, Leipzig.

KOCH, B. P., 1986, Horseshoes in superfluid ^{3}He. Phys. Lett. **A 117**, 302.

KOCH, B. P., und R. W. LEVEN, 1985, Subharmonic and homoclinic bifurcations in a parametrically forced pendulum, Physica **D 16**, 1.

KOCH, B. P., und B. Bruhn, 1993, Phase space structure and chaotic scattering in near–integrable systems, Chaos **3**, 443.

KOLMOGOROV, A. N., 1958, Eine neue metrische Invariante transitiver dynamischer Systeme und Automorphismen von Lebesgue–Räumen (in russ.), Dokl. Akad. Nauk SSSR **119**, 861.

KOLMOGOROV, A. N., 1959, Über die Entropie zur Zeit eins als metrische Invariante von Automorphismen (in russ.), Dokl. Akad. Nauk SSSR **124**, 754.

KOSTELICH, E. J., C. GREBOGI, E. OTT und J. A. YORKE, 1993, Higher–dimensional targeting, Phys. Rev. **E 47**, 305

KOSTELICH, E. J., und T. SCHREIBER, 1993, Noise reduction in chaotic time–series data: A survey of common methods, Phys. Rev. **E 48**, 1752.

KRISCHER, K., M. LÜBKE, M. EISWIRTH, W. WOLF, J. L. HUDSON und G. ERTL, 1993, A hierarchy of transitions to mixed mode oscillations in an electrochemical system, Physica **D 62**, 123.

KRUSCHA, J., und B. POMPE, 1988, Information flow in 1D–maps, Z. Naturforsch. **43a**, 93.

LAI, Y. C., C. GREBOGI und J.A. YORKE, 1992, Sudden change in the size of chaotic attractors: How does it occur?, in: Applied Chaos, J.H. KIM und J. STRINGER (Hrsg.), John Wiley & Sons, Inc., New York.

LAI, Y. C. und C. GREBOGI, 1993, Synchronization of chaotic trajectories using control, Phys. Rev. **E 47**, 2357.

LAI, Y. C., M. DING und C. GREBOGI, 1993, Controlling Hamiltonian chaos, Phys. Rev. **E 47**, 86.

LASOTA, A., und J. A. YORKE, 1973, On the existence of invariant measures for piecewise monotonic transformations, Trans. AMS **183**, 481.

LASOTA, A., und M. C. MACKEY, 1994, Chaos, fractals, and noise: stochastic aspects of dynamics, Springer–Verlag, New York.

LAUTERBORN, W., und E. CRAMER, 1981, Subharmonic route to chaos observed in acoustics, Phys. Rev. Lett. **47**, 1445.

LEDRAPPIER, F., 1981, Some relations between dimension and Lyapunov exponents, Commun. Math. Phys. **81**, 229.

LEDRAPPIER, F., und L.–S. YOUNG, 1985, The metric entropy of diffeomorphisms. Part I: Characterization of measures satisfying Pesin's entropy formula. Part II: Relations between entropy, exponents and dimension, Ann. Math. **122**, 509, 540.

LEFRANC, M., D. HENNEQUIN und D. DANGOISSE, 1991, Homoclinic chaos in a laser containing a saturable absorber, J. Opt. Soc. Am. **B 8**, 239.

LEVEN, R. W., und B. P. KOCH, 1981, Chaotic behaviour of a parametrically excited damped pendulum, Phys. Lett. **A 86**, 71.

LEVEN, R. W., B. POMPE, C. WILKE und B. P. KOCH, 1985, Experiments on periodic and chaotic motions of a parametrically forced pendulum, Physica **D 16**, 371.

LEVEN, R. W., B. P. KOCH und G. S. MARKMAN, 1987, Periodic, quasiperiodic and chaotic motion in a forced predator–prey ecosystem, in: Proc. Dynamical Systems and Environmental Models, H. G. BOTHE, W.EBELING, A. B. KURZHANSKI und M. PESCHEL (Hrsg.), Akademie–Verlag, Berlin, S. 95.

LEVEN, R. W., und D. UHRLANDT, 1992, Estimation of the $f(\alpha)$ spectrum from simulated and measured time series, Chaos, Solitons & Fractals **2**, 471.

LEVEN, R. W., M. SELENT und D. UHRLANDT, 1994, Fractal dimensions and $f(\alpha)$ spectrum of chaotic sets near crises, Chaos, Solitons & Fractals (im Druck).

LIBCHABER, A., und J. MAURER, 1981, A Rayleigh–Bénard experiment: helium in a small box, in: Nonlinear phenomena at phase transitions and instabilities, T. RISTE (Hrsg.), Plenum, New York, S. 259.

LIBCHACHER, A., C. LAROCHE und S. FAUVE, 1982, Period doubling cascade in mercury, a quantitative measurement, J. Phys. Lett. **43**, L211.

LIBCHACHER, A., S. FAUVE und C. LAROCHE, 1983, Two–parameter study of the routes to chaos, Physica **D 7**, 73.

LICHTENBERG, A. J., und M. A. LIEBERMAN, 1982, Regular and stochastic motion, Springer–Verlag, New York. 2. Auflage 1992, Regular and chaotic dynamics, Springer–Verlag, New York.

LIEBERT, W., 1991, Chaos und Herzdynamik: Rekonstruktion und Charakterisierung seltsamer Attraktoren aus skalaren chaotischen Zeitreihen, Verlag Harri Deutsch, Reihe Physik Bd. 4, Frankfurt am Main.

LINSAY, P. S., 1981, Period doubling and chaotic behaviour in a driven anharmonic oscillator, Phys. Rev. Lett. **47**, 1349.

LORENZ, E. N., 1963, Deterministic nonperiodic flow, J. Atoms. Sci. **20**, 130.

MANDELBROT, B., 1977, Fractals — form, chance, and dimension, W. H. Freeman & Co., San Francisco.

MANDELBROT, B., 1983, The fractal geometry of nature, W. H. Freeman & Co., San Francisco (in dt.: Akademie–Verlag, Berlin, und Birkhäuser Verlag, Basel, 1987).

MAÑÉ, R., 1981, On the dimension of the compact invariant sets of certain nonlinear maps, in: Dynamical Systems and Turbulence, Lect. Notes Math. **898**, Springer–Verlag, Berlin, S. 230.

MANNEVILLE, P., und Y. POMEAU, 1979, Intermittency and the Lorenz model, Phys. Lett. **A 75**, 1.

MAY, R. M., 1976, Simple mathematical models with very complicated dynamics, Nature **261**, 459.

MAYER–KRESS, G. (Hrsg.), 1986, Dimension and entropies in chaotic systems; Quantification of complex behavior, Proc. Int. Workshop at the Pecos River Ranch, New Mexico, Sep. 11–16, 1985, Springer–Series in Synergetics **32**, Springer–Verlag, Berlin.

MCCAULEY, J. L., und J. I. PALMORE, 1986, Computable Chaotic Orbits, Phys. Lett. **A 115**, 433.

MELNIKOV, V. K., 1963, Über die Stabilität des Zentrums bei zeitperiodischen Störungen (in russ.), Tr. Mosk. Mat. Ob–va **12**, 3.

METROPOLIS, N., M. L. STEIN und P. R. STEIN, 1973, On finite limit sets for transformations on the unit interval, J. Comb. Theor. **A 15**, 25.

MILNOR, J., 1985, On the concept of attractor, Commun. Math. Phys. **99**, 177. On the concept of attractor: correction and remark, Commun. Math. Phys. **102**, 517.

MISIUREWICZ, M., 1980, Strange attractors for the Lozi mappings, Ann. N.Y. Acad. Sci. **357**, 348.

MISIUREWICZ, M., 1981, Absolutely continuous measures for certain maps of an interval, Math. Publ. I.H.E.S. **53**, 17.

MOSER, J., 1973, Stable and random motions in dynamical systems, Princeton University Press, Princeton.

NEMYCKIJ, V. V., und V. V. STEPANOV, 1949, Qualitative Theorie von Differentialgleichungen (in russ.), Gostechizdat, Moskva.

NEWHOUSE, S. E., 1974, Diffeomorphisms with infinitely many sinks, Topology **13**, 9.

NEWHOUSE, S. E., D. RUELLE und F. TAKENS, 1978, Occurrence of strange axiom A attractors near quasi–periodic flows on T^m ($m = 3$ or more), Commun. Math. Phys. **64**, 35.

NEWHOUSE, S. E., 1980, Lectures on dynamical systems, in: Dynamical Systems, Progress in Mathematics No. **8**, Birkhäuser, Boston.

NICOLIS, J. S., G. MAXER–KRESS und G.HAUBS, 1983, Nonuniform chaotic dynamics with implications to information processing, Z. Naturforsch. **38a**, 1157.

OGATA, K., 1990, Modern control engineering, 2nd Ed., Prentice–Hall, Englewood Cliffs.

OSELEDEC, V. I., 1968, A multiplicative ergodic theorem. Lyapunov characteristic numbers for dynamical systems, Tr. Mosk. Mat. Ob–va **19**, 179.

OTT, E., W. D. WITHERS und J. A. YORKE, 1984, Is the dimension of chaotic attractors invariant under coordinate changes?, J. Stat. Phys. **36**, 687.

PACKARD, N. H., J. P. CRUTCHFIELD, J. D. FARMER und R. S. SHAW, 1980, Geometry from a time series, Phys. Rev. Lett. **45**, 712.

PALADIN, G., und A. VULPIANI, 1984, Characterization of strange attractors as inhomogeneous fractals, Lett. Nuovo Cimento **41**, 82.

PALMER, K. J., 1984, Exponential dichotomies and transversal homoclinic points, J. Diff. Eqns. **55**, 225.

PARLITZ, U., 1992, Identification of true and spurious Lyapunov exponents from time series, Int. J. Bifurcation and Chaos **2**, 155.

PAWELZIK, K., 1991, Nichtlineare Dynamik und Hirnaktivität, Verlag Harri Deutsch, Reihe Physik Bd. 6, Frankfurt am Main.

PAWELZIK, K., und H. G. SCHUSTER, 1987, Generalized dimensions and entropies from a measured time series, Phys. Rev. **A35**, 481.

PEITGEN, H. O., und P. H. RICHTER, 1986, The beauty of fractals, Springer–Verlag, Berlin.

PESIN, YA. B., 1977, Characteristic Lyapunov exponent and smooth ergodic theory, Russian Math. Surveys **32**, 55 (in russ.: Usp. Mat. Nauk **32**, 55).

PIANIGIANI, G., 1979, Absolutely continuous invariant measures for the process $x_{n+1} = Ax_n(1 - x_n)$, Bolletino U. M. I. **16**, 374.

PLYKIN, R. V., 1974, Quellen und Senken von A–Diffeomorphismen auf Oberflächen (in russ.), Mathem. Sbornik **94**, 243.

POINCARÉ, H., 1899, Les méthodes nouvelles de la mécanique céleste, Vol. III, Gauthier–Villars, Paris.

POMEAU, Y., und P. MANNEVILLE, 1980, Intermittent transition to turbulence in dissipative dynamical systems, Commun. Math. Phys. **74**, 189.

POMPE, B., C. WILKE, B. P. KOCH und R. W. LEVEN, 1984, Experimentelle Untersuchungen periodischer und chaotischer Bewegungen eines parametrisch erregten Pendels, Exp. Technik Phys. **32**, 545.

POMPE, B., J. KRUSCHA und R. W. LEVEN, 1986, State predictability and information flow in simple chaotic systems, Z. Naturforsch. **41a**, 801.

POMPE, B., und R. W. LEVEN, 1986, Transinformation of chaotic systems, Physica Scripta **34**, 8.

POMPE, B., und R. W. LEVEN, 1988, Behaviour of Lyapunov exponents near crisis points in the dissipative standard map, Physica Scripta **38**, 651.

POMPE, B., 1993, Measuring statistical dependences in a time series, J. Stat. Phys. **73**, 587.

POMPE, B., 1994, Interpolation and differentiation of discrete time series with error criteria, (wird veröffentlicht).

POMPE, B., und M. HEILFORT, 1994, On the concept of the generalized mutual information function and efficient algorithms for calculating it, (eingereicht bei Physica D, 1993).

PÖTSCHKE, D., und F. SOBIK, 1980, Mathematische Informationstheorie, Akademie–Verlag, Berlin.

RAGHUNATHAN, M. S., 1979, A proof of Oseledec's multiplicative ergodic theorem, Israel J. Math. **32**, 356.

RAND, D., S. OSTLUND, J. SETHNA und E. D. SIGGIA, 1982, A universal transition from quasi–periodicity to chaos in dissipative systems, Phys. Rev. Lett. **49**, 132.

RÉNYI, A., 1977, Wahrscheinlichkeitsrechnung, mit einem Anhang über Informationstheorie, 5. Auflage, Deutscher Verlag der Wissenschaften, Berlin.

RINOW, W., 1975, Lehrbuch der Topologie, Deutscher Verlag der Wissenschaften, Berlin.

ROLLINS, R. W., und E. R. HUNT, 1984, Intermittent transient chaos at interior crises in the diode resonator, Phys. Rev. **A29**, 3327.

RÖSSLER, O. E., 1979, Continuous chaos: four prototype equations, Ann. N. Y. Acad. Science **316**, 376.

ROMEIRAS, F. J., C. GREBOGI, E. OTT und W. P. DAYAWANSA, 1992, Controlling chaotic dynamical systems, Physica **D 58**, 165.

ROSELL, J. I., F. PI, F. BOIXADER, R. HERRERO, J. FARJAS und G. ORRIOLS, 1991, Homoclinic bifurcations in thermo–optical bistability with localized absorption, Optics Commun. **82**, 162.

ROUX, J. C., 1983, Experimental studies of bifurcations leading to chaos in the Belousov–Zhabotinskii reaction, Physica **D 7**, 57.

RUELLE, D., und F. TAKENS, 1971, On the nature of turbulence, Commun. Math. Phys. **20**, 167.

RUELLE, D., 1978, An inequality for the entropy of differentiable maps, Bol. Soc. Bras. Mat. **9**, 83.

RUELLE, D., 1979, Ergodic theory of differentiable dynamical systems, Phys. Math. IHES **50**, 275.

RUELLE, D., 1981, Small random perturbations of dynamical systems and the definition of attractors, Commun. Math. Phys. **82**, 137.

RUSSEL, D. A., J. D. HANSEN und E. OTT, 1980, Dimension of strange attractors, Phys. Rev. Lett. **45**, 1175.

SANO, M., Y. SAWADA, 1985, Measurement of the Lyapunov spectrum from a chaotic time series, Phys. Rev. Lett. **55**, 1082.

SAUER, T., J. A. YORKE und M. CASDAGLI, 1991, Embedology, J. Stat. Phys. **65**, 579.

SCHÄFER, W., 1976, Theoretische Grundlagen der Stabilität technischer Systeme, Akademie–Verlag, Berlin.

SCHEINKMAN, J. A., und B. LEBARON, 1989, Nonlinear dynamics and stock returns, J. Business **62** 311.

SCHÜTZENBERGER, M. P., 1954, Contribution aux applications statistiques de la théorie de l'information, Publ. Inst. Statist., Univ. Paris **3**, 3.

SCHUSTER, H. G., 1984, Deterministic chaos — an introduction, 2. überarbeitete Auflage 1989, Physik–Verlag GmbH, Weinheim.

SCHWARZ, H. R., 1988, Numerische Mathematik, B. G. Teubner, Stuttgart.

SHANNON, C. E., 1948, A mathematical theory of communication, Bell System Technical Journal, **27**, 379, 623.

SHAW, R., 1981, Strange attractors, chaotic behavior, and information flow, Z. Naturforsch. **36a**, 80.

SHENKER, S. J., 1982, Scaling behavior in a map of a circle onto itself: empirical results, Physica **5 D**, 405.

SHINBROT, T., C. GREBOGI, E. OTT und J. A. YORKE, 1992, Using chaos to direct orbits to targets in systems describable by a one–dimensional map, Phys. Rev. **A 45**, 4165.

SHINBROT, T., C. GREBOGI, E. OTT und J. A. YORKE, 1993, Using small perturbations to control chaos, Nature **363**, 411.

ŠILNIKOV, L. P., 1965, Über einen Fall der Existenz einer abzählbaren Menge periodischer Bewegungen (in russ.), Dokl. Akad. Nauk SSSR **160**, 558.

ŠILNIKOV, L. P., 1970, Zur Frage der Struktur der erweiterten Umgebung eines groben Gleichgewichtszustandes vom Typ eines Sattel–Fokus (in russ.), Mathem. Sbornik **81**, 92.

SINAJ, JA., 1959, Zum Begriff der Entropie dynamischer Systeme (in russ.), Dokl. Akad. Nauk SSSR **124**, 768.

SINGER, D., 1978, Stable orbits and bifurcations of maps of the interval, SIAM J. Appl. Math. **35**, 260.

SMALE, S., 1967, Differentiable dynamical systems, Bull. Amer. Math. Soc. **73**, 747.

SMITH, C. W., M. J. TEJWANI und D. A. FARRIS, 1982, Bifurcation universality for first–sound subharmonic generation in superfluid helium–4, Phys. Rev. Lett. **48**, 492.

SPARROW, C., 1982, The Lorenz equations, Springer–Verlag, New York.

STEPANOW, W. W., 1982, Lehrbuch der Differentialgleichungen (5. Auflage), Deutscher Verlag der Wissenschaften, Berlin.

STAVANS, J., F. HESLOT und A. LIBCHABER, 1985, Fixed winding number and the quasiperiodic route to chaos in a convective fluid, Phys. Rev. Lett. **55**, 596.

SWIFT, J. W., und K. WIESENFELD, 1984, Suppression of period doubling in symmetric systems, Phys. Rev. Lett. **52**, 705.

TAKENS, F., 1981, Detecting strange attractors in turbulence, in: Dynamical Systems and Turbulence, Warwick 1980, Lect. Notes Math. **898**, Springer–Verlag, Berlin, S. 366.

TAKENS, F., 1983, Invariants related to dimension and entropy, in: Atas do 13. Col. brasiliero de Matematicas, Rio de Janeiro.

TÉL, T., 1988, Fractals, multifractals, and thermodynamics, Z. Naturforsch. **43a** 1154.

TÉL, T., 1990, Transient chaos, in: Directions in Chaos, Vol.3, HAO, B.–L. (Hrsg.), World Scientific, Singapore, S.149.

TESTA, J. S., J. PEREZ und C. JEFFRIES, 1982, Evidence for universal chaotic behaviour of a driven nonlinear oscillator, Phys. Rev. Lett. **48**, 714.

THEILER, J., 1987, Efficient algorithm for estimating the correlation dimension from a set of discrete points, Phys. Rev. **A 36**, 4456.

THEILER, J., 1990a, Estimating fractal dimension, J. Opt. Soc. Am. **A 7**, 1055.

THEILER, J., 1990b, Statistical precision of dimension estimators, Phys. Rev. **A 41**, 3038.

THEILER, J., und S. EUBANK, 1993, Don't bleach chaotic data, Chaos **3**, 771.

TRESSER, C., 1984, Homoclinic orbits for flows in $\mathbb{R}^3$, J. Phys. France **45**, 837.

TRETTER, S. A., 1976, Introduction to discrete–time signal processing, John Wiley & Sons, Inc., New York.

UEDA, Y., 1980, Explosion of strange attractors exhibited by Duffing's equation, Ann. of the New York Acad. Sci., **357**, 422.

VUL, E. B., und K. M. CHANIN, 1982, On the unstable manifold of Feigenbaum fixed point, Usp. Mat. Nauk **37**, 173.

WALTERS, P., 1982, An introduction to ergodic theory, Springer–Verlag, New York.

WANG, X. J., 1990, The Newhouse set has a positive Hausdorff dimension, Commun. Math. Phys. **131**, 317.

WEISS, C. O., A. GODONE und A. OLAFSSON, 1983, Routes to chaotic emission in a CW He–Ne laser, Phys. Rev. **A28**, 892.

WIGGINS, S., 1988, Global bifurcations and chaos — analytical results, Springer–Verlag, New York.

WIGGINS, S., 1990, Introduction to applied nonlinear systems and chaos, Springer–Verlag, New York.

WILKE, C., R.W. LEVEN und H. DEUTSCH, 1989, Experimental and numerical study of prechaotic and chaotic regimes in a helium glow discharge, Phys. Lett. **A 136**, 114.

WILKE, C., H. DEUTSCH und R. W. LEVEN, 1990, Experimental study of nonlinear behaviour of a neon glow discharge, Contrib. Plasma Phys. **30**, 659.

WOLF, A., J. B. SWIFT, H. L. SWINNEY und J. A. VASTANO, 1985, Determining Lyapunov exponents from a time series, Physica **D 16**, 285.

YAMAGUCHI, Y., 1986, Breakup of an invariant curve in a dissipative standard mapping, Phys. Lett. **A 116**, 307.

YORKE, J. A., und E. D. YORKE, 1979, Metastable chaos: the transition to sustained chaotic behavior in the Lorenz model, J. Stat. Phys. **21**, 263.

YOUNG, L.–S., 1982, Dimension, entropy and Lyapunov exponents, Ergod. Th. & Dynam. Sys. **2**, 109.

YOUNG, L.–S., 1983, Entropy, Lyapunov exponents, and Hausdorff dimension in differentiable dynamical systems, IEEE Trans. Circuits Syst. **CAS–30**, 599.

YOUNG, L.–S., 1984, Dimension, entropy and Lyapunov exponents in differentiable dynamical systems, Physica **124A**, 639.

ZISOOK, A. B., 1981, Universal effects of dissipation in two–dimensional mappings, Phys. Rev. **A24**, 1640.

Sachverzeichnis